グリーン・プレス
DIGITAL
ライブラリー
42

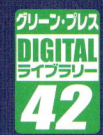

COREL

VideoStudio X7 PRO/ULTIMATE オフィシャルガイドブック

ビデオスタジオ

阿部信行◎著

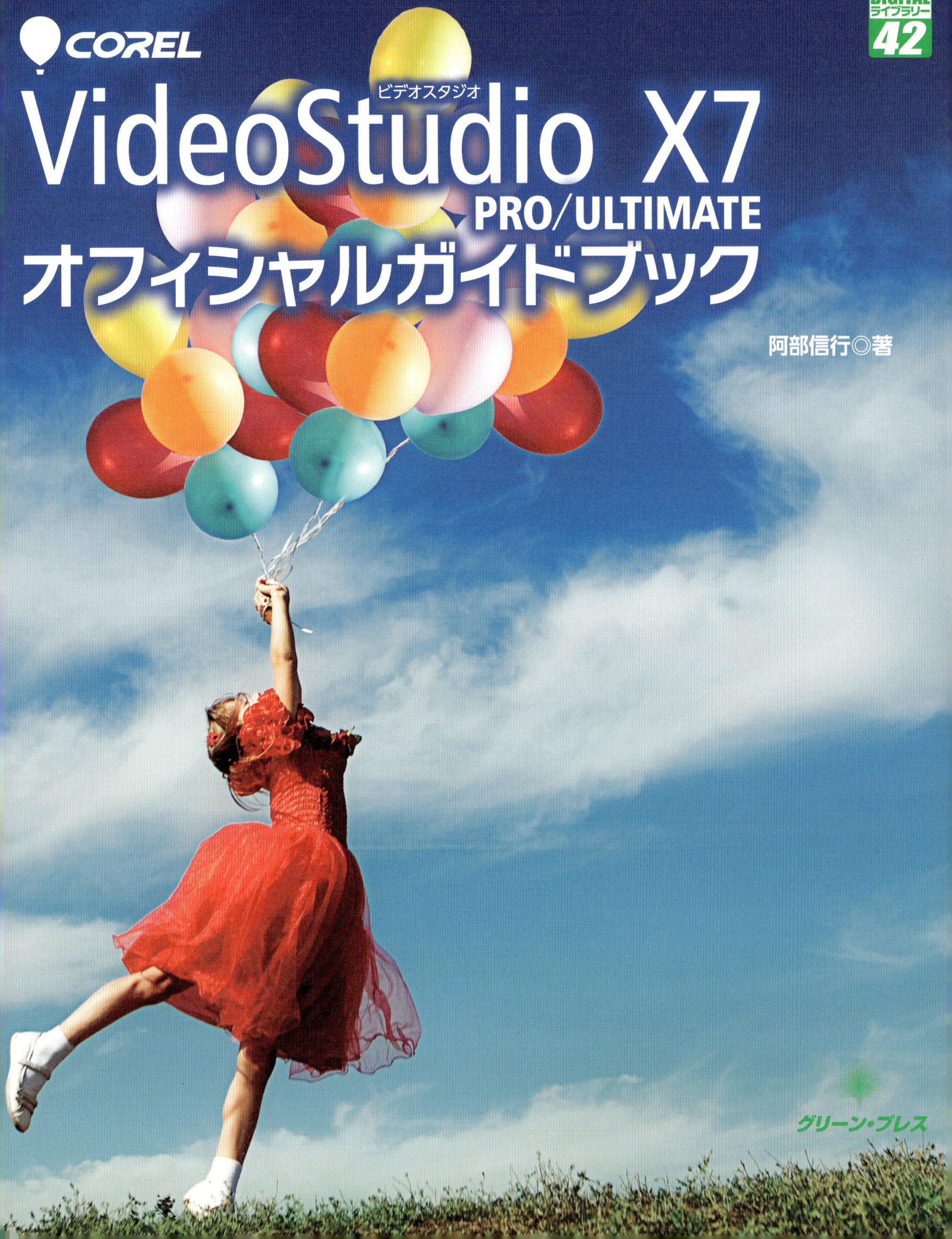

グリーン・プレス

本書を活用するために…

　本書は本文の解説と実際の画面の画像で、VideoStudio X7 をひと通り使いこなせるように構成しておりますが、下記の通りそれらに付随したちょっとしたお役立ち解説も掲載しております。ぜひご活用ください。

◉ Tips と Point

Tips 直感的な操作ができるよう、ビデオ編集の豆知識や他のテクニックを紹介

Point VideoStudio X7 をさらに使いこなすための役立つワンポイントアドバイス

◉ ●と○

● 数字は画像の中にある操作ボタンなど、重要な箇所そのものを指しています。
○ 数字は一連の操作手順の流れを提示しています。

Corel、Corel ロゴ、Video Studio、は、Corel Corporation またはその子会社の商標または登録商標です。
Microsoft、Windows は、米国 Microsoft Corporation の米国およびその他の国における登録商標または商標です。
AVCHD、AVCHD ロゴはパナソニック株式会社とソニー株式会社の商標です。
YouTube、YouTube 3D および YouTube READY ロゴは、Google Inc. の商標または登録商標です。
Canon は、キヤノン株式会社の登録商標です。
Apple、Apple ロゴ、iTunes、iPhone、iPod、iPod Touch、iPad は、米国およびその他の国における Apple Inc. の登録商標または商標です。
"PSP"" プレイステーション・ポータブル " は株式会社ソニー・コンピュータエンタテイメントの登録商標です。
その他、本書に記載されている会社名、製品名は、各社の商標または登録商標です。
なお、本文中には ® および ™ マークは明記していません。

本書の制作にあたっては、正確な記述に努めていますが、本書の内容や操作の結果、または運用の結果、いかなる損害が生じても、著者ならびに発行元は一切の責任を負いません。
本書の内容は執筆時点での情報であり、予告なく内容が変更されることがあります。また、システム環境やハードウェア環境によっては、本書どおりの操作ならびに動作ができない場合がありますので、ご了承ください。

まえがき

「ビデオの編集は難しい」という言葉をよく耳にします。果たして、本当に難しいのでしょうか？今、スマートフォンが流行っています。これも、登場した頃は操作が難しいといわれていましたが、いまでは誰でもが使っています。でも、初めてスマートフォンに触れた人は、「難しそう」といいますね。

これって、ビデオ編集に似ていませんか？

今回の『VideoStudio X7』を使っていて思うのですが、以前ならプロ仕様の編集ソフトにしか搭載されていなかったような高度な機能が、VideoStudio X7ではとても簡単に利用できる機能として搭載されています。しかも、以前から変わらず、全体の操作手順も簡単だなぁと思っているのです。

でも、初めてVideoStudio X7を利用するユーザーにとっては、それは簡単なことではないと思えるのかもしれません。ポイントは、ここなんですね。単にアプリケーションソフトの操作方法を覚えようとすると、それはそれは、どんな機能でも難しく思え、とても覚えられるものではないと感じてしまうことがあります。

しかし、たとえば「動画の再生時間を短くしてみたい」とか、「場面が変わるときに、何か特殊な効果を設定してみたい」というように具体的な目標を持って操作を行うと、意外と簡単に覚えられるものなのです。

ちょっと堅苦しい話ですが、数学の方程式だってそうです。方程式を丸暗記しても、何をどう使えば良いのかわからないし、挙げ句の果てに「難しい」となってしまうのです。でも、その方程式がどのような経緯で生まれ、どう作られているのかを知ると、それをどのように使えば良いのかが理解でき、意外と簡単に覚えられるものなのです。

ビデオ編集ソフトも同じです。想い出を形に残したい。ついては、あのときの映像はこう残したい、この映像はみんなに観てもらいたいなどなど、具体的な到達目標を持ってVideoStudio X7を使うと、とても使いやすく、簡単に操作できることがわかると思います。

さらに、ビデオ編集ソフトは「道具」です。道具は、使い方を覚えてしまえば、さまざまなものに利用、応用できるようになります。この道具を使って、さまざまな映像を編集して楽しみ、知人友人に見せて楽しめれば、最高です。

本書が、そうした楽しいビデオライフを送るための道標になれば、筆者として光栄です。

2014年3月
阿部信行

Chapter 1
VideoStudio X7 の基本操作をマスターする

Chapter1-1 ビデオ編集を始める前に
- 1-1-1 ビデオ編集の基本……10
- 1-1-2 VideoStudio X7 の起動と終了……14
- 1-1-3 VideoStudio X7 のカスタマイズ……17

Chapter1-2 「取り込み」ワークスペース
- 1-2-1 動画データの取り込み……22
- 1-2-2 ライブラリの活用……39
- 1-2-3 プロジェクトの管理……54

Chapter1-3 「編集」ワークスペース
- 1-3-1 タイムラインでストーリーを作る……60
- 1-3-2 トラックの追加と削除……66
- 1-3-3 クリップのトリミング……69
- 1-3-4 トランジションを利用する……82
- 1-3-5 プリセットでメインタイトルを作成する……90
- 1-3-6 オリジナルなメインタイトルを作成する……98
- 1-3-7 テロップを作成する……111
- 1-3-8 フィルターを設定する……117
- 1-3-9 BGM を設定する……124

Chapter1-4 「完了」ワークスペース
- 1-4-1 MPEG-4 ファイルとして出力する……130

Chapter2
VideoStudio X7 を使いこなすためのテクニック

Chapter2-1 VideoStudio X7の多彩な編集機能を利用する

- 2-1-1 「おまかせモード」を利用してムービーを作る……136
- 2-1-2 「Corel ScreenCap X7」で自分のYouTube映像をキャプチャーする……144
- 2-1-3 複数のプロジェクトを利用して1本のムービーを作る……148
- 2-1-4 ペインティング クリエーターを利用する……150
- 2-1-5 サウンドミキサーでオーディオをアレンジする……157
- 2-1-6 「ピクチャー・イン・ピクチャー」と「パス」によるモーションの設定……160
- 2-1-7 「モーショントラッキング」を利用する……163
- 2-1-8 「変速コントロール」を利用する……171
- 2-1-9 「字幕エディター」を利用する……174
- 2-1-10 タイムラプスで作るムービー……177
- 2-1-11 ストップモーションでアニメーションを作成する……180
- 2-1-12 Ultimateのボーナスディスクを利用する……186

Chapter2-2 写真を活用してムービーを作る

- 2-2-1 インスタントプロジェクトでフォトムービーを作る……190
- 2-2-2 デジカメの動画と写真でオリジナルなフォトムービーを作る……197
- 2-2-3 ビデオ／写真の画質補正を行う……206

Chapter2-3 「取り込み」ワークスペースと「完了」ワークスペースを活用する

- 2-3-1 スマートプロキシ機能を利用する……210
- 2-3-2 miniDVテープから取り込む……213
- 2-3-3 MPEGオプティマイザーを利用する……217
- 2-3-4 スマートパッケージでプロジェクトをバックアップする……219
- 2-3-5 インスタントプロジェクトとしてエクスポート……223
- 2-3-6 HTML5プロジェクトの出力……226

Chapter3
オリジナル映像を活用する

Chapter3-1 編集した映像を共有するために

- 3-1-1　iPhone／Androidで撮影した映像を編集する……232
- 3-1-2　iPhoneやiPadで持ち歩く……235
- 3-1-3　iPhoneの縦映像を縦で出力する……237
- 3-1-4　YouTubeなどネットで公開する……239

Chapter3-2 オリジナルDVDビデオを作る

- 3-2-1　DVDビデオ／Blu-rayディスク作りの基本……244
- 3-2-2　チャプターポイントを設定する……248
- 3-2-3　DVDビデオ／Blu-rayディスクのメニューを作る……254
- 3-2-4　ディスクとして出力する……263

索引……268

用語集

- Chapter-1で役立つビデオ編集用語……… 8
- Chapter-2で役立つビデオ編集用語……134
- Chapter-3で役立つビデオ編集用語……230

Chapter 1
VideoStudio X7の基本操作をマスターする

Chapter-1 で役立つビデオ編集用語

■ **フレーム**

動画は、複数の静止画像を高速に切り替えて表示することで動きを表現しています。このときの1枚の静止画像を「フレーム」といいます。たとえば、一般的な動画は、1秒間に約30枚のフレームを切り替えて動きを表現しています。

■ **フレームレート**

動画の場合、1秒間に何枚のフレームを表示しているかを示す単位を「フレームレート」といいます。たとえば、1秒間に30枚のフレームを表示して動きを表現しているのであれば、「30fps」（エフ・ピー・エス：frames per second）と表記します。

なお、日本で利用しているテレビでは、NTSCという規格の映像信号を利用していますが、このフレームレートは、映像信号の特性から、29.97fpsという半端なフレームレートを採用しています。

また、VideoStudio X7は60p（プログレッシブ方式：60fps）に対応しており、ビデオカメラが60pに対応していれば、映像の劣化なく編集が可能です。

■ **タイムコード**

ビデオ編集では、編集しているムービーの位置指定や、ムービーの長さ（デュレーション）などは、「タイムコード」で指定します。タイムコードというのは、動画データの中での特定のフレーム位置を示すもので、ビデオのための物差しといえます。タイムコードは、下図のように「時：分：秒：フレーム数」の順に数値を表示／指定します。たとえば、30fpsの動画の場合、29フレームで1秒繰り上がります。したがって、「00:00:25:29」は、次のフレームで「00:00:26:00」となります。

2分12秒7フレーム目を表示している

■ **AVCHD**

「AVCHD」（エイ・ブイ・シー・エッチ・ディー）とは、高画質なハイビジョン映像をDVDディスクやハードディスク、SDなどのメモリーカード上に撮影記録できるように開発された記録フォーマット（規格）のことをいいます。

■ **ハイビジョン画質について**

高精細で高画質な映像がハイビジョン（High Definition：略して「HD」）映像の特徴です。そして、これを「ハイビジョン画質（HD画質）」などと呼んでいます。これに対して、従来利用されていたDV形式の映像を「標準画質」といい、その「Standard Definition」という名前から、「SD画質」とも呼んでいます。そして、SD画質の映像を記録するための規格を、DV規格と呼んでいます。ちなみに、DVは「Digital Video」の略です。

■ **WMV形式**

「WMV形式」は Microsoft 社がインターネットなどでのストリーミング配信用に開発したファイル形式で、「Windows Media Video」の略です。圧縮率が高く、しかも高画質なのが特徴で、Webサイトでの動画配信だけでなく、HD画質での映像出力にも利用されています。VideoStudio X7でも、HD画質でのWMV出力に対応しています。

■ **H.264**

H.264は、ITU（国際電気通信連合）によって勧告された動画データの圧縮テクノロジーの1つです。同時に、ISO（国際標準化機構）でも動画圧縮テクノロジーであるMPEG-4の一部として、「MPEG-4 Part 10 Advanced Video Coding」という名称で勧告されています。そのため、一般的には「H.264/MPEG-4 AVC」や「H.264/AVC」というような名前で表記されている場合が多いようです。

H.264は、携帯電話など低速で低画質な通信用の用途から、ハイビジョンテレビ放送のような、高速で高画質な用途にまで利用されています。とくに、最近ではワンセグやPSP、iPodといった携帯端末やゲーム機の標準動画形式として採用されるなど、利用範囲の広い圧縮技術です。

特徴的なのは、その圧縮技術で、MPEG-2と同じレベルの画質を保つのであれば、MPEG-4のデータ量は、MPEG-2の約半分程度で済みます。

■ **デュレーション**

1カットの再生時間の長さや、何か効果を設定する場合、その効果の長さを指します。通常、タイムコード（時、分、秒、フレーム数）で表示／表現します。

Chapter 1-1

ビデオ編集を始める前に

Chapter 1-1-1	ビデオ編集の基本
Chapter 1-1-2	VideoStudio X7の起動と終了
Chapter 1-1-3	VideoStudio X7のカスタマイズ

Chapter 1
1-1 ビデオ編集の基本

ビデオ編集を行うのは初めてというユーザーのために、Corel VideoStudio X7（以下 VideoStudio X7）を利用したビデオ編集の流れをザックリと解説しておきます。Chapter1-2 からは、ここでの説明の流れに沿って操作手順の解説を進めます。

VideoStudio X7 のステップを利用した編集作業の進め方

1 パソコンに動画データを取り込む (→ P.22)

パソコンにビデオカメラを接続し、記録されている動画データをパソコンに取り込みます。ここでは、AVCHD 対応のビデオカメラから、ハイビジョン映像の動画データを取り込みます。

ビデオカメラから取り込む動画データを選択する

選択した動画データが VideoStudio X7 に取り込まれる

Tips　「AVCHD」（エイ・ブイ・シー・エッチ・ディー）とは、高画質なハイビジョン映像を DVD ディスクやハードディスク、SD などのメモリーカード上に撮影記録できるように開発された記録フォーマット（規格）のことをいいます。

2 ムービーのストーリーを作る (→ P.60)

　取り込んだ動画データを「クリップ」といいますが、このクリップを「ストーリーボードビュー」に並べ、再生する順番を決めてストーリーを作ります。

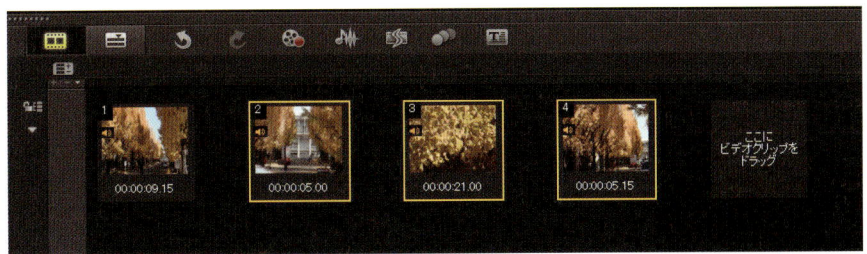

3 クリップをトリミングする (→ P.69)

　クリップの映像から必要な部分をピックアップする作業を「トリミング」といいます。ストーリーボードビューのクリップをトリミングします。

4 トランジションで場面転換の効果を設定する (→ P.82)

　場面転換のときに利用する特殊効果を、「トランジション」といいます。効果的な場面転換でムービーを盛り上げます。

5 メインタイトルを作成する (→ P.90)

編集中のムービーに、メインタイトルやテロップなどを設定します。タイトルにはアニメーションも設定でき、これでグッと作品らしくなります。

6 特殊な映像効果を設定する (→ P.117)

クリップに「フィルター」と呼ばれる機能を利用して、特殊な映像効果を設定してみましょう。たとえば、スケッチ風の絵から映像が現れるといった効果も楽しめます。

7 ムービーにBGMを設定する (→P.124)

作成しているムービーにBGMを設定して、さらにオリジナリティをアップします。

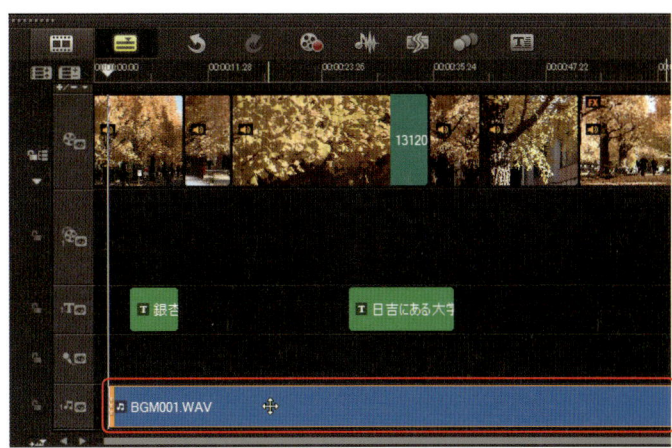

8 編集したムービーを出力する (→P.130)

作成したムービーを、動画ファイルとしてパソコンのハードディスク上に出力します。また、VideoStudio X7からYouTubeにアップロードしたり、オーサリングプログラムを起動してDVDビデオを作成することもできます。

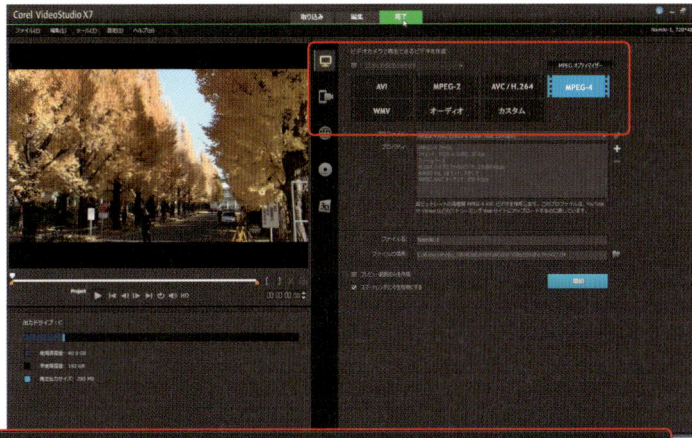

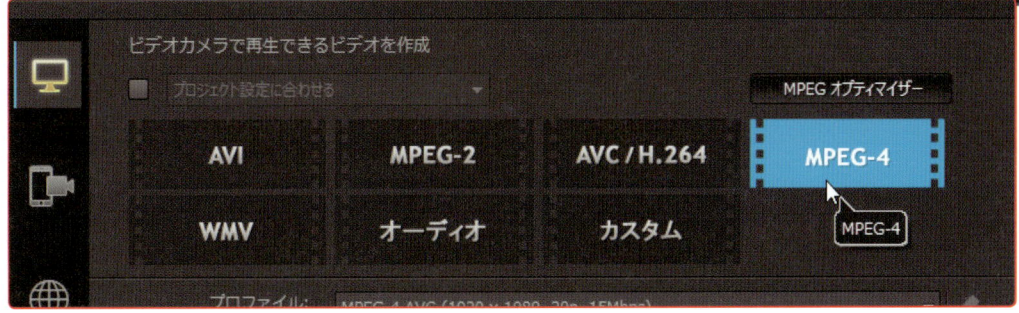

Chapter 1
1-2 VideoStudio X7の起動と終了

VideoStudio X7の起動と終了操作を行ってみましょう。なお、本書ではWindows8を利用して操作を解説しています。Windows8では、スタート画面（スタートアップスクリーン）とデスクトップ画面が利用できますが、本書では、デスクトップ画面を中心に解説します。

▶ VideoStudio X7 のインストール

VideoStudio X7は、ユーザーの利用するWindowsが32ビット版か64ビット版かによって、それぞれに適応したプログラムが用意されています。利用するWindowsに応じて32ビット版か64ビット版のどちらかを選択してインストールしてください。

32ビット版か64ビット版かを確認する

現在利用しているWindowsが32ビット版なのか64ビット版なのかは、次のように確認します。画面では、Windows8が64ビット版だと確認できます。

なお、64ビットのWindowsを利用していても、32ビット版のVideoStudio X7を利用することは可能です。

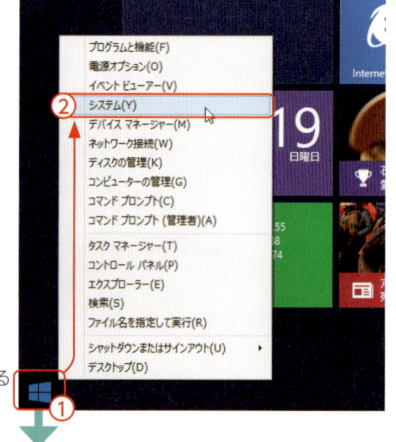

① デスクトップの左下隅でマウスを右クリックする
②「システム」を選択する

「システムの種類」で確認する

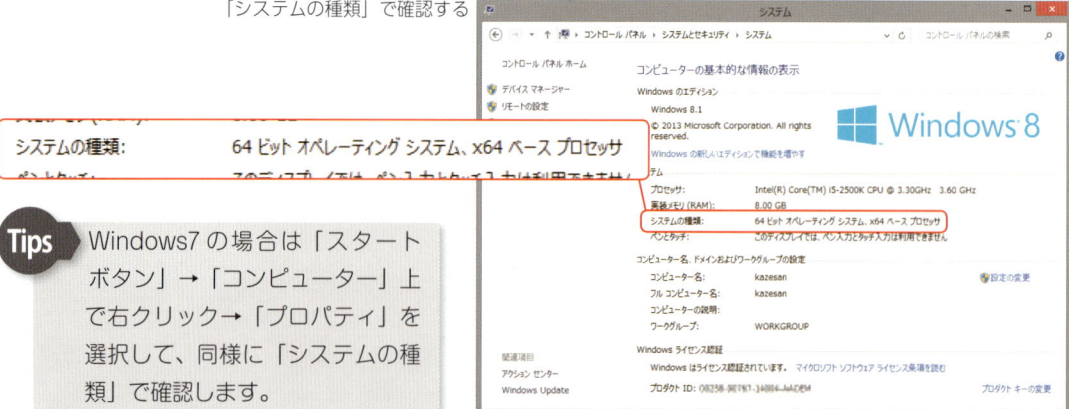

Tips Windows7の場合は「スタートボタン」→「コンピューター」上で右クリック→「プロパティ」を選択して、同様に「システムの種類」で確認します。

VideoStudio X7 の選択

VideoStudio X7 のディスクをセットしてインストールメニューが表示されると、VideoStudio X7 が OS のタイプに応じて選択できます。確認したシステムの種類と同じ VideoStudio X7 をインストールしてください。

PRO

ULTIMATE

VideoStudio X7 のシステムを選択する

Point 「PRO」と「ULTIMATE」の違い

VideoStudio X7 には「PRO」と「ULTIMATE」という2種類のバージョンがあります。「ULTIMATE」には「Newblue FX」など豊富なプラグインがインストールできるボーナスディスクが付属していますが、VideoStudio X7 のプログラム本体は、全く同じものです。

ULTIMATE のボーナスディスク・インストールメニュー画面

VideoStudio X7 の起動

VideoStudio X7 をインストールすると、VideoStudio X7 のアイコンと、「Corel おまかせモード X7」(→ P.136) という簡易編集プログラムのアイコン、そして「Corel ScreenCap X7」(→ P.144) という映像キャプチャー用プログラムの 3 つのアイコンが登録されます。

VideoStudio X7 を起動するには、スタートメニューに表示された VideoStudio X7 のアイコンをクリックします。スタートアップスクリーンに登録されていない場合は、スタートのアプリ一覧で選択できます。また、デスクトップに切り替えた場合は、デスクトップのアイコンをダブルクリックして起動します。

デスクトップでアイコンをダブルクリックする

アプリ一覧メニューでアイコンをクリックする

VideoStudio X7 の終了

VideoStudio X7 を終了する場合は、メニューバーから「ファイル」→「終了」を選択するか、あるいは編集画面右上にある[閉じる]ボタンをクリックします。なお、終了前には必ずプロジェクトを保存するようにしましょう。(→ P.54)

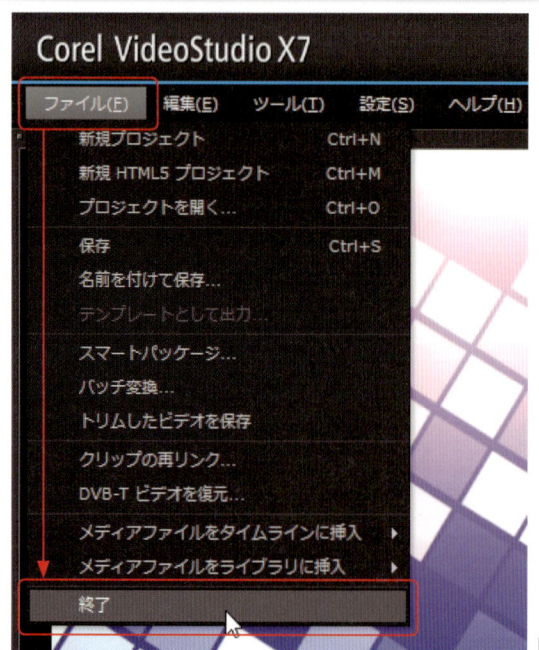

[終了]を選択する

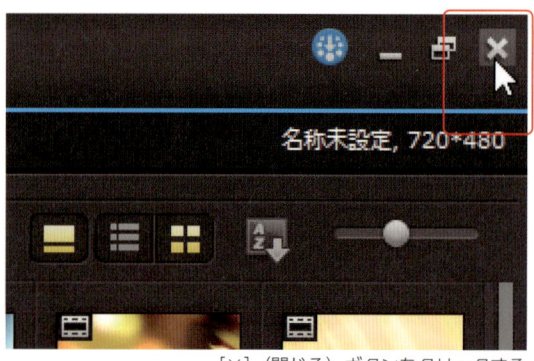

[×](閉じる)ボタンをクリックする

Chapter 1
1-3 VideoStudio X7のカスタマイズ

VideoStudio X7の編集画面は、ユーザーの好みに応じて自由にカスタマイズできます。また、パネルのサイズや表示位置を調整することで、そのパネルでの編集作業をスムーズに行うことができるようになります。

VideoStudio X7の編集画面

VideoStudio X7の編集画面は、次のような機能で構成されています。

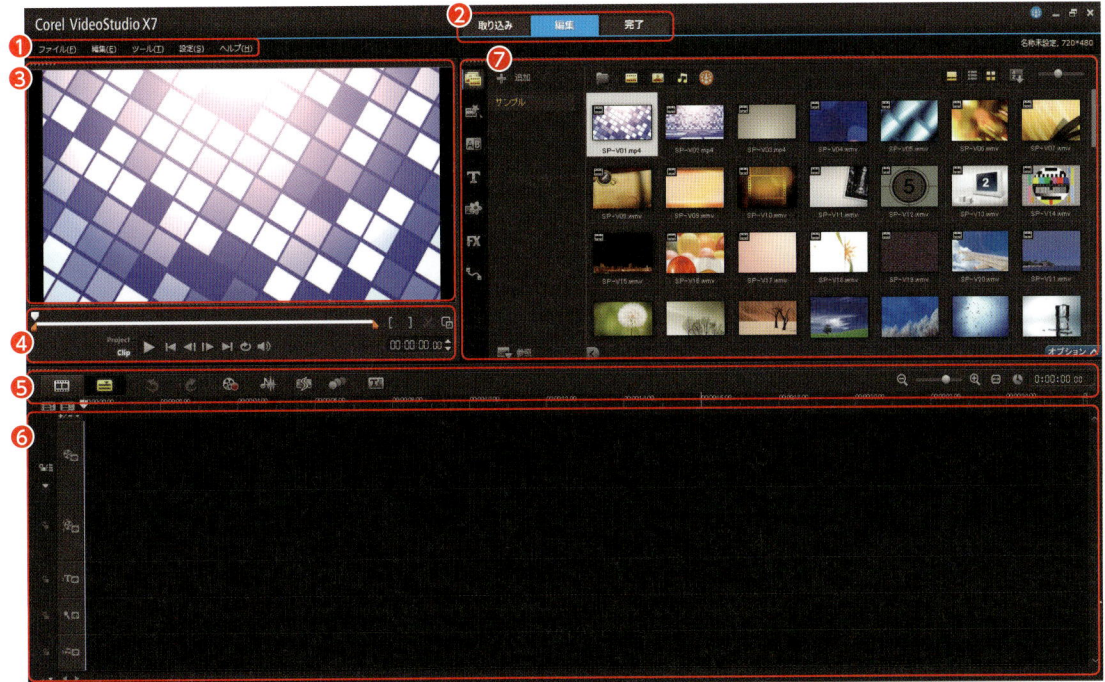

❶メニューバー	ファイル保存などコマンドの選択／実行メニューを表示する。	
❷ワークスペースタブ	希望する作業のワークスペースに切り替えるための3つのタブが用意されている。	
❸プレビューウィンドウ※	編集したビデオを再生して、編集効果を確認する。	
❹ナビゲーションパネル	プレビューウィンドウに表示されているビデオを再生するためのコントロールボタンや、ビデオの長さを調整する編集機能を備えている。	
❺ツールバー	プロジェクトタイムラインの切り替えや各種作業用ツールを選択／実行するボタンなど、作業に応じて必要な機能が表示される。	
❻プロジェクトタイムライン	クリップの並べ替えやトリミングを行う。作業目的や作業内容に応じて、「ストーリーボードビュー」「タイムラインビュー」「オーディオビュー」の3種類に切り替えられる。	
❼ライブラリパネル	メディアライブラリーやメディアフィルター、オプションパネルなどを表示する。	

※ VideoStudio X7を最初に起動すると、プレビューウィンドウには、サンプルの「SP-V01.mp4」が表示されています。

VideoStudio X7 のレイアウトをカスタマイズ

VideoStudio X7 では、編集画面のレイアウトを利用しやすいようにカスタマイズできます。さらに、変更したレイアウトは3種類まで登録でき、ワンタッチで切り替えることができます。作業目的に応じてインターフェイスを切り替えることで、よりスムーズな編集作業ができるようになります。

1 プレビューウィンドウをドラッグする

デフォルト（初期設定）では、プレビューウィンドウが編集画面左上に表示されています。このプレビューウィンドウを、右側に移動してみましょう。プレビューウィンドウの左上にある［.....］部分を移動したい方向にドラッグすると、移動方向にあるライブラリパネルの上下左右に［↑］［↓］［←］［→］のマークが表示されるので、ウィンドウを表示したい位置の矢印マークに、ドラッグしたマウスを合わせます。

この部分を
ドラッグする

表示したい位置の矢印にマウスを合わせる

2 プレビューウィンドウが移動する

指定した位置に、プレビューウィンドウが移動します。

プレビューウィンドウが移動する

レイアウトを登録する

カスタマイズしたVideoStudio X7のレイアウトは、メニューバーから「設定」→「レイアウトの設定」→「保存先」と選択し、登録したい「カスタム」の番号を選択します。

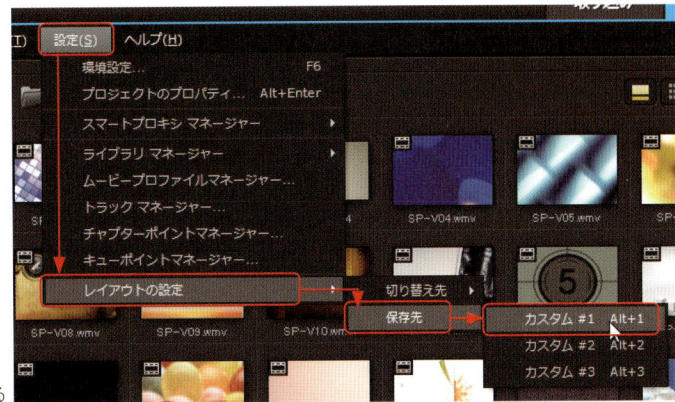

カスタムを選択する

Tips 登録すると［Ctrl］+［数字（1～3）］のショートカットキーでレイアウト切り替えができるようになります。

レイアウトをデフォルトに戻す

VideoStudio X7のレイアウトを、購入時の初期状態に戻すには「設定」→「レイアウトの設定」→「切り替え先」→「デフォルト（F7）」を選択します。

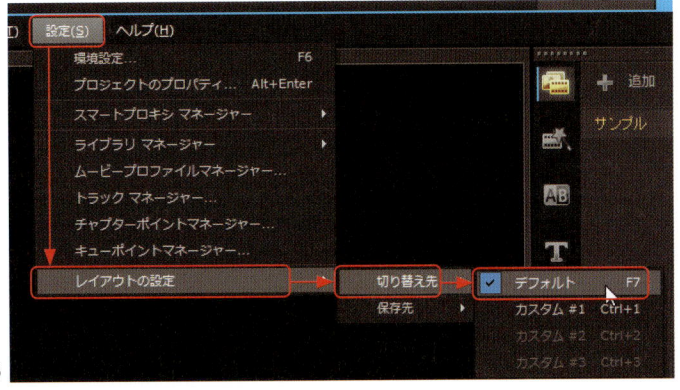

「デフォルト」を選択する

Tips キーボードの「F7」キーを押してもデフォルトに戻すことができます。

ウィンドウのサイズを変更する

編集ウィンドウの［元に戻す］ボタンをクリックするか、タイトルバーの何もないところをダブルクリックすると、VideoStudio X7 のウィンドウサイズがフロート状態になります。このとき、ウィンドウの端をドラッグすると、サイズを変更できます。たとえば、映像ファイルなどをドラッグ＆ドロップで取り込むときなどに便利です。

元に戻す場合は、もう一度［元に戻す（最大化）］ボタンをクリックしてください。

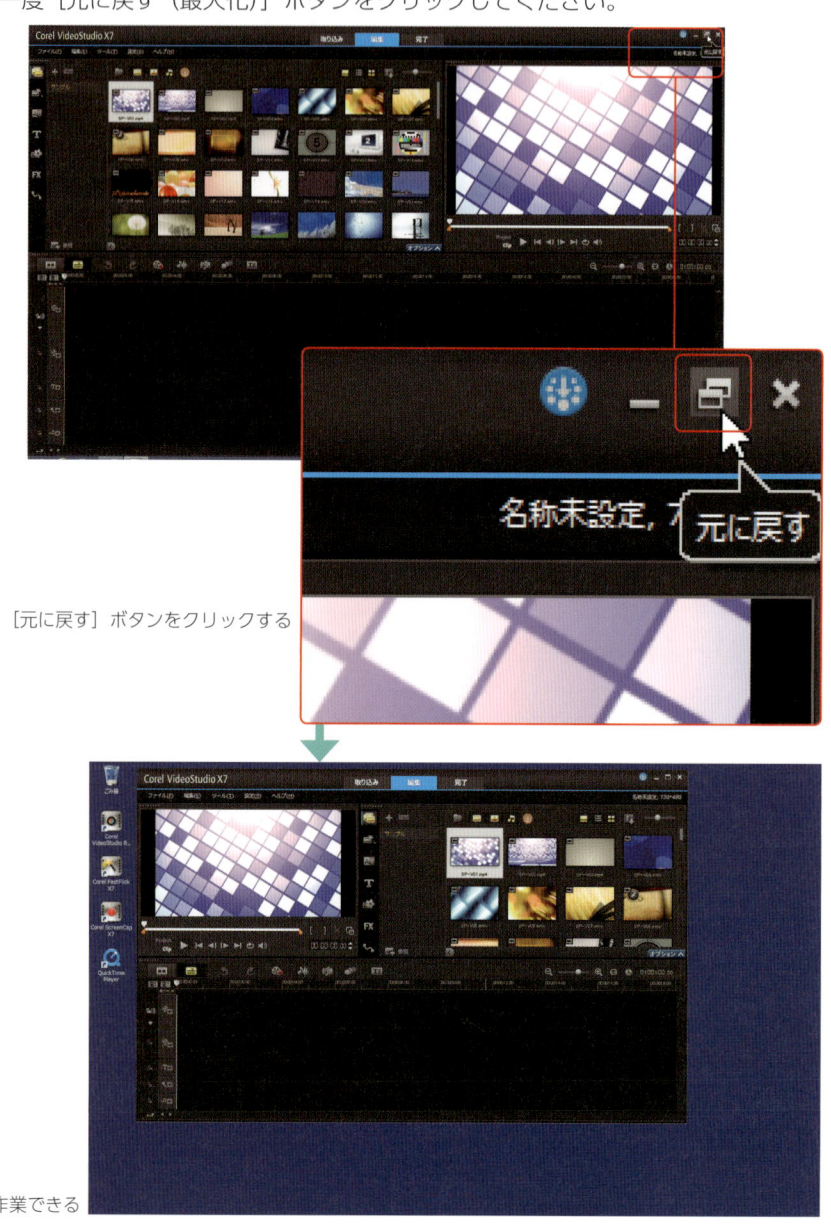

［元に戻す］ボタンをクリックする

ウィンドウサイズを変更して作業できる

Chapter 1-2

「取り込み」ワークスペース

Chapter 1-2-1	動画データの取り込み
Chapter 1-2-2	ライブラリの活用
Chapter 1-2-3	プロジェクトの管理

Chapter 1

2-1 動画データの取り込み

これからビデオ編集作業で利用する動画データを、VideoStudio X7 に取り込んでみましょう。ここでは、AVCHD 対応のビデオカメラで撮影したハイビジョン形式の動画データを取り込む方法について解説します。

ビデオカメラの接続

ビデオカメラとパソコンを接続します。ビデオカメラのタイプによっては接続方法が異なるので、必ずビデオカメラのメーカーのマニュアルで確認してから接続してください。ここでは、AVCHD 対応のビデオカメラの接続方法で解説を進めます。

Point　AVCHD について

「AVCHD」（エイ・ブイ・シー・エッチ・ディー）とは、高画質なハイビジョン映像を DVD ディスクやハードディスク、SD などのメモリーカード上に撮影記録できるように開発された、記録フォーマット（規格）のことをいいます。

USB ケーブルで接続する

一般的に、AVCHD 形式のビデオカメラは、パソコンの USB 端子に USB ケーブルを利用して接続します。ビデオカメラを接続すると、パソコンの画面にはビデオカメラに内蔵、搭載されているメモリーのウィンドウが表示されます。このウィンドウは、ここでは利用しないので閉じておきます。

なお、ビデオカメラからデータをパソコンにコピーする場合は、このウィンドウを利用します（→ P.33）。

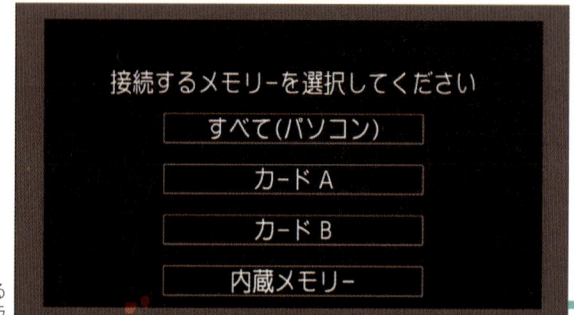

カメラ側で USB 接続を ON にする
※この画面は Canon 製のビデオカメラ

Point ビデオカメラとの接続を有効にする

パソコンと接続したビデオカメラは、パソコンとのデータのやり取りができるように通信機能を有効にする必要があります。有効にするための接続方法は、メーカーや機種によって異なるので、必ずビデオカメラのマニュアルで確認してください。

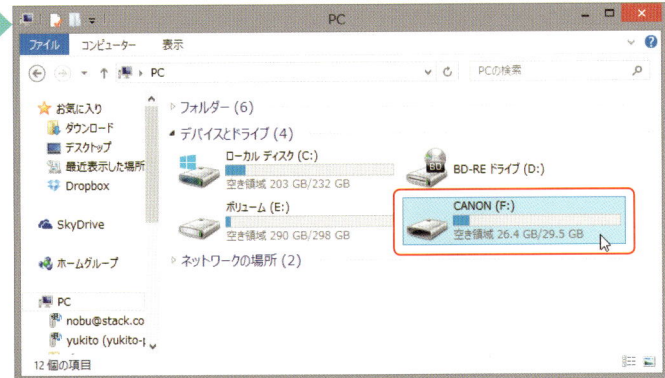

ビデオカメラがリムーバブルディスクとして認識される

Tips
パソコンに接続したビデオカメラは、「リムーバブルディスク」として認識されています。リムーバブルディスクというのは、「取り付け、取り外し可能なディスクドライブ」というタイプのドライブのことです。

Point キヤノン「iVIS HF G20」

本書で紹介しているサンプル映像は、ハイエンドユーザー向けのビデオカメラとして人気のある、キヤノンのビデオカメラ「iVIS HF G20」を利用して撮影しました。AVCHD 対応で 1920 × 1080 のフルハイビジョンの映像を、32G バイトの内蔵メモリーに記録するタイプのビデオカメラです。

ハイエンドユーザー向けのキヤノン「iVIS HF G20」

ビデオカメラから映像を取り込む

動画ファイルはビデオカメラの所定のフォルダーに保存されており、そのファイルのサムネイルがVideoStudio X7の「ライブラリ」に登録されます。ライブラリでは、サムネイルを登録するためのプロジェクト用フォルダーをあらかじめ設定しておきます。

1 プロジェクト用のフォルダーを作成する

ライブラリの「メディア」で［新規フォルダーを追加］ボタンをクリックし、これから編集するビデオデータを保存するためのプロジェクト用フォルダーを追加します。

① ［メディア］ボタンをクリックする
② ［追加］ボタンをクリックする

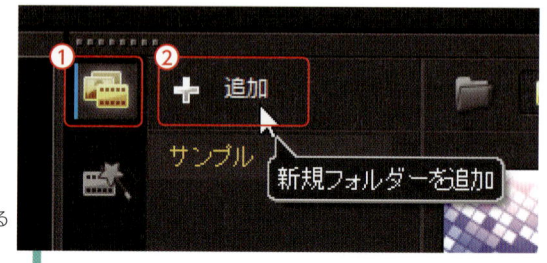

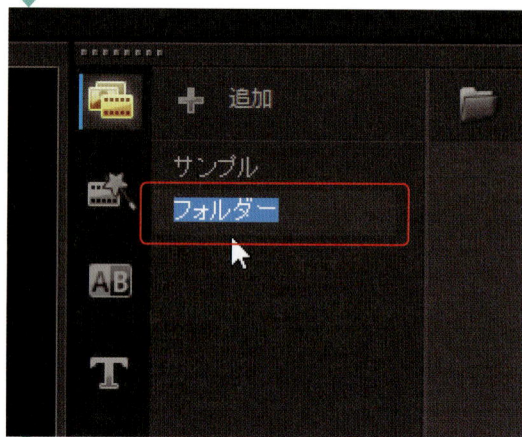

フォルダーが追加される

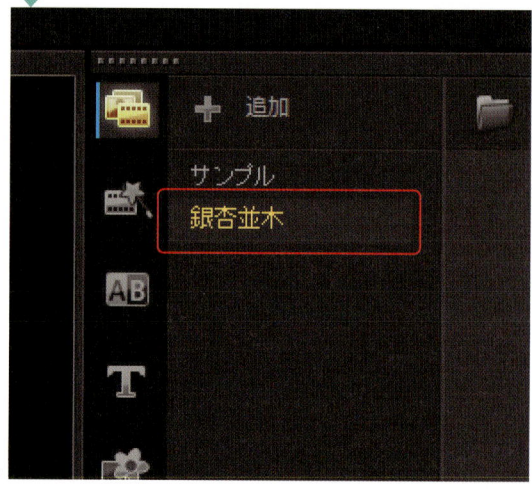

フォルダーの名前を変更する

❷ 「取り込み」ワークスペースに切り替える

　VideoStudio X7のステップパネルにある「取り込み」タブをクリックし、「取り込み」ワークスペースを表示します。

「取り込み」タブをクリックする

「取り込み」ワークスペースに
切り替わる

❸ 「デジタルメディアの取り込み」を選択する

　AVCHD形式の映像データを取り込むには、「デジタルメディアの取り込み」を選択します。

「デジタルメディアの取り込み」をクリックする

> **Point** 「ビデオの取り込み」ではない！
>
> メニューにある「ビデオの取り込み」は、miniDVテープを利用するDV/HDV形式のビデオカメラから映像を取り込むときに利用します（→P.213）。AVCHD形式のフルハイビジョン映像は、必ず「デジタルメディアの取り込み」を選択してください。ここを間違えないようにしましょう。
>
>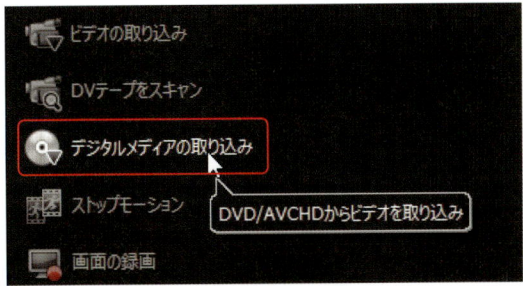
>
> DV/HDV形式のビデオカメラから映像を取り込む

❹ 「AVCHD」フォルダーを選択する

「フォルダーの参照」ダイアログボックスが表示されるので、ドライブとして認識されているビデオカメラを選び、「AVCHD」という名前のフォルダーを選択します。

① 「AVCHD」にチェックマークを入れる
② [OK] ボタンをクリックする

Point 階層構造を表示する

フォルダーは、[+] マークをクリックすると、その下の階層にあるフォルダーが表示できます。なお、AVCHD対応のビデオカメラの場合、どのメーカーの機種も「AVCHD」→「BDMV」→「STREAM」という階層構造で構成され、必ず「STREAM」フォルダーの中に動画ファイルが保存されています。したがって、この「STREAM」フォルダーを選んでもかまいません。

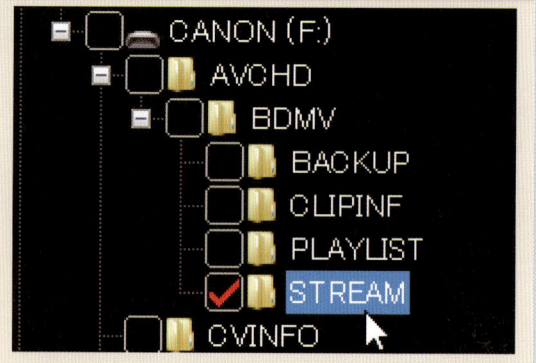

❺ ドライブ名、フォルダー名を確認する

「デジタルメディアから取り込み」ダイアログボックスで指定したドライブ名、フォルダー名を確認し、[開始] ボタンをクリックします。

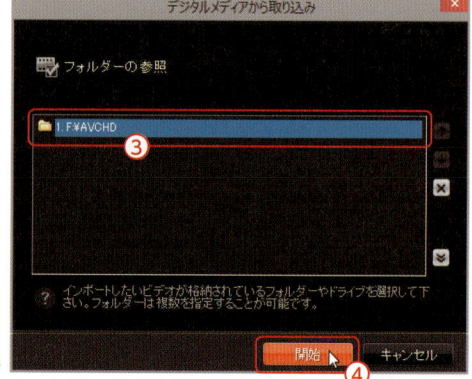

③ フォルダー名を確認する
④ [開始] ボタンをクリックする

6 利用したい映像を選択する

「デジタルメディアから取り込み」という一覧ウィンドウが表示されます。ここで取り込みたいデータを選択します。

ビデオカメラ内のデーター覧が表示される

利用したい映像にチェックマークを入れる

Point ファイル情報の表示

サムネイルにマウスを合わせると、ファイル情報がバルーンヘルプで表示されます。

Point すべてのクリップを選択する

表示されているすべてのクリップを取り込みたい場合は、ツールバーにある［すべてのクリップを選択］ボタンをクリックします。その右隣にある［すべての選択を解除］ボタンをクリックすると、クリップの選択が解除されます。

［すべてのクリップを選択］ボタンをクリックする　　［すべての選択を解除］ボタン

Point クリップをプレビューする

クリップの内容を確認したい場合は、サムネイルを選択して［クリップのプレビュー］ボタンを押すか、ダブルクリックします。プレビューウィンドウが表示され、コントロール操作でクリップを再生できます。

① クリップを選択する
② ［クリップのプレビュー］ボタンを押す
③ ［再生］ボタンを押して内容を確認する
④ 確認したら［閉じる］ボタンをクリックする

7 取り込みを開始する

ウィンドウの［取り込み開始］ボタンをクリックすると、データの取り込みが開始されます。

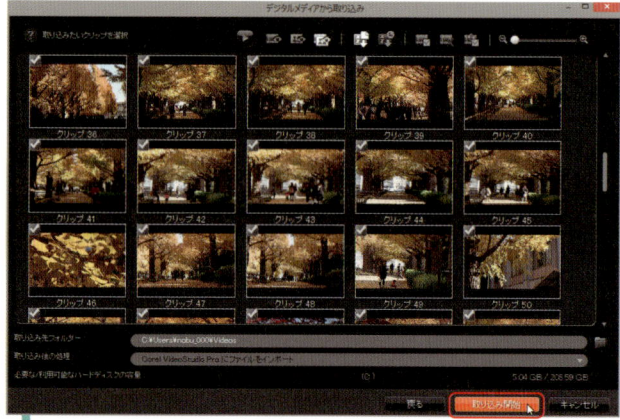

［取り込み開始］ボタンをクリックする

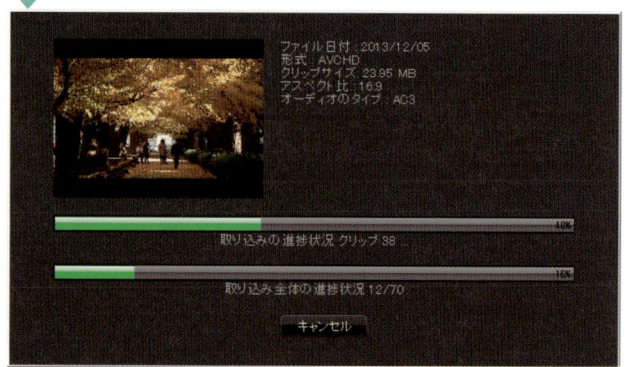

取り込みが開始される

8 取り込み先のフォルダーを指定する

「インポート設定」ダイアログボックスが表示されます。ここでは、インポート先のフォルダー名が、先に作成したフォルダー名であることを確認し、さらに「タイムラインに挿入」のチェックボックスをオフにして［OK］ボタンをクリックしてください。

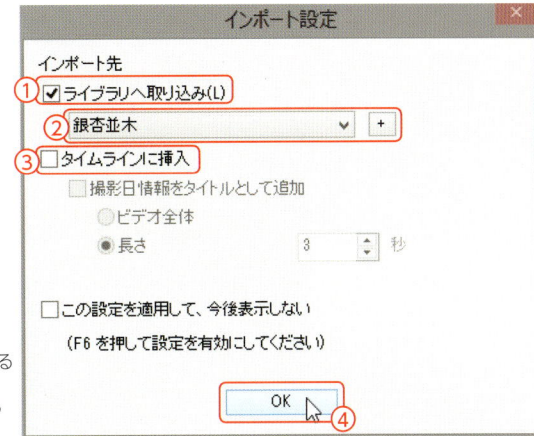

① 「ライブラリへ取り込み」を ON にする
② 保存先フォルダーを確認する
③ 「タイムラインに挿入」を OFF にする
④ ［OK］ボタンをクリックする

Tips フォルダー名の右にある［+］（新規フォルダーを追加）ボタンをクリックすると、ライブラリに新しくフォルダーを追加できます。

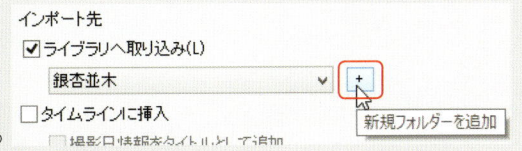

このボタンで新規にフォルダーを追加できる

Point オプションについて

タイムコードをタイトルとして読み込む設定などができます。

9 映像データが取り込まれる

ビデオカメラから取り込んだ映像が、指定したメディアクリップライブラリのフォルダーに登録されます。なお、登録されたデータを「クリップ」と呼んでいます。

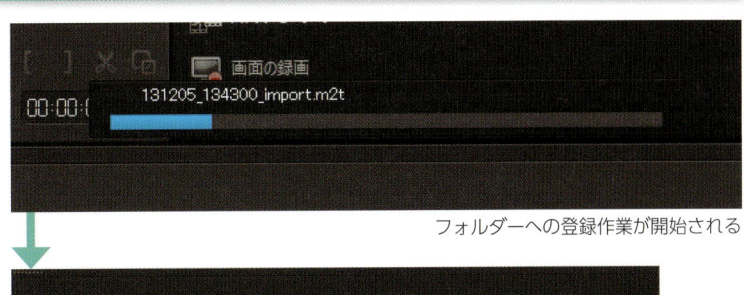

フォルダーへの登録作業が開始される

登録が完了する

10 「編集」ワークスペースに切り替える

ステップパネルの「編集」タブをクリックし、「編集」ワークスペースに切り替えます。取り込まれた映像は、指定したライブラリに登録されています。

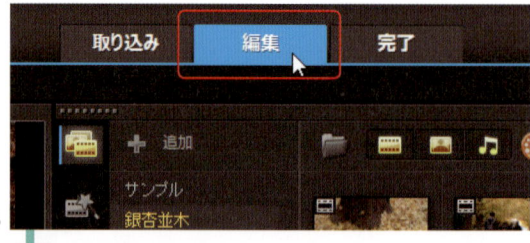

「編集」タブをクリックする

「編集」ワークスペース画面に切り替わる

映像が取り込まれ、ライブラリに登録されている

Point 「クリップ」について

VideoStudio X7では、ビデオ編集に利用する映像データやサウンドデータ、写真データのことを「クリップ」と呼んでいます。クリップには次ようなタイプがありますが、一般的にクリップといえば、ビデオクリップをさします。

・映像データ	→	ビデオクリップ
・写真データ	→	写真クリップ、イメージクリップ
・オーディオデータ	→	オーディオクリップ

Point 外付けハードディスクに動画ファイルを保存する

ビデオカメラから取り込まれた動画ファイルは、デフォルト（初期設定）の設定では「ビデオ」フォルダーの中に、取り込んだ日付のフォルダー名で記録されています。

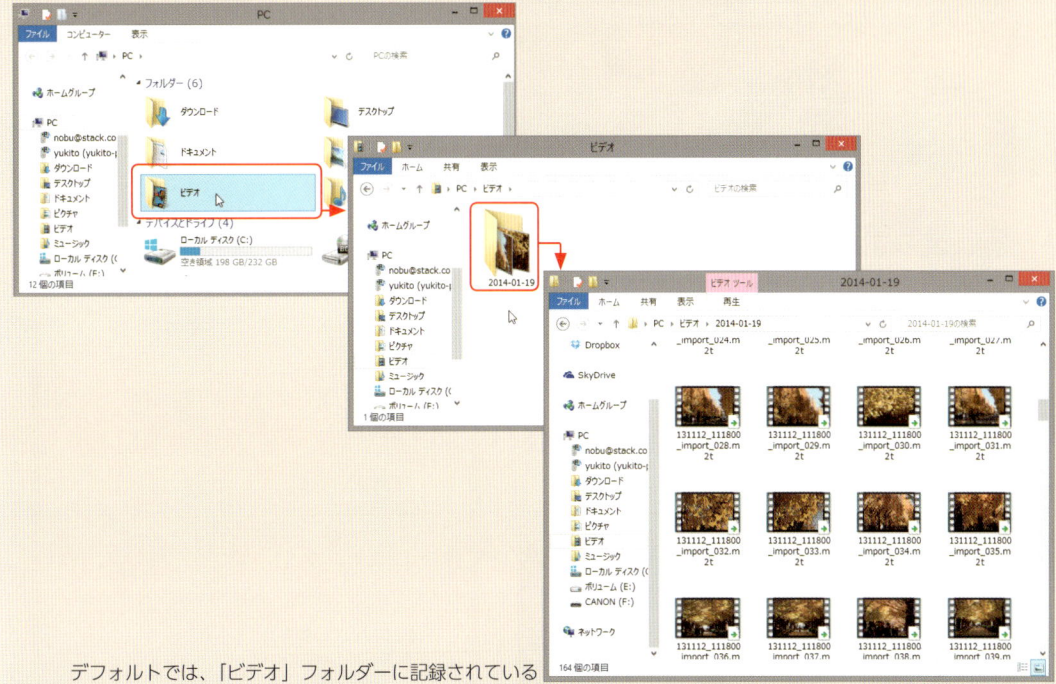

デフォルトでは、「ビデオ」フォルダーに記録されている

この保存先を、たとえば外付けのハードディスクなどに変更することもできます。外付けのハードディスクに「Video」というフォルダーを作成し、ここに保存されるようにするには、「デジタルメディアから取り込み」ウィンドウの「取り込み先フォルダー」で設定変更します。

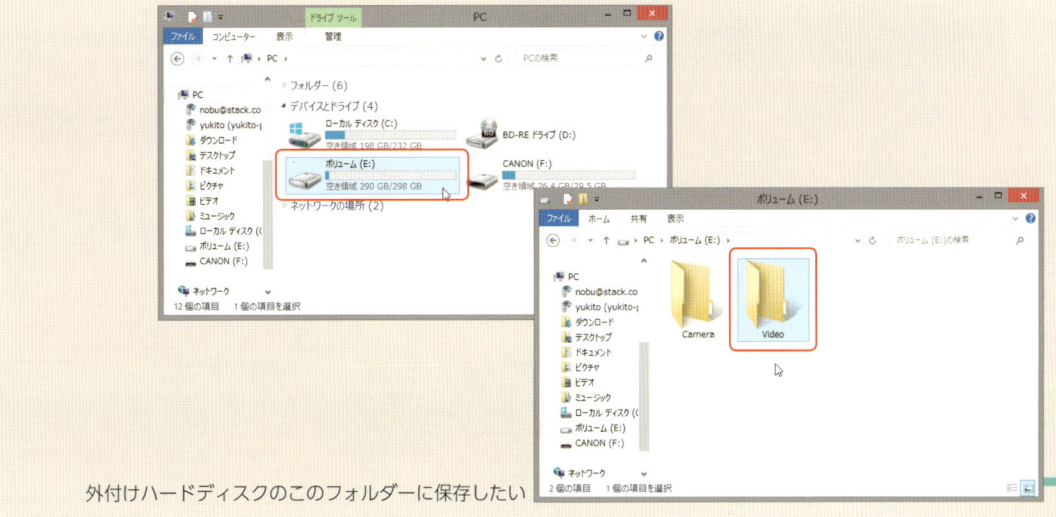

外付けハードディスクのこのフォルダーに保存したい

Point 外付けハードディスクに動画ファイルを保存する（つづき）

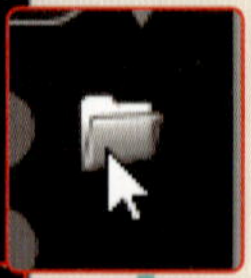

［フォルダー選択］ボタンをクリックする

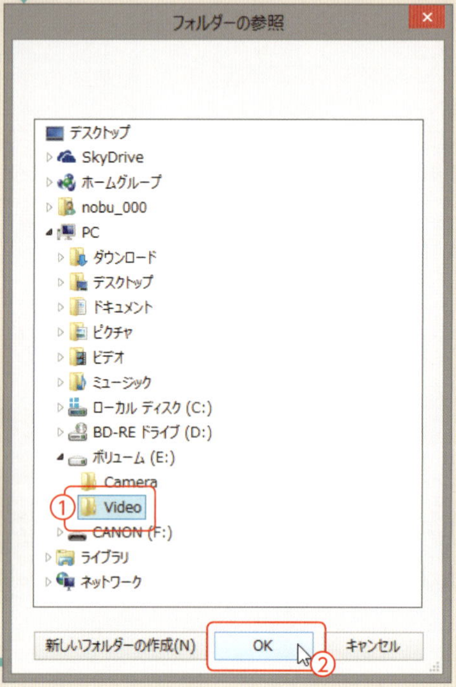

① 保存先フォルダーを選択する
② ［OK］ボタンをクリックする

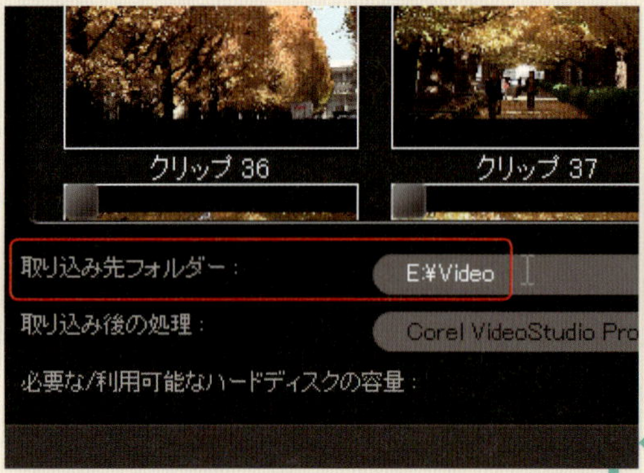

「取り込み先フォルダー」で保存先を確認する

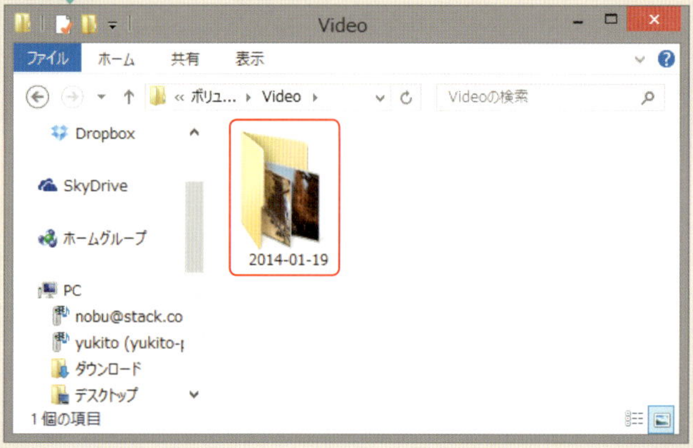

データを保存するフォルダーが変更された

ハードディスク上の動画ファイルを読み込む

ビデオカメラからハードディスクに動画ファイルをコピーし、そのデータを VideoStudio X7 に読み込むこともできます。この場合、ビデオカメラ内にある「AVCHD」フォルダーを、そのままパソコンの任意のフォルダーにドラッグ＆ドロップでコピーします。ここでは、外付けのハードディスクにビデオカメラからファイルをコピーして操作しています。なお、VideoStudio X7 への読み込み方法は、ビデオカメラから読み込む場合（→P.24）と同じです。

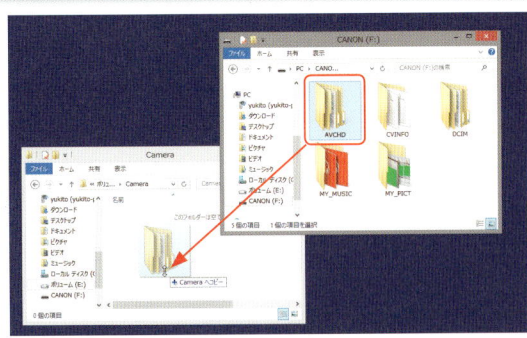

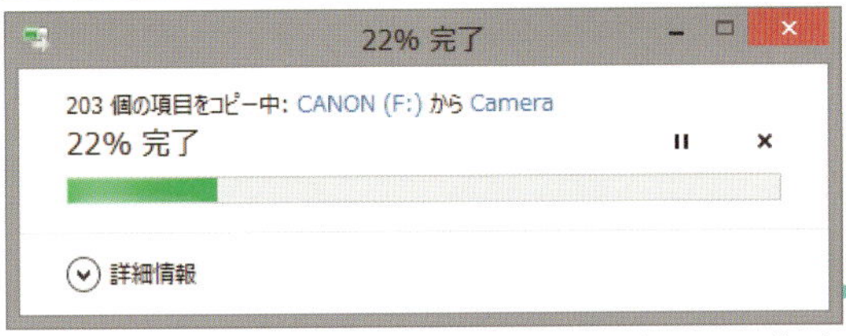

ビデオカメラ内の「AVCHD」フォルダーを
ドラッグ＆ドロップでコピーする

コピーしたフォルダーを選択する

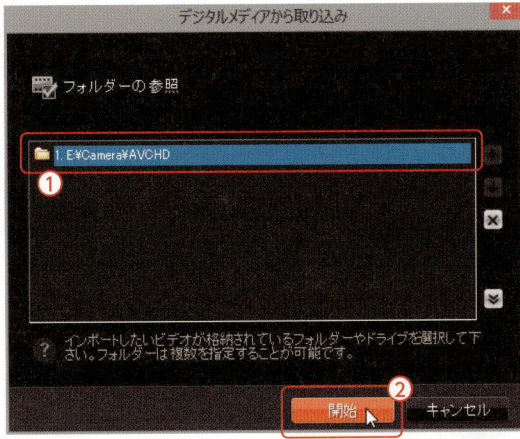

① 選択したフォルダーを選ぶ
② [開始] ボタンをクリックする

VideoStudio X7 に
取り込まれたクリップ

ファイル単位でライブラリに取り込む

先の「取り込み」ワークスペースを利用した取り込みを使用せずに読み込むことも可能です。たとえば、動画ファイルをファイル単位で読み込むときなどに便利な方法です。

1 「メディアファイルを挿入 ...」を選択する

メディアライブラリにデータを読み込むためのフォルダーを作成し、サムネイルのない場所でマウスを右クリックします。表示された右クリックメニューから「メディアファイルを挿入 ...」を選択します。

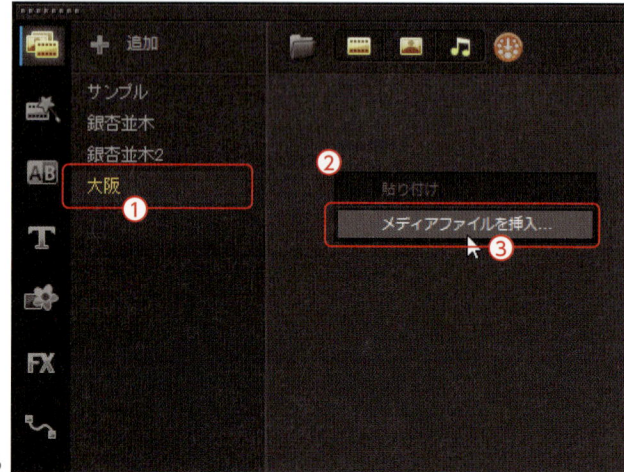

① 保存先のフォルダーを設定する
② 何もないところで右クリックする
③ 「メディアファイルを挿入 ...」を選択する

2 ファイルを選択する

「メディアファイルを参照」ダイアログボックスが表示されるので、ハードディスク上のフォルダーからファイルを選択します。このとき、ファイルは複数選択してもかまいません。

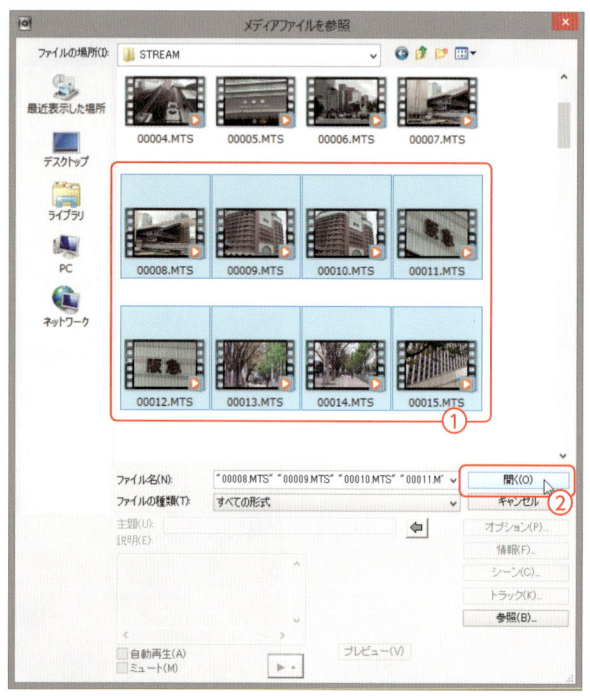

① ファイルを選択する
② [開く] ボタンをクリックする

Tips [Shift] キーや [Ctrl] キーを押しながら選択すると、複数のファイルを選択できます。

3 ファイルが取り込まれる

ライブラリのフォルダーに、選択したファイルが取り込まれます。

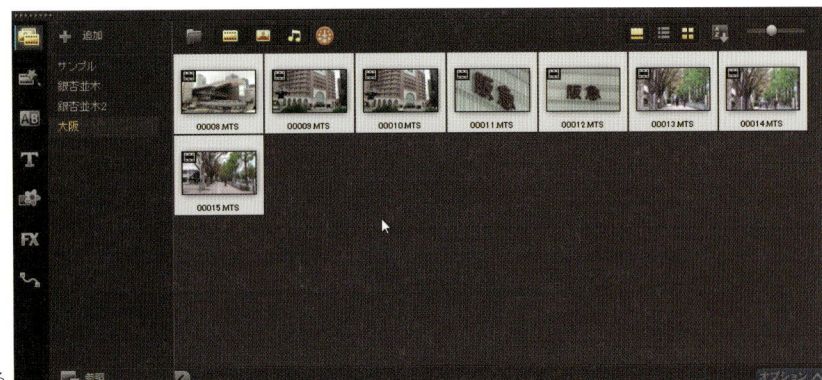

ファイルが取り込まれる

Point AVCHD 形式ファイルの拡張子

ハイビジョン形式の映像ファイルも、単独で読み込めます。なお、AVCHD 形式では、ファイルの拡張子に「.MTS」が利用されています。

Point ドラッグ&ドロップで取り込む

VideoStudio X7 は、最大化状態を解除し、複数のウィンドウを表示しながらの操作が可能です。VideoStudio X7 の編集画面右上にある［元に戻す］ボタンをクリックすると、図のようにドラッグ&ドロップでライブラリにムービークリップを取り込めます。

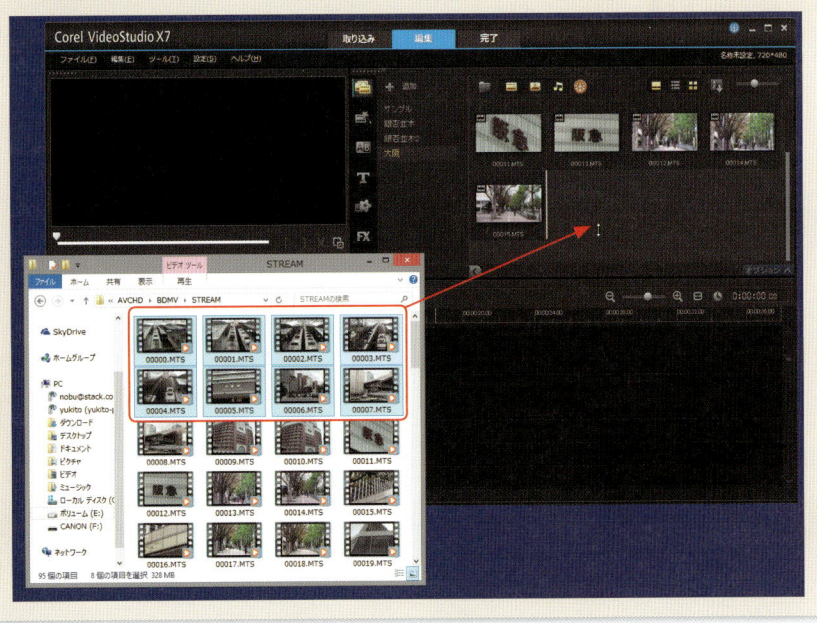

写真データの取り込み

VideoStudio X7 では、動画データに限らず、写真などの静止画像やオーディオデータなどさまざまなデータをクリップとして取り込んで利用する事ができます。このとき、最も簡単な取り込み方法が、「メディアファイルを取り込み」を利用する方法です。

なお、写真などの静止画像データは、ムービーと同じライブラリのフォルダーに読み込んでも、写真用フォルダーを追加しても、どちらでもかまいません。読み込んだ静止画像はフォトムービーなどの作成に利用できます。

1 取り込み用アイコンをクリックする

ライブラリには「メディアファイルを取り込み」アイコンが用意されているので、このアイコンをクリックします。

① 保存先フォルダーを選択する
② アイコンをクリックする

2 写真を選択する

写真が保存されているフォルダーを開き、読み込みたい写真を選択します。写真を選択したら、[開く] ボタンをクリックします。

① 写真を選択する
② [開く] ボタンをクリックする

Tips [Shift] キーや [Ctrl] キーを押しながら選択すると、複数のファイルを選択できます。

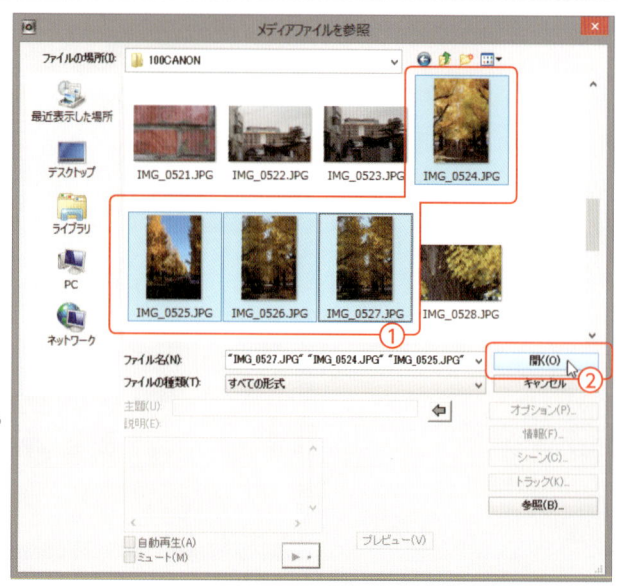

③ 写真が読み込まれる

写真は、ムービークリップと同じフォルダーに読み込まれます。

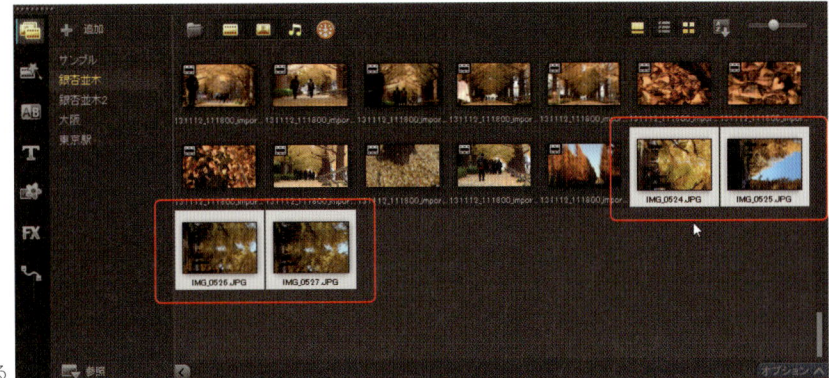

写真が読み込まれる

オーディオデータの取り込み

BGMなどに利用するオーディオデータは、ムービーや写真と同じようにライブラリのフォルダーに読み込みます。BGMで利用するオーディオデータを読み込んでみましょう。なお、BGM専用のフォルダーをライブラリに準備しておくと、他のプロジェクトでもデータを手軽に利用できるようになります。

① 取り込み用アイコンをクリックする

パソコンの「ミュージック」フォルダーなどに、事前にBGM用のオーディオデータを保存しておきます。ライブラリには「メディアファイルを取り込み」アイコンが用意されているので、このアイコンを利用して取り込みます。なお、オーディオデータのファイル形式は、MP3形式やWAVE形式など、さまざまなファイル形式に対応しています。

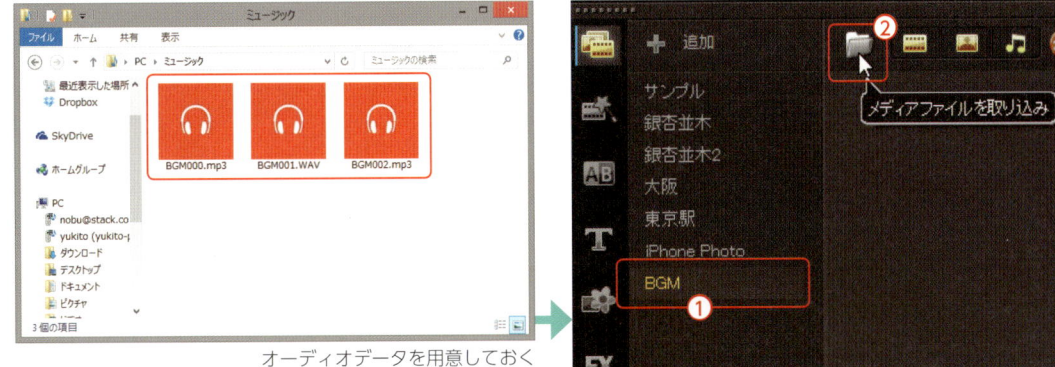

オーディオデータを用意しておく

① フォルダーを設定する
② アイコンをクリックする

> **Tips** オーディオデータは、映像や写真と一緒に、同じフォルダーに読み込んでおいてもかまいません。目的のデータだけを表示させることも可能です（→ P.39）。

2 オーディオデータを選択する

オーディオデータが保存されているフォルダーを開き、読み込みたいBGM用のファイルを選択します。ファイルを選択したら、[開く]ボタンをクリックします。

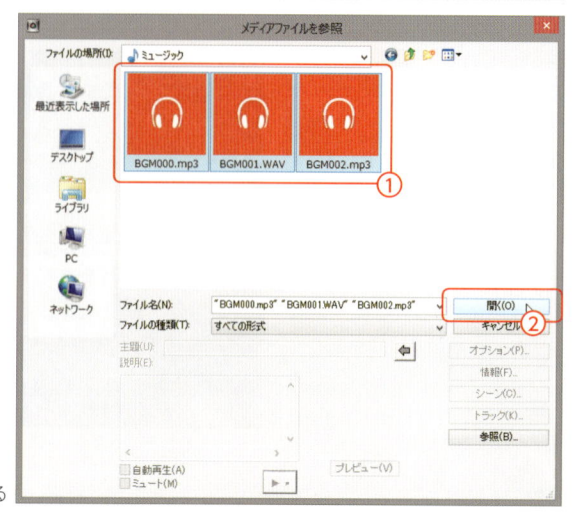

① オーディオデータを選択する
② [開く] ボタンをクリックする

Tips [Shift] キーや [Ctrl] キーを押しながら選択すると、複数のファイルを選択できます。

3 オーディオデータが読み込まれる

オーディオデータが、フォルダーに読み込まれます。

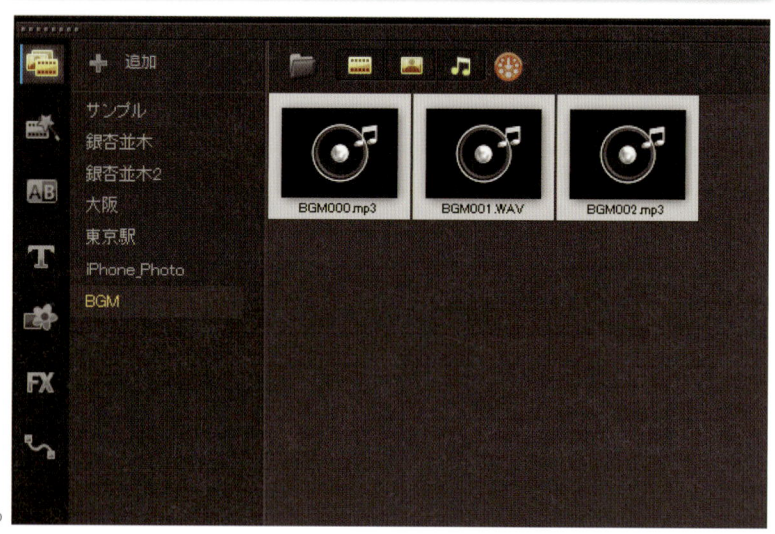

オーディオデータが読み込まれる

Chapter 1 2-2 ライブラリの活用

VideoStudio X7 に取り込んだビデオや写真、オーディオなどのクリップは、「ライブラリ」機能を利用して管理します。ここでは、クリップを管理するライブラリの利用方法について解説します。

クリップ表示の切り替え

VideoStudio X7 のライブラリでは、ビデオ、写真、オーディオの各クリップを同じフォルダーに登録しておくことが可能です。この場合、デフォルト（初期設定）ではビデオ、写真、オーディオの各クリップが同時に表示されてしまいますが、必要なクリップだけを表示させることが可能です。

メディアを種類別にフィルター表示する

ライブラリにあるビデオ、写真、オーディオの各クリップを種類ごとに分けて表示するには、表示をON/OFF するボタンを利用します。

❶ ビデオクリップの表示 / 非表示
❷ 写真クリップの表示 / 非表示
❸ オーディオクリップの表示 / 非表示

●ビデオクリップだけを表示
ビデオクリップだけを表示した場合のライブラリ

これをオンにする

●写真クリップだけを表示
写真クリップだけを表示した場合のライブラリ

これをオンにする

●オーディオクリップだけを表示
オーディオクリップだけを表示した場合のライブラリ

これをオンにする

●ビデオとオーディオを表示
ビデオクリップとオーディオクリップの2種類を表示した場合のライブラリ

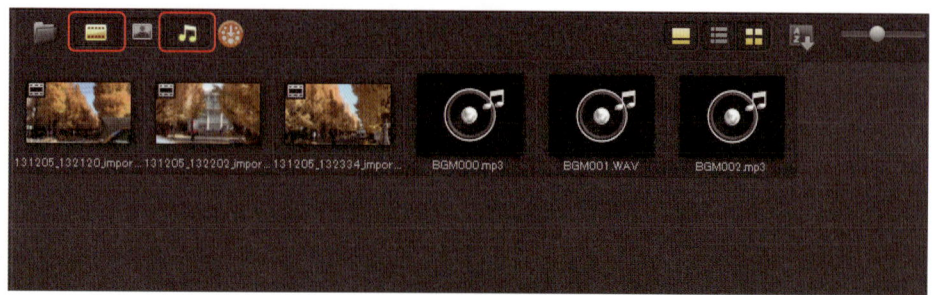

これとこれを
オンにする

リスト表示とサムネイル表示

ライブラリのクリップを、リスト表示、サムネイル表示に切り替えると、目的のクリップをスピーディに検索できるようになります。

●クリップをサムネイル表示する
クリップをサムネイル状態で表示する

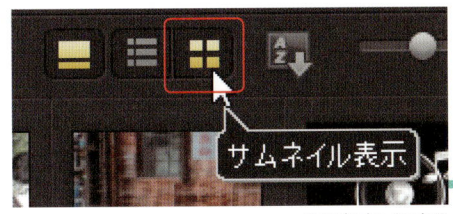

これをオンにする

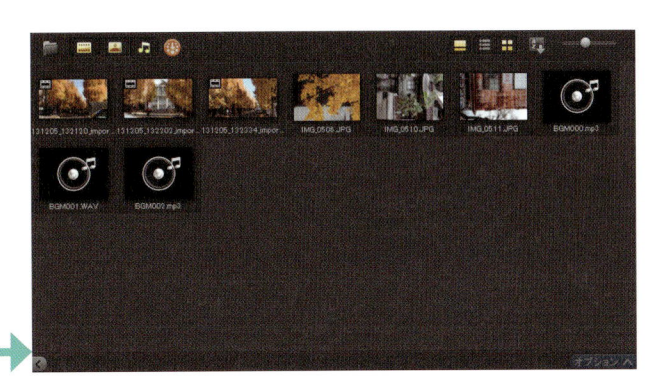

●クリップをリスト状態で表示する
クリップをリスト状態で表示する

これをオンにする

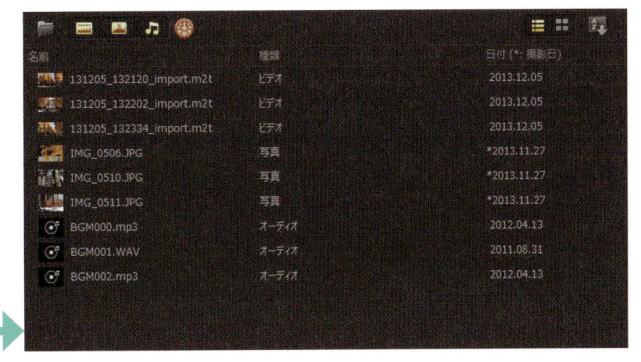

●タイトルの表示を ON/OFF
サムネイル下に表示されているファイル名を、ON/OFF する

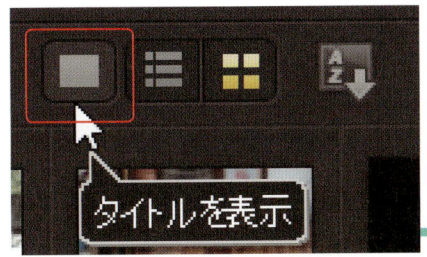

これをオフにする

名前、種類、日付で並べ替える

ライブラリにある［ライブラリのクリップを並べ替え］ボタンを利用すると、ライブラリにあるクリップを、「名前」、「種類」、「日付」ごとに並べ替えることができます。

① ［ライブラリのクリップを並べ替え］ボタンをクリックする
② メニューが表示される

Point　サムネイルのサイズ調整

サムネイルのサイズは、サイズ調整スライダーをドラッグして、表示サイズを調整できます。

サムネイルサイズ調整用スライダー

小さいサムネイル　　　大きいサムネイル

クリップのコピー / 移動 / 削除

ライブラリに登録したクリップを別のフォルダーにコピーしたり、あるいは不要になったクリップを削除するといったクリップ操作について解説します。

クリップをコピーする

現在表示しているフォルダーからクリップをコピーし、別のフォルダーにペーストしてみましょう。

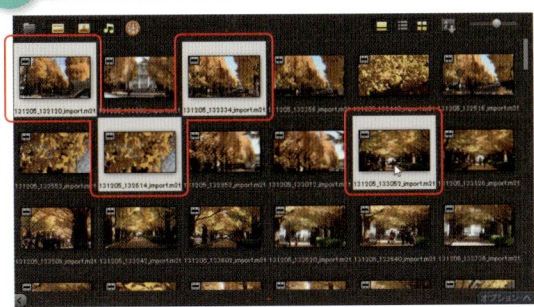

クリップを選択する

① クリップ上で右クリックする
② 「コピー」を選択する

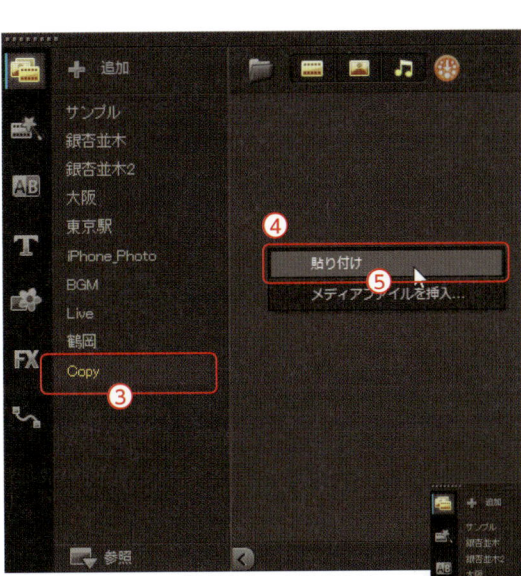

③ コピー先のフォルダを選択して切り替える
④ 何もないところで右クリックする
⑤ 「貼り付け」を選択する

選択したクリップが貼り付けられる

Tips [Shift] キーや [Ctrl] キーを押しながら選択すると、複数のファイルを選択できます。

クリップを移動する

クリップを選択してリストのフォルダー名にドラッグ＆ドロップすると、クリップを移動できます。

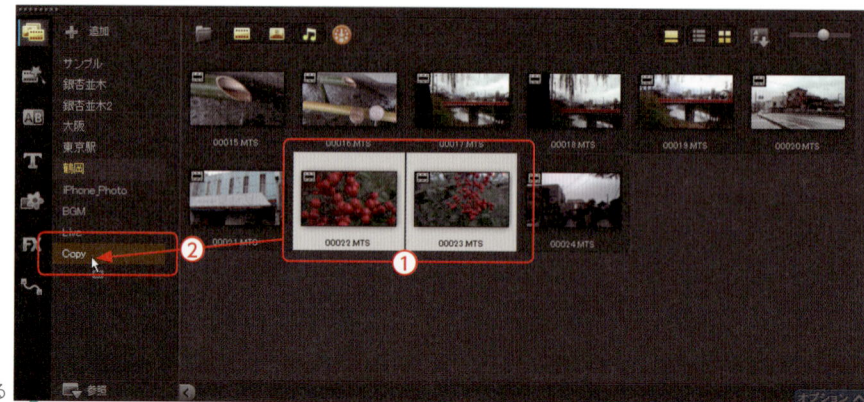

① クリップを選択する
② フォルダー名上に
　 ドラッグ＆ドロップする

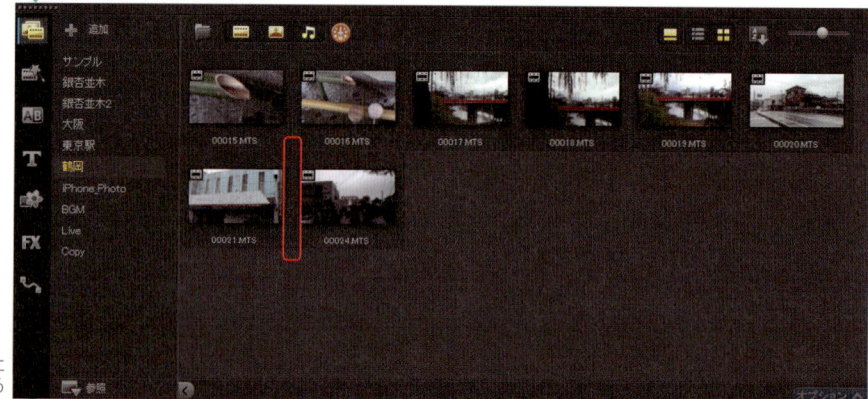

フォルダーから選択した
クリップがなくなる

別のフォルダーに
クリップが移動している

Tips [Shift] キーや [Ctrl] キーを押しながら選択すると、複数のファイルを選択できます。

クリップを削除する

　ライブラリのフォルダー内でクリップを選択して［Delete］キーを押すと、選択したクリップが削除されます。

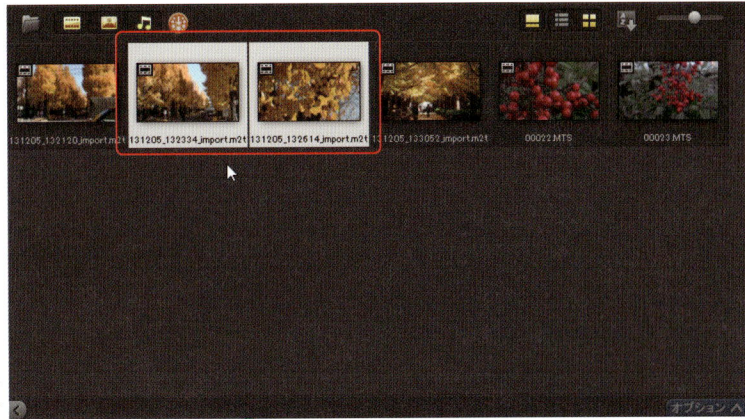

クリップを選択して
［Delete］キーを押す

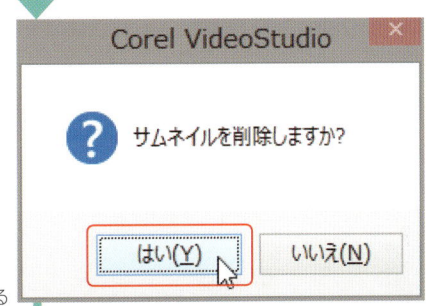

［はい］ボタンをクリックする

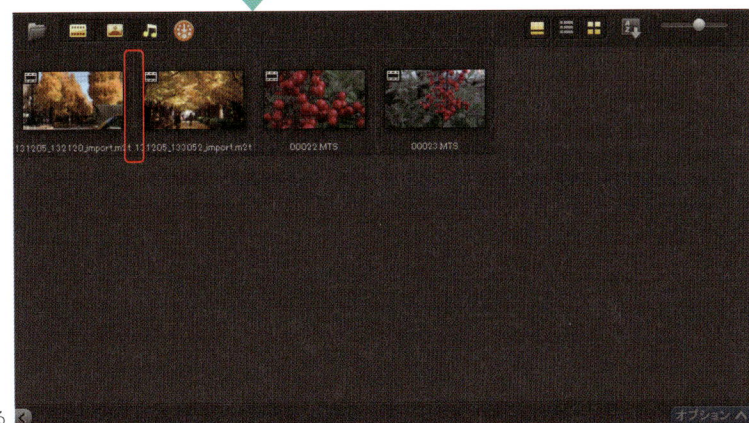

クリップが削除される

Tips　VideoStudio X7 のライブラリからクリップのサムネイルを削除しても、元のデータファイルが削除されることはありません。

ファイルのリンク切れを修正する

ライブラリのクリップではなく、ハードディスク上にあるデータファイルを移動／削除すると、「リンク切れ」という状態になります。ハードディスク上のファイルの場合、ファイル名を変更してもリンク切れになります。

このようなリンク切れ状態になった場合は、再度リンクを設定すれば利用できるようになります。ただし、ファイルを移動した場合は再リンクできますが、ファイルを削除してしまった場合は、ファイルを復活するか、最悪の場合、編集ができなくなります。

リンク切れの状態になったサムネイル

ファイル名を変更してリンク切れ

VideoStudio X7に取り込んである映像データの元ファイル名を変更したり、削除、移動などをすると、リンク切れになります。

通常の編集状態

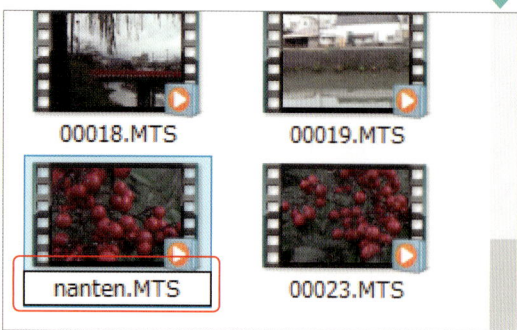

取り込み元のファイル名を変更する

リンク切れ状態になる

リンク切れを修正する

リンクが切れた場合、ファイル名の変更やファイルの移動など元の動画データが残っていれば、再リンクによって編集利用が可能になります。

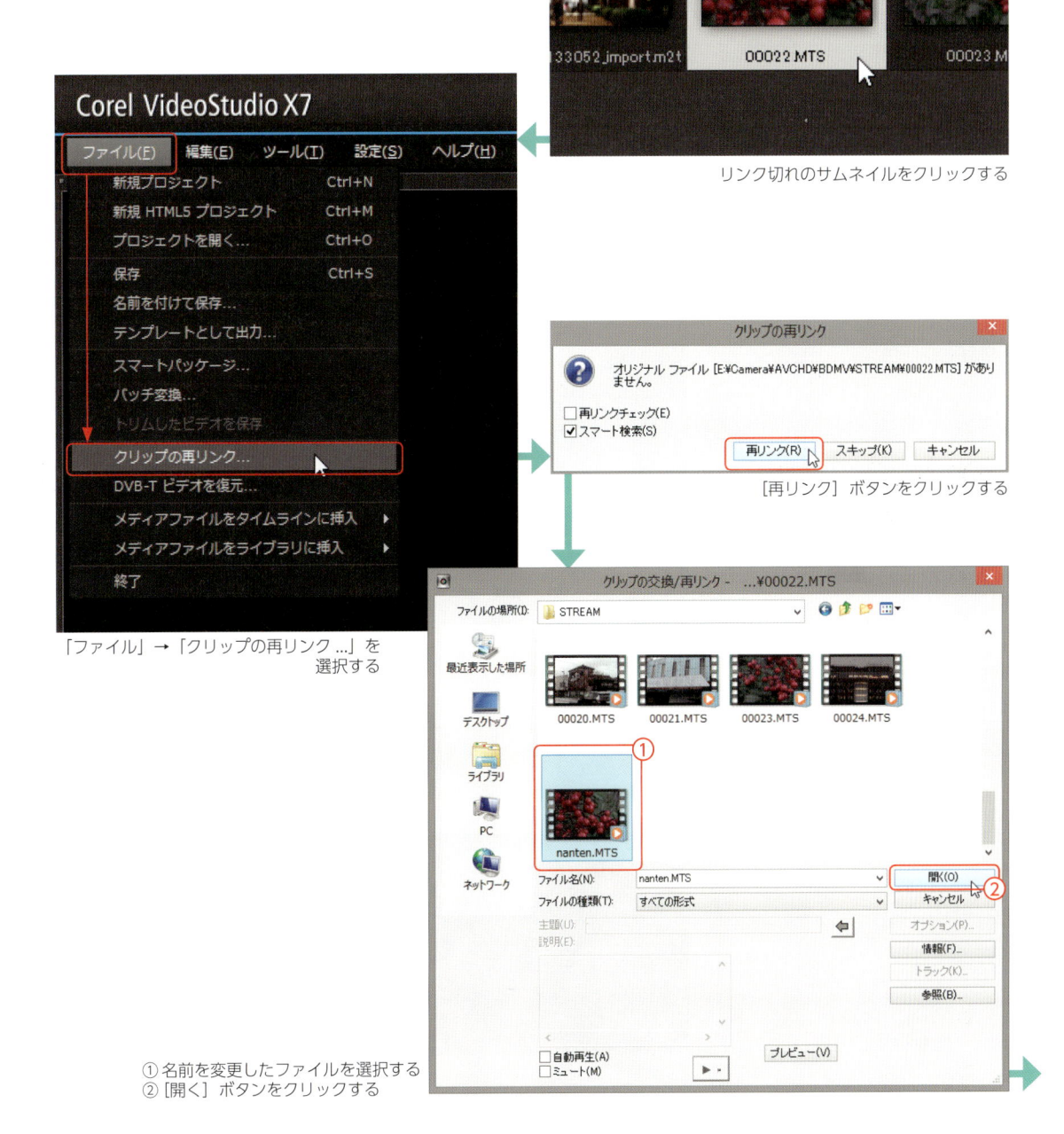

リンク切れのサムネイルをクリックする

「ファイル」→「クリップの再リンク…」を選択する

[再リンク] ボタンをクリックする

① 名前を変更したファイルを選択する
② [開く] ボタンをクリックする

リンク切れが解消される

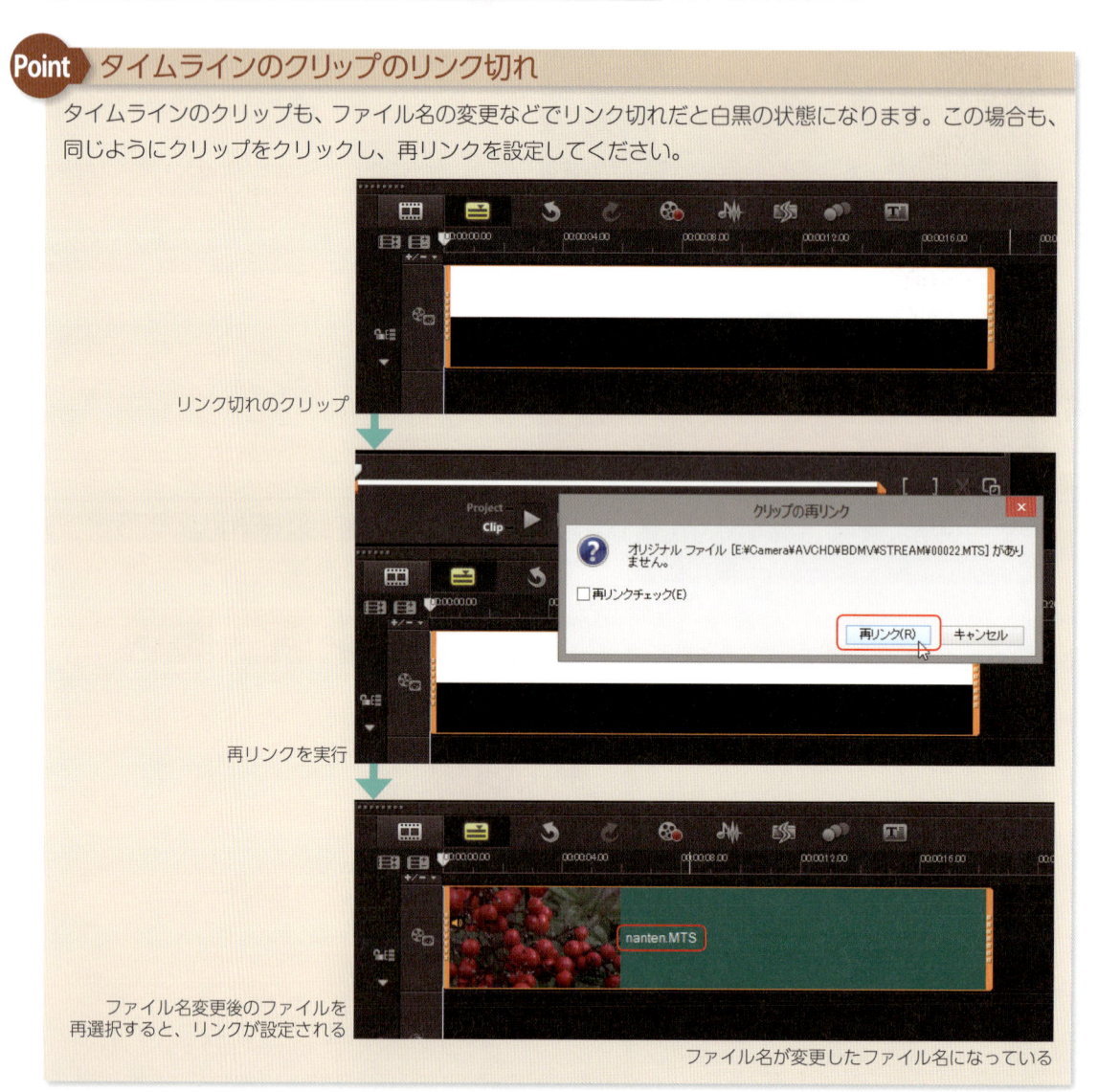

> **Point** タイムラインのクリップのリンク切れ
>
> タイムラインのクリップも、ファイル名の変更などでリンク切れだと白黒の状態になります。この場合も、同じようにクリップをクリックし、再リンクを設定してください。

リンク切れのクリップ

再リンクを実行

ファイル名変更後のファイルを
再選択すると、リンクが設定される

ファイル名が変更したファイル名になっている

フォルダーの追加 / 移動 / 削除

ビデオクリップを管理するためのフォルダーは、追加 / 移動 / 削除が自由にできます。目的に応じてフォルダーを追加し、不要になったら削除します。

フォルダーを追加する

フォルダーを追加するには、次のように操作します。

[追加] ボタンをクリックする

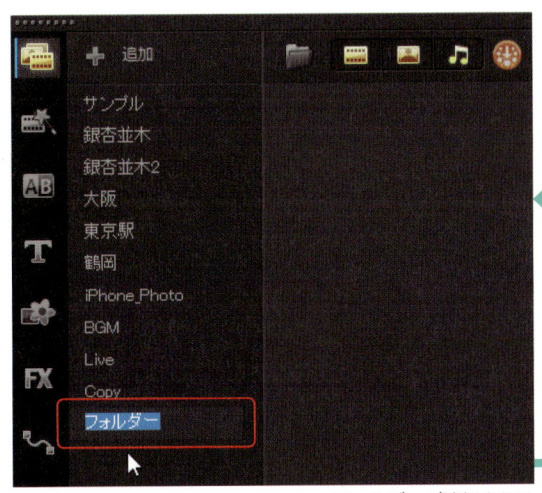

フォルダーが追加される

フォルダー名を変更する

Tips フォルダー名を右クリックして「名前を変更」を選択しても、変更可能です。

フォルダーを移動する

フォルダー名の表示位置は、ドラッグ＆ドロップで変更できます。

フォルダー名をドラッグ＆ドロップする 　　　　　フォルダーが移動する

フォルダーを削除する

不要になったフォルダーは、ライブラリから削除します。

① フォルダー名で右クリックする
② ［削除］を選択する

［OK］ボタンをクリックする

ライブラリマネージャーの利用

メニューバーの「設定」→「ライブラリ マネージャー」を選択すると、ライブラリの設定状態をファイルとして出力したり、あるいは出力したライブラリのファイルを読み込んで再現することなどができます。

1-2

ライブラリを出力する

現在のライブラリの状態を、ファイルとして出力してみましょう。メニューバーから、「設定」→「ライブラリ マネージャー」→「ライブラリの出力...」を選択して出力します。

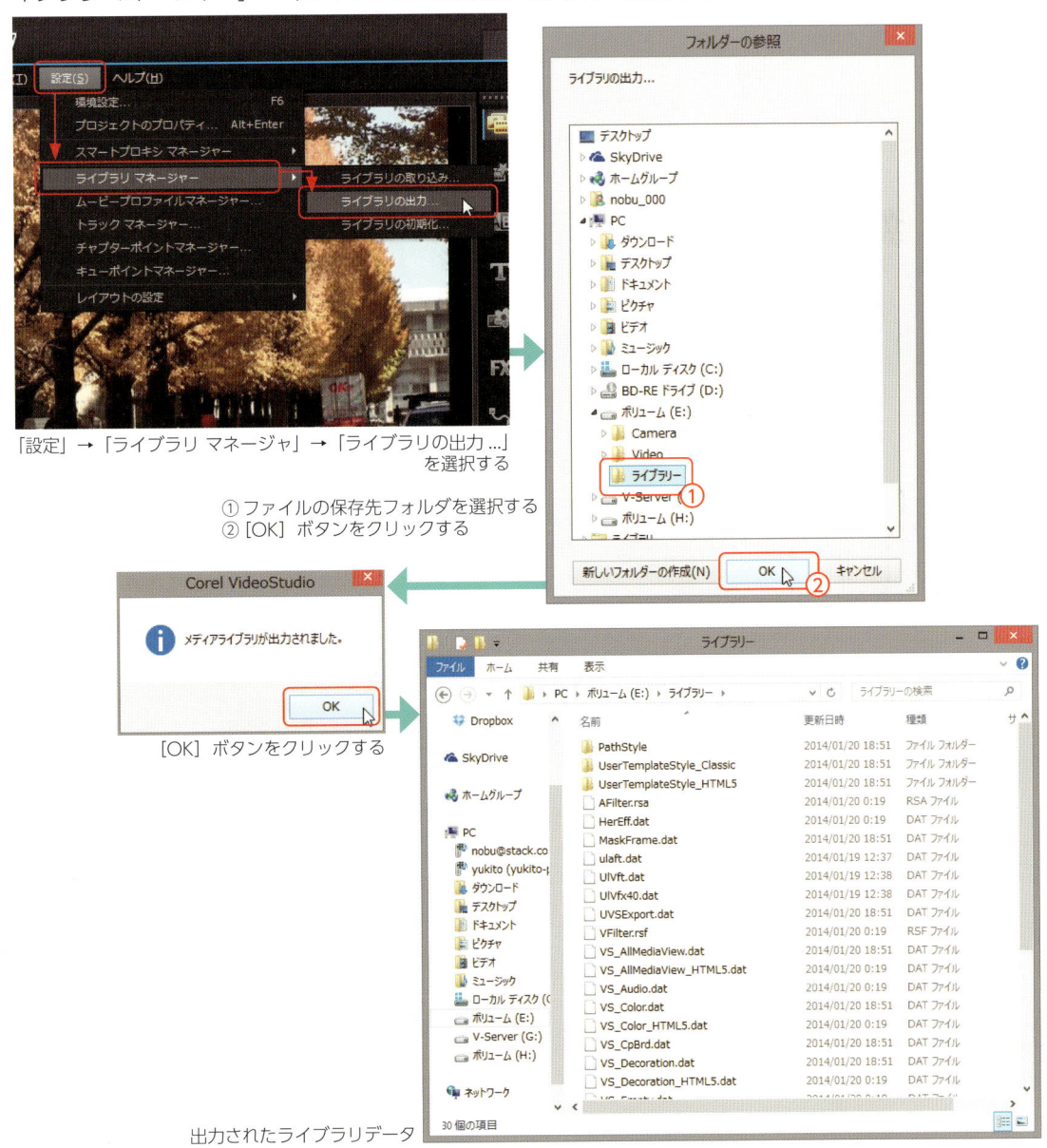

「設定」→「ライブラリ マネージャ」→「ライブラリの出力...」を選択する

① ファイルの保存先フォルダを選択する
② [OK] ボタンをクリックする

[OK] ボタンをクリックする

出力されたライブラリデータ

ライブラリを初期化する

ライブラリは、VideoStudio X7 のインストールしたときの初期状態に戻すことができます。この場合、ライブラリ マネージャーの「ライブラリの初期化...」を利用します。

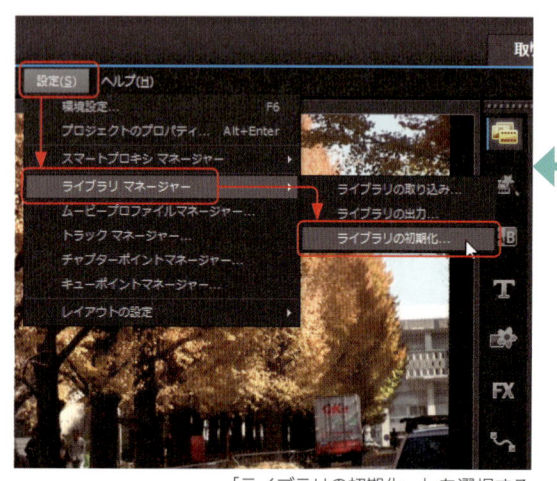

「ライブラリの初期化...」を選択する

初期化前のライブラリ

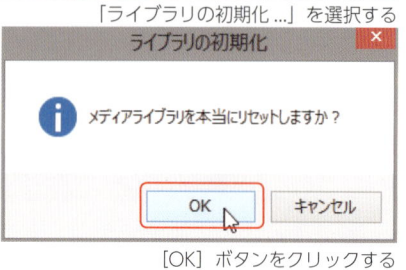

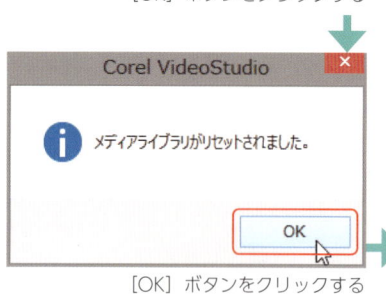

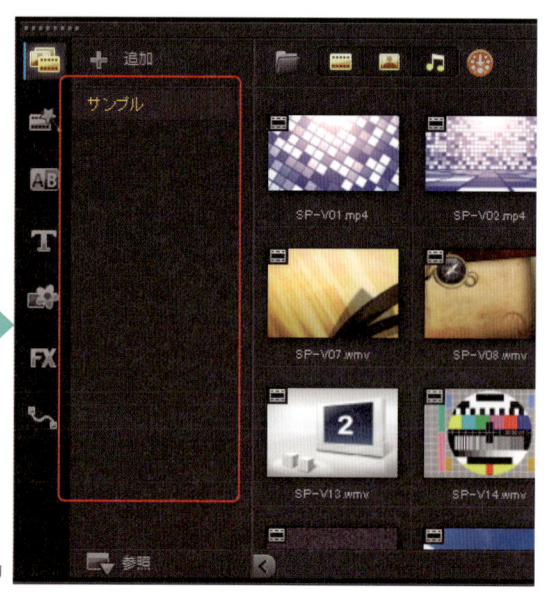

[OK]ボタンをクリックする

[OK]ボタンをクリックする

初期化されたライブラリ

ライブラリを読み込む

先の操作でライブラリを初期化しましたが、ここに、保存してあるライブラリ情報を読み込んで、初期化前の状態に復元してみましょう。

この場合、ライブラリ マネージャーの「ライブラリの取り込み...」を利用します。

「ライブラリの取り込み...」を選択する

① ライブラリを保存したフォルダを選択する
② [OK] ボタンをクリックする

[OK] ボタンをクリックする

ライブラリが復元される

Chapter 1
2-3 プロジェクトの管理

VideoStudio X7 では、編集中のムービーを「プロジェクト」という単位で管理しています。ここでは、プロジェクトの保存と読み込みについて解説します。

プロジェクトって何？

VideoStudio X7 では、作成するムービーを「プロジェクト」という単位で管理しています。ムービーを作成する場合は、作成するムービーごとにプロジェクトを設定します。そして、その編集内容が「プロジェクトファイル」として保存されます。

ムービーの編集中に編集作業を中断して、プロジェクトファイルを保存して VideoStudio X7 を終了します。このムービーの編集を再開したいときには、保存したプロジェクトファイルを読み込んで開けば、編集を中断した状態から作業を開始できます。

また、突然パソコンがフリーズしたり、あるいはシャットダウンしても、最悪、プロジェクトを保存した状態から編集を再開できます。

新規プロジェクトの保存

新しくムービーを作るために VideoStudio X7 を起動したら、まず最初に「プロジェクトの保存」を実行しましょう。何も編集作業を開始していなくても、最初にプロジェクトを保存します。これによって、次からは、ショートカットキー（[Ctrl + S]）だけでプロジェクトの保存ができます。

1 「保存」を選択する

VideoStudio X7 を起動したら、編集作業を開始する前に、メニューバーから「ファイル」→「保存」を選択します。

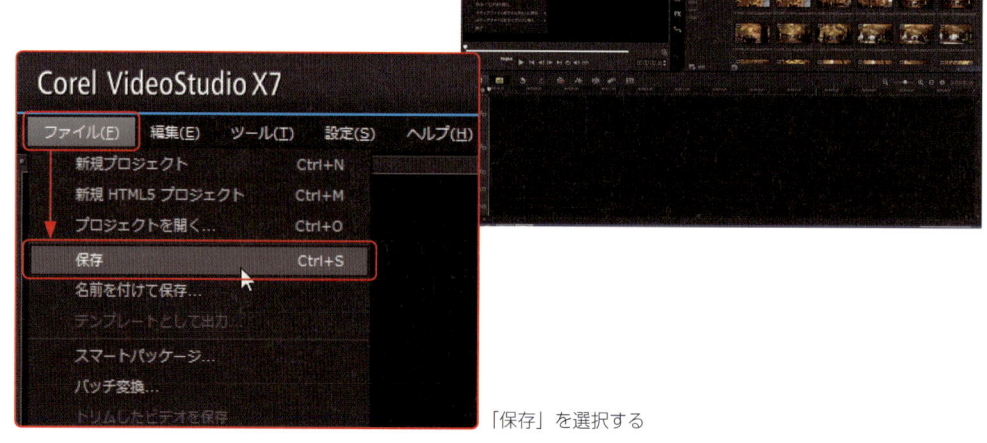

「保存」を選択する

2 プロジェクトファイルを保存する

「名前をつけて保存」ダイアログボックスが表示されるので、ファイルの保存先フォルダーを確認し、ファイル名を入力して[保存]ボタンをクリックします。

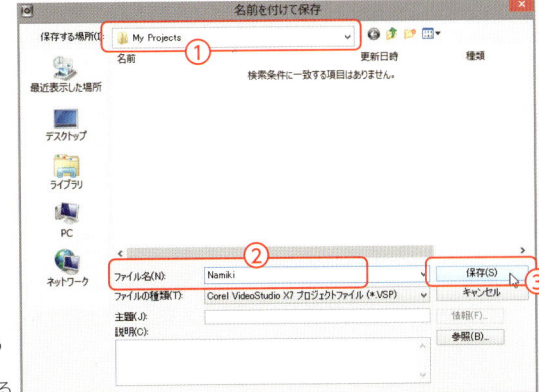

① 保存先フォルダーを確認する
② ファイル名を入力する
③ [保存]ボタンをクリックする

Point 保存先フォルダーを覚えておく

VideoStudio X7 の場合、プロジェクトファイルの保存先は、デフォルト（初期設定）で下記のとおり「My Projects」に設定されています。保存先のフォルダーは自由に変更できます。

「ドキュメント」→「Corel VideoStudio Pro」→「My Projects」

3 プロジェクト名が表示される

プロジェクトを保存すると、メニューバーの右端に表示されていた「名称未設定」という文字が、保存したプロジェクトファイル名に変わります。

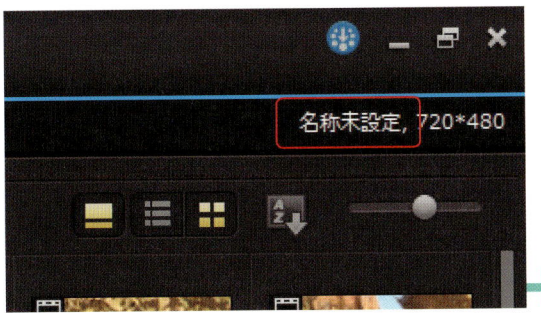

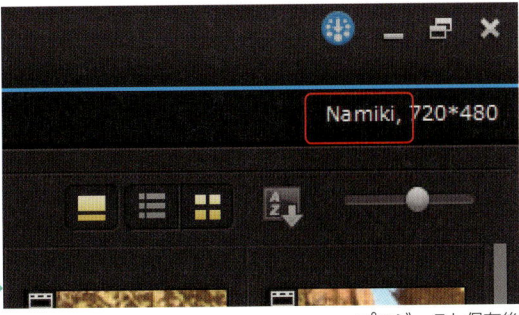

プロジェクト保存前　　　　　　　　　プロジェクト保存後

プロジェクトの読み込み

以前に作成したムービーを再編集したい、あるいは編集作業中に何かの原因でパソコンがフリーズしたりシャットダウンしたといった場合、保存してあるプロジェクトファイルを利用して編集を再開できます。

VideoStudio X7 を起動し、メニューバーから「ファイル」→「プロジェクトを開く...」を選択します。保存してあるプロジェクトを読み込んで、再び編集ができるようになります。

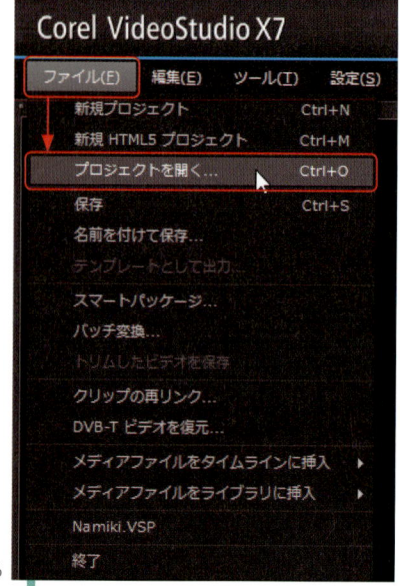

「プロジェクトを開く...」を選択する

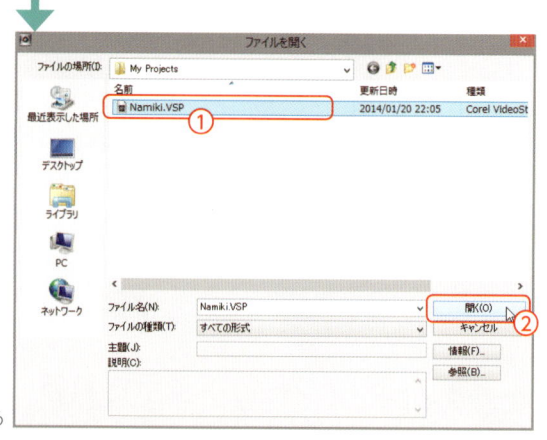

① プロジェクトファイルを選ぶ
② [開く] ボタンをクリックする

Point　プロジェクトファイルをダブルクリックする

起動中の VideoStudio X7 の中からプロジェクトファイルを選ぶほか、保存されているプロジェクトファイルをダブルクリックすると、VideoStudio X7 を起動しながらプロジェクトファイルを開くことができます。

プロジェクトファイルをダイレクトに選ぶ

新規プロジェクトの設定

　現在プロジェクトを利用中で、別のムービーを作成するためには、新しくプロジェクトを設定する必要があります。この場合は、メニューバーの「ファイル」メニューにある「新規プロジェクト」を選択します。

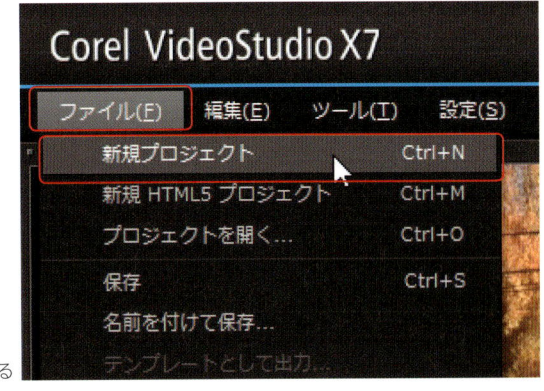

「新規プロジェクト」を選択する

Tips　現在編集中のプロジェクトがあり、保存作業を行っていない場合は、新規プロジェクトを設定する前に、現在のプロジェクトを保存するかどうか確認メッセージが表示されます。必要に応じて、プロジェクトを保存してください。

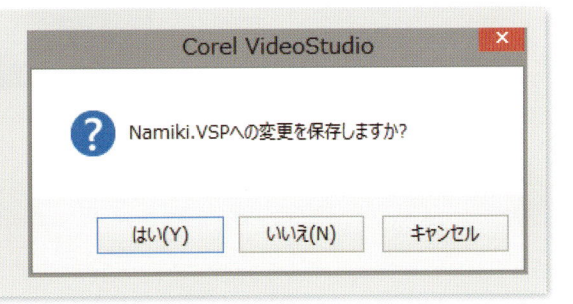

HTML5 プロジェクトを利用する

　VideoStudio X7 では、HTML5 に対応したプロジェクトの設定ができます。HTML5 対応のプロジェクトは、VideoStudio X7 を起動後、ファイルメニューから「新規 HTML5 プロジェクト」を選択します。

Tips　HTML5 プロジェクトは、通常のプロジェクトファイルと出力できる形式が異なります。また、出力したデータの表示方法にも注意が必要です。詳しくは 226 ページを参照してください。

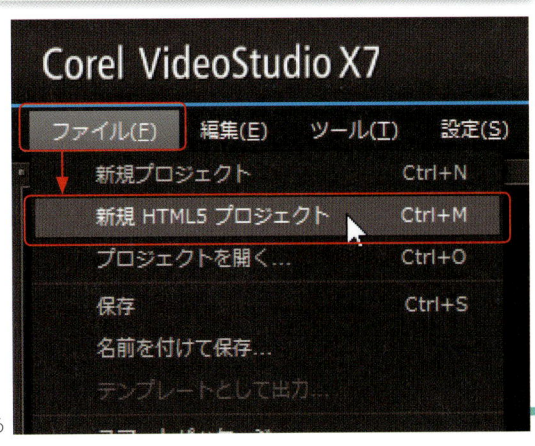

「新規 HTML5 プロジェクト」を選択する

[OK] ボタンをクリックする

プロジェクト名表示部分に（HTML5）と表示される

> **Point** HTML5 って何だろう
>
> Web サイトを作成するために開発された言語を HTML（Hyper Text Markup Language）といいます。言語といっても C 言語などのようにプログラムを開発するものではなく、Web サイトで文字を表示するためのルールです。
> この HTML もバージョンアップされており、これまでは HTML4.0 というバージョンが利用されていました。これに対し、動画やオーディオデータなどを扱いやすくするなど、より使い勝手のよいようにバージョンアップしたのが HTML5 です。

Chapter 1-3
「編集」ワークスペース

Chapter 1-3-1	タイムラインでストーリーを作る
Chapter 1-3-2	トラックの追加と削除
Chapter 1-3-3	クリップのトリミング
Chapter 1-3-4	トランジションを利用する
Chapter 1-3-5	プリセットでメインタイトルを作成する
Chapter 1-3-6	オリジナルなメインタイトルを作成する
Chapter 1-3-7	テロップを作成する
Chapter 1-3-8	フィルターを設定する
Chapter 1-3-9	BGMを設定する

Chapter 1 3-1 タイムラインでストーリーを作る

VideoStudio X7 では、プロジェクトタイムラインにクリップを配置して、ムービーのストーリーを作ります。このとき、プロジェクトタイムラインは、「ストーリーボードビュー」と「タイムラインビュー」という、2タイプのタイムラインを使い分けて作業を行います。

「プロジェクトタイムライン」について

VideoStudio X7 を起動すると、編集画面下部に表示されているのが、「プロジェクトタイムライン」という領域です。ここは、作業目的に応じて「ストーリーボードビュー」と「タイムラインビュー」という2つのタイムラインを切り替えて利用します。

ストーリーボードビューとタイムラインビューの切り替え

VideoStudio X7 を起動すると、プロジェクトタイムラインには「タイムラインビュー」が表示されるように設定されています。これを「ストーリーボードビュー」に切り替えてみましょう。

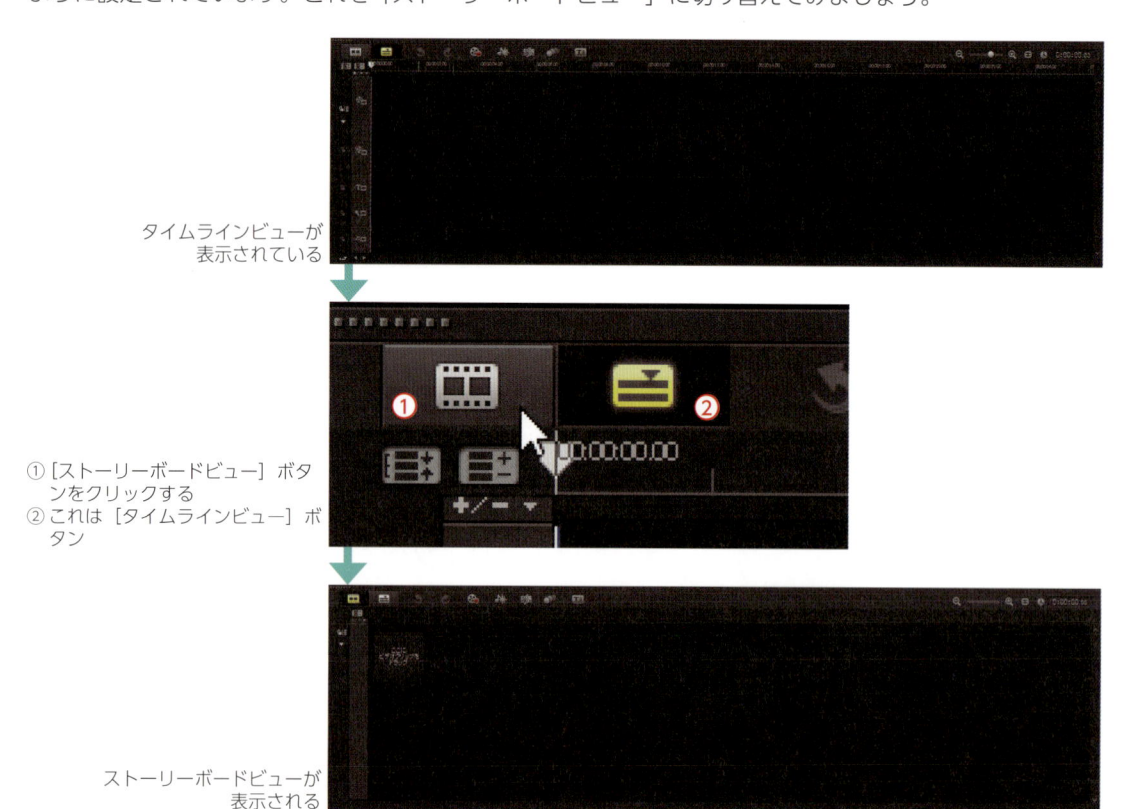

タイムラインビューが表示されている

① [ストーリーボードビュー] ボタンをクリックする
② これは [タイムラインビュー] ボタン

ストーリーボードビューが表示される

ストーリーボードビューについて

「ストーリーボードビュー」では、VideoStudio X7に取り込んだクリップを複数並べ、どのような順番で再生されるかを決めたり、クリップとクリップの間にトランジションと呼ばれる画面切り替え効果を設定する作業などを行います。

クリップの再生順では、ストーリーボードビューに並べた順番に、左から右へと映像が再生されます。

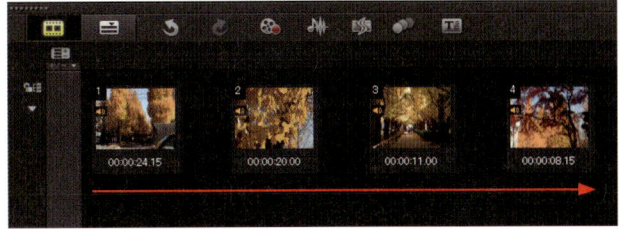

ストーリーボードビューに並べた順に
左から右へ映像が再生される

タイムラインビューについて

タイムラインビューでは、タイトル設定（→P.90）やBGM設定（→P.124）など、ビデオクリップ以外のクリップとの関係を確認しながら作業を行うときに利用します。また、作業モードによっては、該当するモードに切り替えると、自動的にタイムラインビューに切り替わります。

タイトルやBGM設定などに利用する

ストーリーボードにクリップを並べる

ストーリーボードビューに切り替えたら、ここにクリップを並べます。なお、並べる前に映像内容を確認したい場合は、左のプレビューウィンドウで再生します。

1 クリップをプレビューする

ライブラリに登録されているクリップを選択して、プレビューウィンドウの[再生]ボタンをクリックすると、内容をプレビューできます。

① クリップを選択する
② [再生]ボタンをクリックする
③ クリップが再生される

❷ ドラッグ＆ドロップで配置する

ライブラリに登録されているクリップを、ストーリーボードビューにドラッグ＆ドロップします。

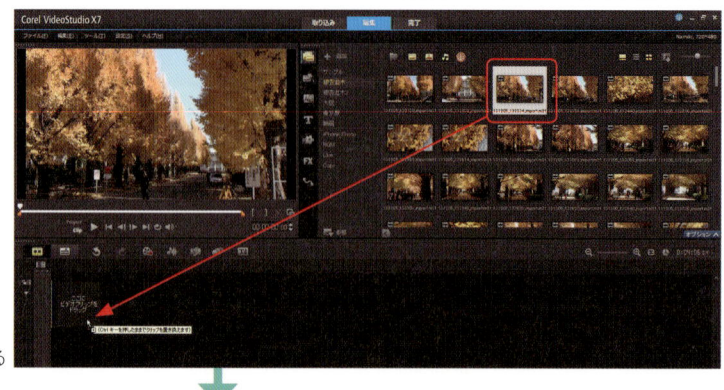

クリップをドラッグ＆ドロップする

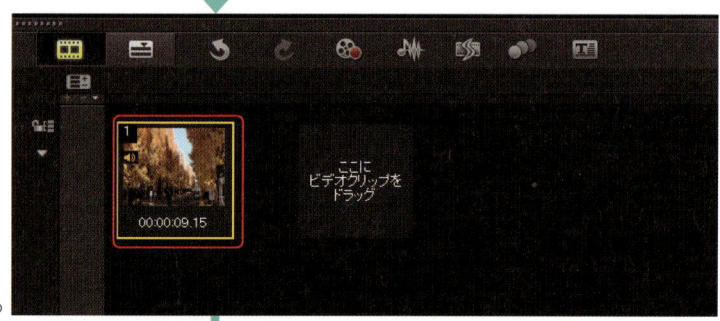

クリップが配置される

複数のクリップを配置する

Tips 複数のクリップをまとめて配置する場合は、[Shift] キーや [Ctrl] キーを押しながら選択します。複数選んだら、そのままストーリーボードビューにドラッグ＆ドロップします。

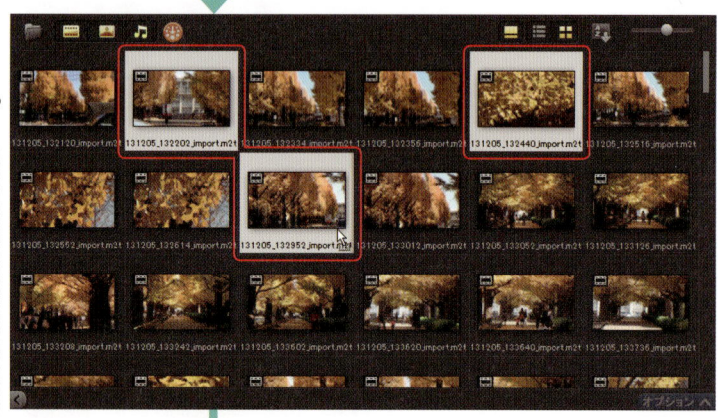

複数のクリップを同時に配置する

Tips ライブラリでクリップを選択し、右クリックで表示されたメニューで「挿入先」を選択し、配置トラックを選んでも同様に配置できます。トラック名については 66 ページを参照してください。

Point　ストーリー作りのポイント

ストーリーを作る場合は、最低限、次の 2 点だけは注意しましょう。

①このムービーで何を表現したいのかを考える
②誰に見せるのかをイメージして考える

プロジェクトを再生

　ストーリーボードビューに配置したクリップの再生方法には、2 種類あります。一つはクリップ単位で再生する方法と、もう一つが全部のクリップをまとめて「プロジェクト」として再生する方法です。

クリップ単位で再生する

　ストーリーボードビューに配置したクリップから、1 つのクリップだけを再生するには、次のように操作します。

① 再生したいクリップを選択する
② [Clip] がアクティブになっているのを確認する
③ [再生] ボタンをクリックする

Tips 「Clip」がアクティブでない場合は、②をクリックするとアクティブになります。

プロジェクトを再生する

ストーリーボードビューに配置したクリップを先頭からまとめて再生するには、次のように操作します。

[Project] ボタンをクリックする

① ジョグ スライダーを先頭にドラッグする
② [再生] ボタンをクリックする

Point 「HD プレビュー」について

クリップにハイビジョン形式の動画データを利用していると、プロジェクトの再生モードでは、プレビューウィンドウのコントローラーに [HD プレビュー] というボタンが表示されます。このボタンをクリックしてオンにすると、ハイビジョン画質で再生ができます。

[HD] ボタンをオンにして再生する

Point スムーズに再生できないときは「スマートプロキシ」を利用

ハイビジョン映像のファイルは、標準画質の映像より情報量が多い分、再生処理にパソコンのパワーが必要になります。そのため、パワーの小さいパソコンではスムーズな再生ができない場合があります。このようなときには「スマートプロキシ」を利用すると、再生だけでなく、その他の編集作業もスムーズにできるようになります。

スマートプロキシを有効にするには、メニューバーから「設定」→「スマートプロキシマネージャー」→「スマートプロキシを有効にする」を選択します。

クリップの入れ替え

ストーリーボードビューにクリップを並べる場合、必ずしも撮影した順番どおりに並べる必要はありません。クリップによっては別の位置に配置した方が、ムービーを見たときにわかりやすいということがあります。これが「ストーリー作り」です。内容に応じてクリップを並べ替えてストーリーを作ってください。

① クリップをドラッグする
② 白いラインが表示される

クリップが移動する

不要なクリップの削除

ストーリーボードにクリップを並べたが、そのクリップが不要だという場合は、これを削除します。

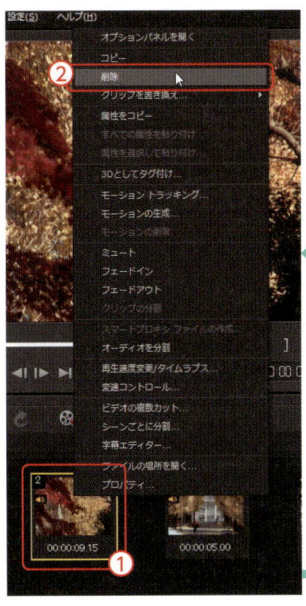

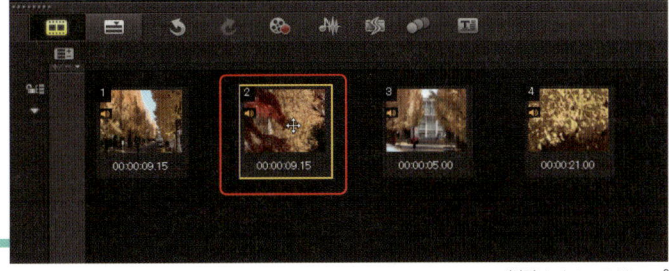

削除したいクリップ

① クリップ上で右クリックする
② [削除] を選択する

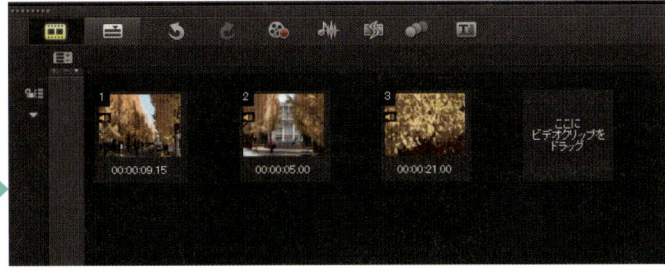

クリップが削除される

Tips ストーリーボードビューでクリップを選択し、キーボードの [Delete] キーを押しても削除できます。

Point ライブラリのクリップは削除されない

ストーリーボードビューからクリップを削除しても、ライブラリのクリップは削除されません。もう一度、同じクリップを配置すれば、元に戻すことができます。

Chapter 1 3-2 トラックの追加と削除

デフォルト（初期設定）で表示されているトラックに、さらにオーバーレイトラックやミュージックトラックを追加してみましょう。トラックの追加には、「トラックマネージャー」を利用します。

トラックの機能と名称

タイムラインビューには、「トラック」と呼ばれる、クリップを配置するためのエリアがあります。トラックは長方形の細長いエリアで、陸上競技を行うトラックに似ているところから、このように呼ばれています。トラックにはそれぞれ配置するクリップが決められており、対応したクリップを配置します。

❶ビデオトラック	ビデオクリップを配置する。
❷オーバーレイトラック	ビデオトラックのクリップと合成させるビデオクリップを配置する。
❸タイトルトラック	タイトルクリップを配置する。
❹ボイストラック	アテレコなどのオーディオクリップを配置する。
❺ミュージックトラック	BGM用のオーディオクリップを配置する。

トラックマネージャーを起動する

1 デフォルトのトラック構成とトラック名

VideoStudio X7のタイムラインビューは、デフォルトで右画面のようなトラック構成となっています。このうち、トラックのアイコンに番号の付いているものは、トラックを追加することができます。

❶ビデオトラック
❷オーバーレイトラック（追加可能）
❸タイトルトラック（追加可能）
❹ボイストラック
❺ミュージックトラック（追加可能）

2 トラックマネージャーを起動する

トラックの追加は、トラックマネージャーを起動して行います。

① どれかのトラック上で右クリックし、
② 「トラックマネージャー...」を選択する

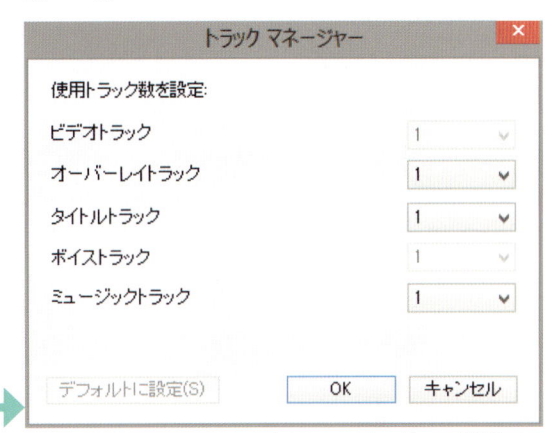

トラックマネージャーが起動する

Point [トラックマネージャー] ボタンを利用する

[トラックマネージャー] ボタンをクリックしても、トラックマネージャーを起動できます。

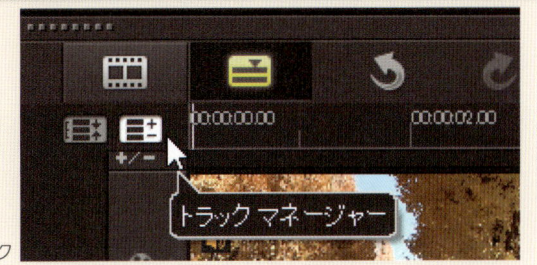

[トラックマネージャー] ボタンをクリック

3 トラックを追加 / 削除する

追加したいトラックの [▼] をクリックし、表示されたプルダウンメニューから、利用したいトラックの本数を選択します。現在の本数より多い数を選べばトラックが追加され、少ない数を選べば削除されます。

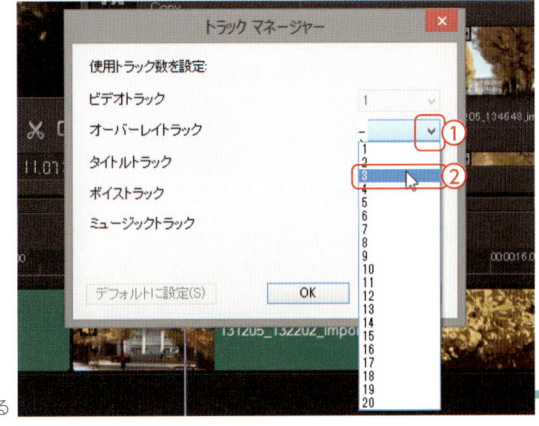

① [▼] をクリックする
② 追加するトラック本数を選択する

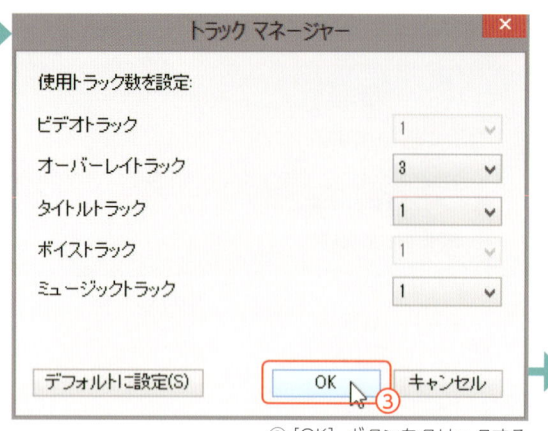

③[OK]ボタンをクリックする

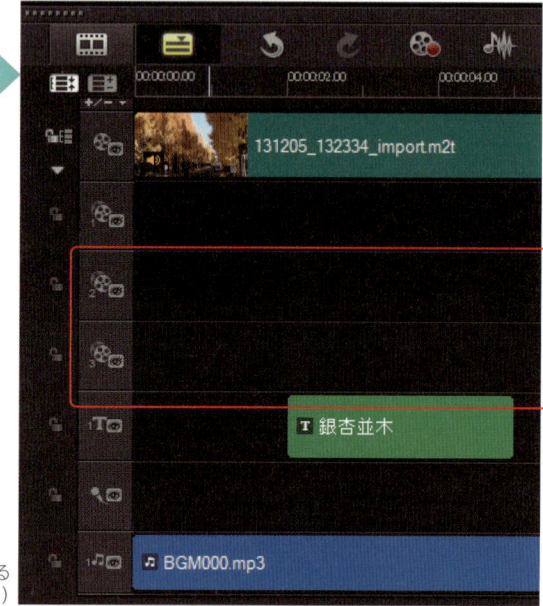

トラックが追加される
(オーバーレイトラックが 2 本追加される)

> **Tips** デフォルトとして設定されているトラック(ビデオトラック、ボイストラック)は、トラックの追加 / 削除ができません。

> **Point** トラックを削除する
> 追加したトラックを削除する場合は、トラックマネージャで、トラック数の数値を小さくしてください。

> **Point** [すべての可視トラックを表示]ボタン
> [トラックマネージャー]ボタンの左にある[すべての可視トラックを表示]ボタンは、追加してトラックを増やした場合など、画面内にすべてのトラックを表示するときに利用します。

Chapter 1
3-3 クリップのトリミング

1つのクリップの中に、必要な映像と不要な映像がある。あるいはクリップが長すぎる。このようなときに行うのが、「トリミング」作業です。トリミングは、クリップの長さを調整したり、不要な部分をカットしたりする編集作業の基本です。

▶ トリミングについて

「トリミング」は、クリップの長さを調整して必要な映像部分を残す作業のことをいいます。長さの調整は、クリップの開始点、終了点の位置を変更して行います。これによって不要な分を見えなくします。また、開始点や終了点は、何度でも繰り返して修正できます。

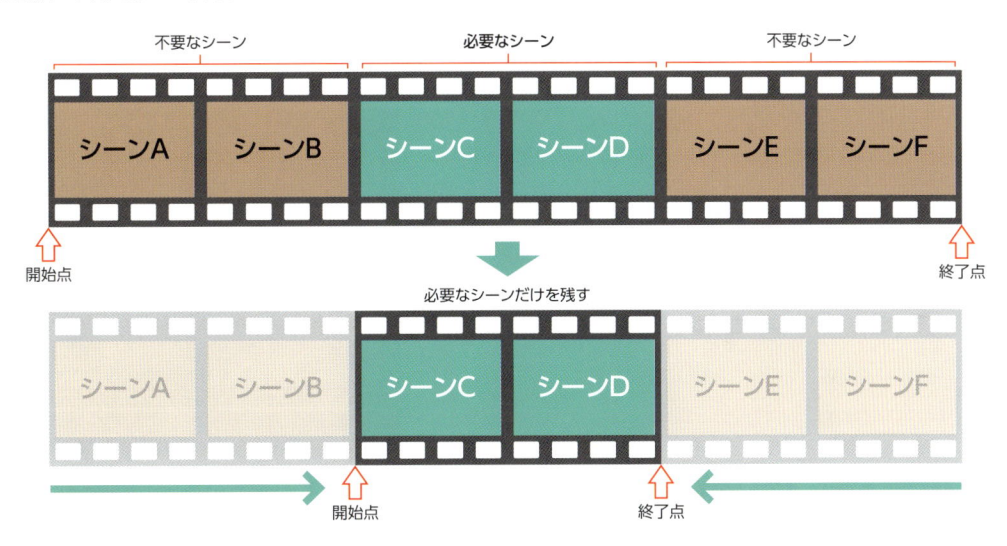

▶ VideoStudio X7でのトリミング方法

VideoStudio X7では、複数のトリミング方法が利用できます。基本的なのは、トラックに配置したクリップをプレビューウィンドウでトリミングするという方法ですが、好みに合わせて使い分けるとよいでしょう。

方法1
プレビューウィンドウでトリミング
(→ P.70)

方法2 タイムラインビューでトリミング (→ P.76)

方法3 「トリム」ウィンドウでトリミング (→ P.75)

プレビューウィンドウでトリミング

1 プレビューウィンドウの機能

プレビューウィンドウでは、クリップやプロジェクトの再生のほか、クリップやプロジェクトをトリミングすることもできます。それらの機能は以下のようにボタンに割り当てられています。

❶	ジョグスライダー	プロジェクトやクリップの現在位置を高速に変更する。
❷	トリムマーカー	左右にあり、クリップの開始点、終了点を指定する。
❸	マークイン	クリップのトリミングで、映像の開始点(イン点)を指定する。
❹	マークアウト	クリップのトリミングで、映像の終了点(アウト点)を指定する。
❺	ビデオを分割	ジョグ スライダーのある位置で、クリップを2つに分割する。
❻	拡大	プレビュー画面を拡大表示する。
❼	再生モード (Project/Clip)	プロジェクトモード、クリップモードの切り替えを行う。
❽	再生	プロジェクトやクリップを再生する。
❾	開始点 (Project 選択時)	開始フレームに戻る。[Shift]キーを押しながらクリックすると、前のクリップの先頭に戻る。
❿	前のフレームへ	1つ前のフレームに移動する。
⓫	次のフレームへ	1つ先のフレームに移動する。
⓬	終了点 (Project 選択時)	最後のフレームに移動する。[Shift]キーを押しながらクリックすると、次のクリップの先頭に進む。
⓭	繰り返し	繰り返して再生する。
⓮	ボリューム	音量を調整する。
⓯	タイムコード	現在のフレーム位置を表示したり、ジャンプ先の特定のフレーム位置などを指定する。

Point ナビゲーションパネルでのショートカットキー

ナビゲーションパネルでは、マウスによるボタン操作のほかに、キーボードからのショートカットキーでも操作できます。

F3	マークインを設定する。
F4	マークアウトを設定する。
L	再生／一時停止する。
Space	再生／一時停止する。
Ctrl + P	再生／一時停止する。
Shift + [再生] ボタン	現在選択されているクリップを再生する。
K	クリップ、プロジェクトの先頭に戻る。
Home	クリップ、プロジェクトの先頭に戻る。
Ctrl + H	クリップ、プロジェクトの先頭に戻る。
Ctrl + E	最後のフレームへ移動する。
F	次のフレームに移動する。
D	前のフレームに移動する。
Ctrl + R	[繰り返し再生] を切り替える。
Ctrl + L	ボリューム調整スライダーを表示する。
Tab	トリムバーの左右のハンドルのアクティブ状態を切り替える。また、トリムバーとジョグ スライダーを切り換える。
Enter	トリムバーの左ハンドルがアクティブの場合、[Tab] または [Enter] キーを押すと右ハンドルに切り換わる。また、トリムバーとジョグ スライダーを切り替える。
左矢印	[Tab] または [Enter] キーを押してトリムバーやジョグ スライダーを有効にした場合、左矢印キーを使って前のフレームへ移動できる。
右矢印	[Tab] または [Enter] キーを押してトリムバーやジョグ スライダーを有効にした場合、右矢印キーを使って次のフレームへ移動できる。
ESC	[Tab] または [Enter] キーを押してトリムバーとジョグ スライダーを有効にした場合、[Esc] キーを押すとトリムバーとジョグ スライダーが無効になる。

2 トリミングしたいクリップを選択する

ストーリーボードビューでトリミングしたいクリップを選択します。なお、ストーリーボードビューに配置したクリップのサムネイル下には、そのクリップの長さ（継続時間、再生時間）が、タイムコード（→P.8）で表示されています。

クリップを選択する

クリップの長さが表示されている
（このクリップの継続時間は 24 秒 15 フレーム）

③ 開始位置（マークイン）を設定する

必要な映像の開始位置を「マークイン」といいます。プレビューでクリップを再生し、開始位置を見つけます。なお、「ジョグ スライダー」をドラッグしても、位置を見つけることができます。

ジョグ スライダーをドラッグして開始位置を見つける

① [マークイン] ボタンをクリックする
② ジョグ スライダー位置に左のトリムマーカーが移動する（ここがマークインになる）

④ 終了位置（マークアウト）を設定する

必要な映像の終了位置を「マークアウト」といいます。マークインを設定したら、同様の方法でマークアウトを設定します。

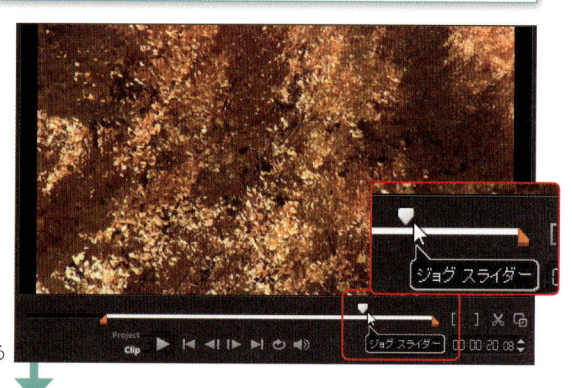

終了位置にジョグ スライダーを合わせる

① [マークアウト] ボタンをクリックする
② ジョグ スライダー位置に右のトリムマーカーが移動する（ここがマークアウトになる）

Tips フレーム単位で細かく位置を見つけたい場合は、[前のフレームへ][次のフレームへ] を使って、それぞれの位置を細かく決めることができます。

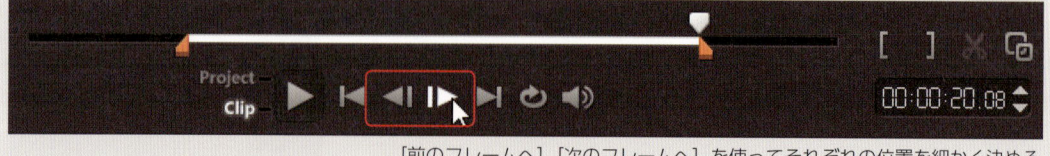

[前のフレームへ][次のフレームへ] を使ってそれぞれの位置を細かく決める

5 選択範囲を確認する

範囲を選択すると、必要な範囲は白いラインで、不要な範囲はグレーのラインで表示されています。

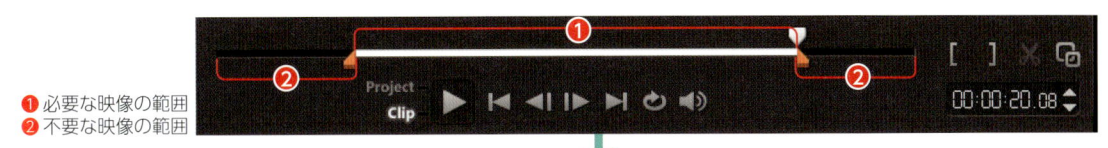

❶ 必要な映像の範囲
❷ 不要な映像の範囲

コントロールパネルの［再生］ボタンをクリックすると、マークイン、マークアウトで指定した範囲だけが再生されます。

選択した範囲だけが再生される

6 クリップの長さが変化している

トリミング前と後とでは、クリップの長さが変わっています。画面では、24秒15フレームだった継続時間が、トリミング後は15秒13フレームに調整されています。

トリミング前　　　トリミング後

7 マークイン、マークアウトを修正する

マークイン、マークアウトは、いつでも自由に変更できます。

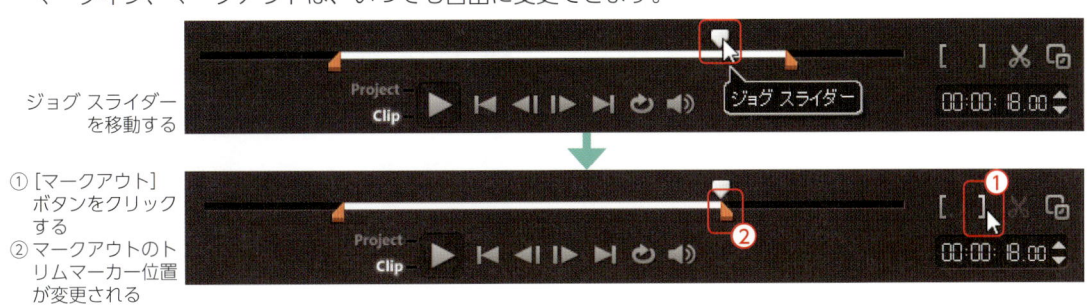

ジョグ スライダー
を移動する

① ［マークアウト］
　ボタンをクリック
　する
② マークアウトのト
　リムマーカー位置
　が変更される

Tips オレンジ色の「トリムマーカー」をドラッグしても、マークイン、マークアウトの位置を修正できます。このとき、マウスの形が変わります。

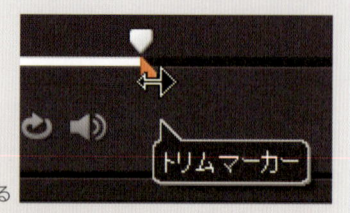

トリムマーカーをドラッグして修正する

Point プロジェクト全体のデュレーションを確認

ビデオ編集では、ビデオの長さ、すなわち再生時間のことを「デュレーション（継続時間）」といいます。ストーリーボードビューに配置した全てのクリップをまとめた全体のデュレーションは、プロジェクトタイムラインの右上の「プロジェクトの長さ」に表示されています。ここを確認しながらトリミングを行うことで、プロジェクト全体の長さを調整できます。

プロジェクト全体のデュレーション

トリミングしてから配置する

　クリップをストーリーボードビューに配置してからトリミングするほかに、ライブラリのクリップをトリミングしてからストーリーボードビューに配置するという方法もあります。

　この場合、ライブラリにある映像データ情報がトリミングされるため、同じクリップを他のプロジェクトで利用すると、トリミングされた状態で利用することになります。先にトリミングしておくか、後からトリミングするかの違いというわけです。

ライブラリのクリップをトリミング	先にトリミング
ストーリーボードビューでトリミング	後からトリミング

1 トリミングしたいクリップを選ぶ

　ライブラリで、トリミングしたいクリップを選択します。

クリップを選択する

❷ トリミングする

プレビューウィンドウで、クリップをトリミングします。

マークイン、マークアウトを設定する

❸ ストーリーボードビューに配置する

トリミングが終了したら、ライブラリからストーリーボードビューにドラッグ＆ドロップして配置します。

ストーリーボードビューに配置する

Point トリムウィンドウでのトリミング

VideoStudio X7 にも、以前の VideoStudio で利用されていたトリミング専用の「トリムウィンドウ」という機能が搭載されています。これはライブラリのクリップをダブルクリックすると表示されるウィンドウで、基本的な操作方法は、プレビューウィンドウでの操作と同じです。トリムウィンドウでは、1 フレーム単位のトリミングから、1 つのサムネールに 1,800 個のフレームをまとめた状態で表示させながらのトリミングができます。長いムービークリップをトリミングするときなどに利用すると便利です。

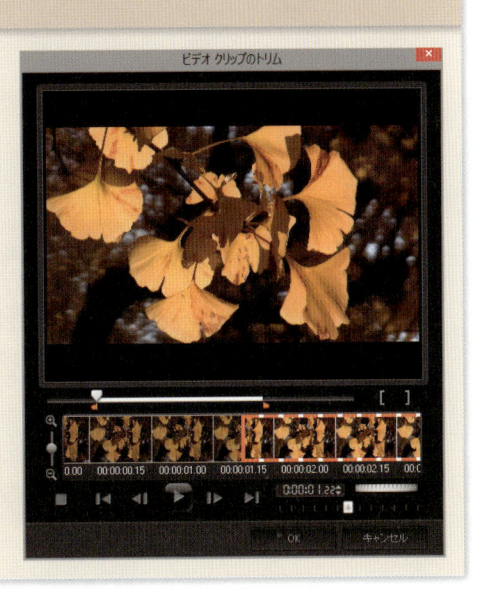

タイムラインビューでのトリミング

クリップのトリミングは、タイムラインビューでもできます。初期の頃のビデオ編集ソフトは、このタイムラインビューでのトリミングしかできませんでした。タイムラインでのトリミングは、クリップを選択するとクリップの両端に黄色い帯が表示されるので、これをドラッグして調整します。

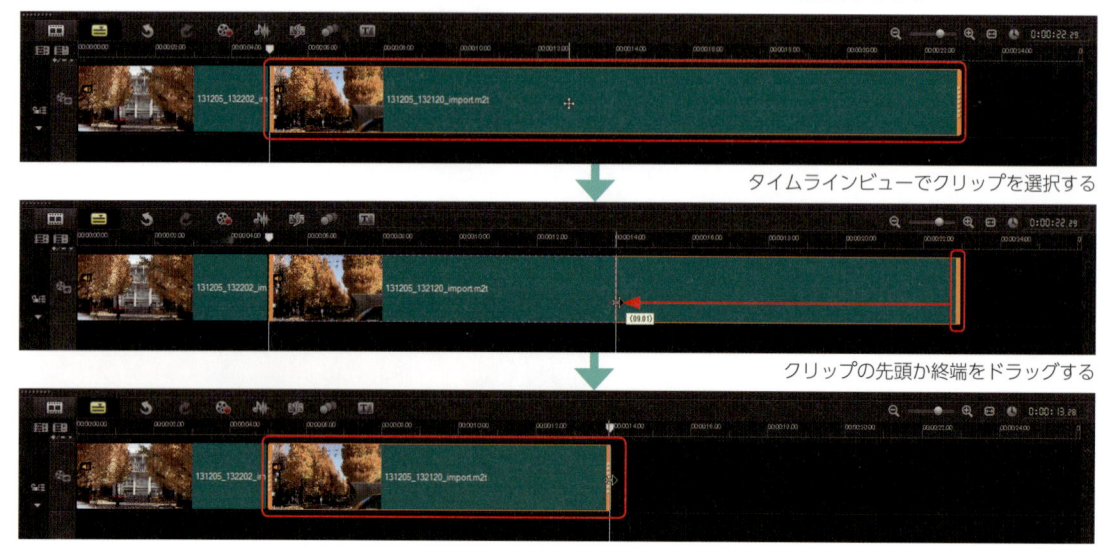

タイムラインビューでクリップを選択する

クリップの先頭か終端をドラッグする

トリミングされる

Point タイムラインビューのズーム操作

タイムラインビューは、クリップの数が多くなると操作がしづらくなったり、見通しが悪くなります。そのようなときには、タイムラインをズーム操作して、作業しやすい状態に設定します。

❶ズームアウト	タイムラインを縮小表示する。
❷ズームスライダー	タイムラインを拡大/縮小する。
❸ズームイン	タイムラインを拡大表示する。
❹タイムラインに合わせる	プロジェクトの先頭から終端までを、タイムライン全体の長さに合わせて表示する。

[タイムラインに合わせる]ボタンで表示

タイムラインを縮小表示

タイムラインを拡大表示

「ビデオの複数カット」を使う

撮影時間が長く、1つのシーンの中に必要な映像が複数ある場合は、1つのシーンを複数にカットする必要があります。また、miniDVテープを利用したHDV形式やDV形式の映像なども、1つのシーンにいくつもの必要なカットを含んでいる場合があります。このようなクリップは、「ビデオの複数カット」機能を利用すると、簡単に複数カットすることができます。

タイムラインビューやストーリーボードビューでクリップをダブルクリックする

① オプションパネルが表示される
② 「ビデオの複数カット」を選択する

③ ジョグ スライダーを必要な映像の開始位置に合わせる
④ オレンジ色のラインが現在の位置
⑤ 現在の位置がプレビュー表示される
⑥ [マークイン] ボタンをクリックする
⑦ マークインが設定される
　（オレンジ色でマークされる）

⑧ ジョグ スライダーを必要な映像の終了位置に合わせる
⑨ [マークアウト] ボタンをクリックする
⑩ マークアウトが設定され、必要範囲がオレンジ色の枠で囲まれる
⑪ サムネイルが表示される

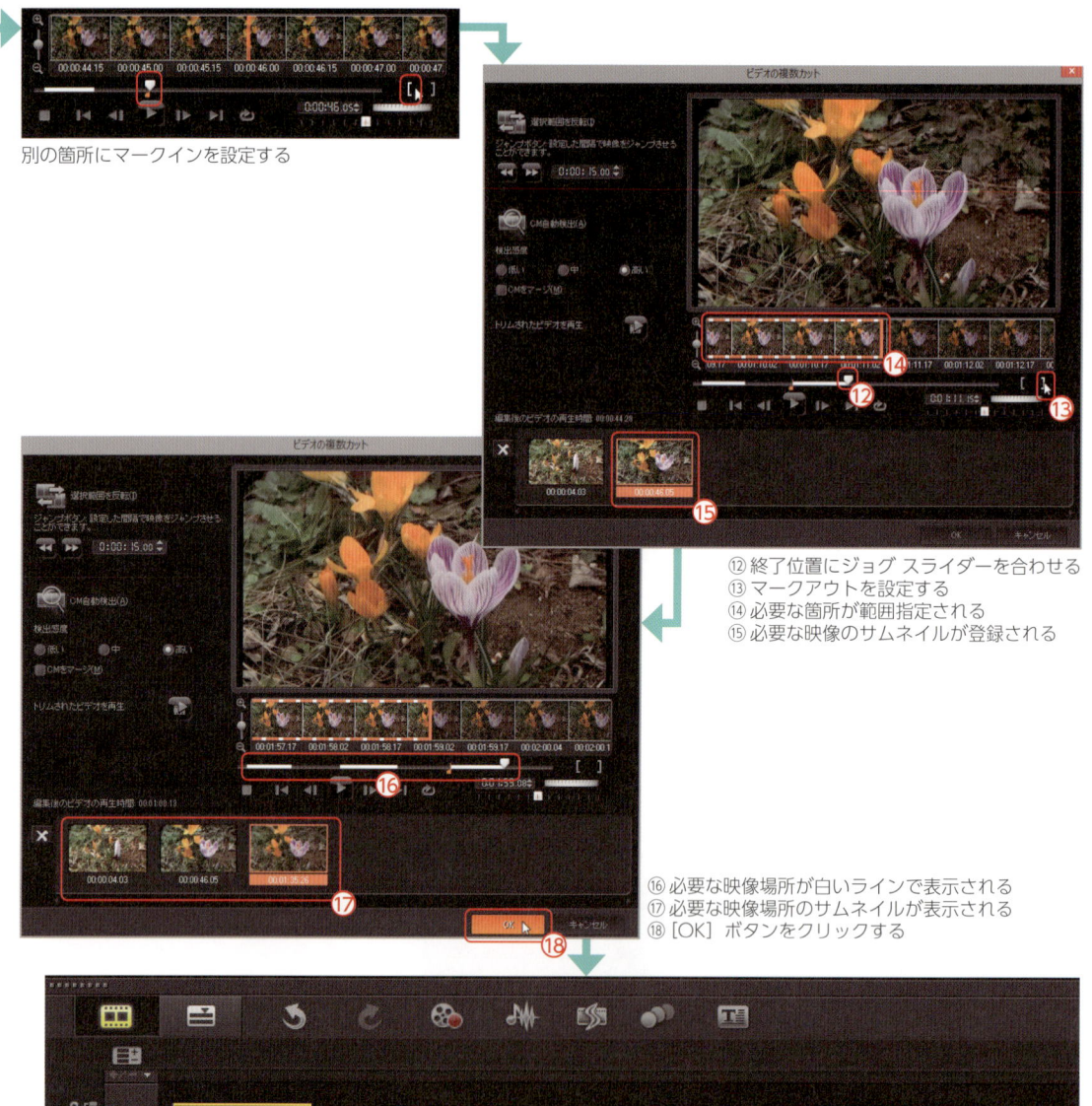

別の箇所にマークインを設定する

⑫ 終了位置にジョグ スライダーを合わせる
⑬ マークアウトを設定する
⑭ 必要な箇所が範囲指定される
⑮ 必要な映像のサムネイルが登録される

⑯ 必要な映像場所が白いラインで表示される
⑰ 必要な映像場所のサムネイルが表示される
⑱ [OK] ボタンをクリックする

クリップの指定した複数の範囲がストーリーボードビューに配置される

リップル編集について

　タイムラインビューで任意のクリップを削除したり移動したりすると、そのクリップのあった位置が自動的に詰められます。しかし、このとき別のトラックに映像クリップやタイトルクリップ、BGM などのクリップが配置されていると、映像クリップとの位置関係がずれてしまうことになります。
　そこで、このズレを防ぐために利用するのが「リップル編集」です。各トラックに対してリップル編集をオンにして、たとえばビデオトラックで映像クリップを削除すると、映像クリップのトラックだけでなく、他のトラックのクリップも同時に移動し、クリップの削除による位置ズレを自動的に調整してくれます。

リップル編集機能がオフの場合

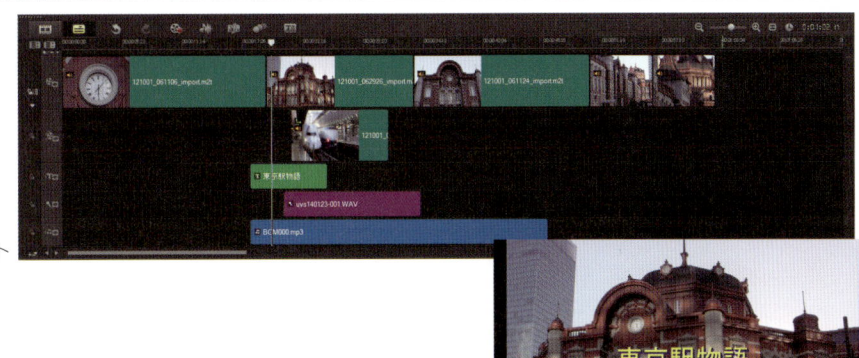

編集中のプロジェクト

この状態でのタイトル文字

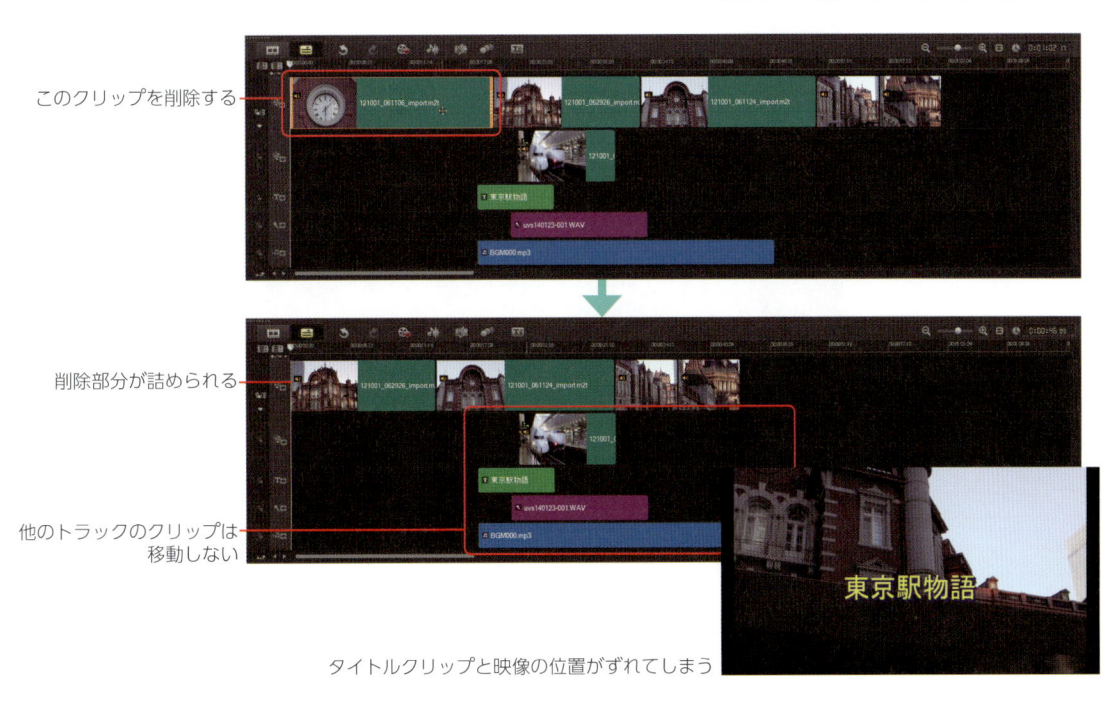

このクリップを削除する

削除部分が詰められる

他のトラックのクリップは移動しない

タイトルクリップと映像の位置がずれてしまう

リップル編集機能がオンの場合

リップル編集機能をクリックしてオンにする

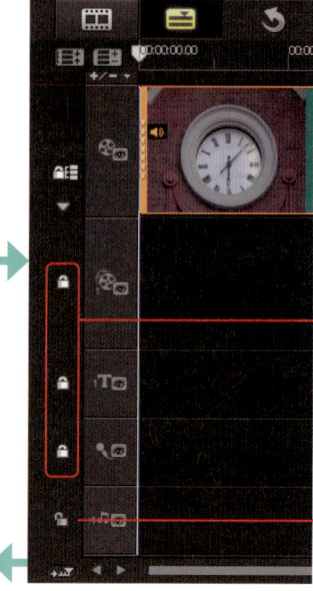

鍵のマークが変わる
上：リップル編集がオン
下：リップル編集がオフ

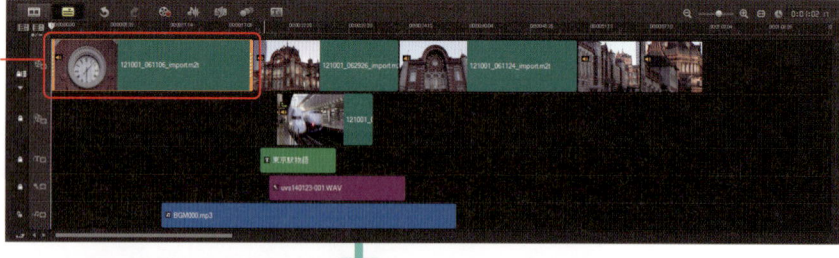

同時に移動させたいトラックのリップル編集機能をオンにする

最後のトラックはリップル編集がオフのまま

このクリップを削除する

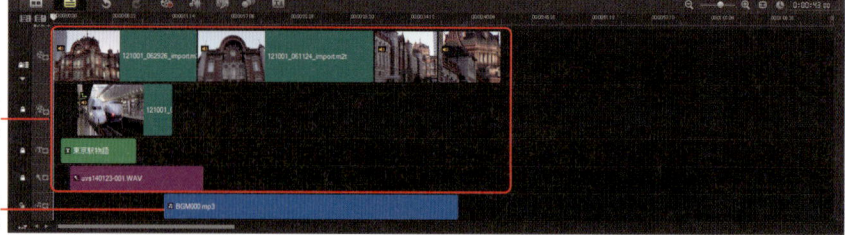

これらのクリップが同時に移動する

このクリップだけ移動しない

リップル編集のオン／オフの違い

リップル編集がオフ	他のトラックのクリップを削除してもクリップは移動しない
リップル編集がオン	他のトラックのクリップ削除と同時にクリップが移動する

Point 削除には注意が必要

リップル編集でクリップを削除する場合、注意が必要です。たとえば削除したいクリップと同じ時間位置の他のトラックに、クリップがある場合、それらも同時に削除されてしまいます。

たとえば、削除するビデオクリップと同じ位置にタイトルクリップなどがある場合、ビデオクリップと一緒にタイトルクリップも削除されます。

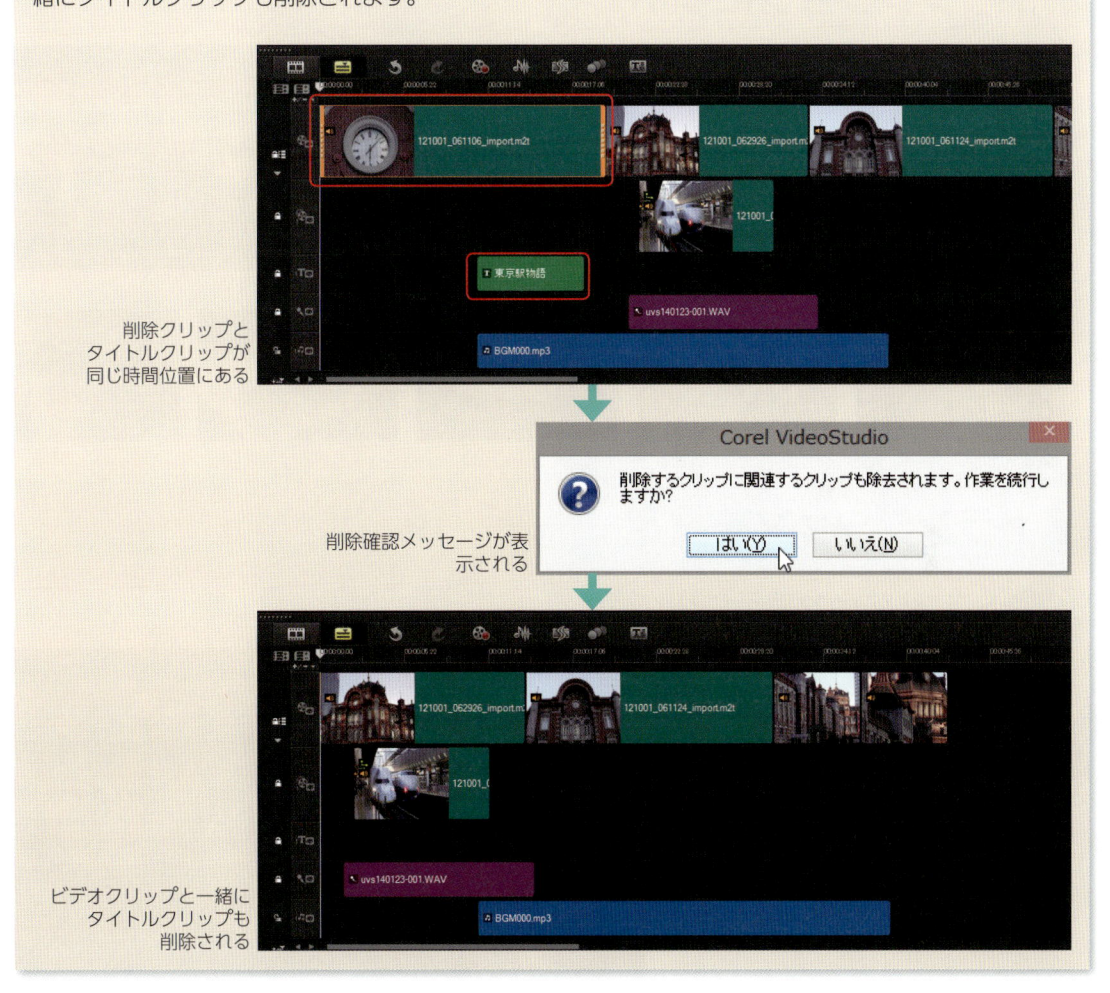

削除クリップとタイトルクリップが同じ時間位置にある

削除確認メッセージが表示される

ビデオクリップと一緒にタイトルクリップも削除される

Chapter 1
3-4 トランジションを利用する

映像が切り替わる場所、すなわち、クリップとクリップの間に設定する特殊効果を、「トランジション」といいます。ここでは、トランジションの設定方法や変更方法などについて解説します。

トランジションについて

トランジションは、クリップとクリップの間に設定する特殊効果です。これによって、クリップが切り替わる際に印象的な場面転換を楽しむことができます。

クリップとクリップの間にトランジションを設定

トランジションを設定

1 トランジション表示に切り替える

ライブラリパネルで［トランジション］ボタンをクリックすると、トランジション効果の表示に切り替わります。同時に、ストーリーボードビューには、小さな四角形が表示されます。

① ［トランジション］ボタンをクリックする
② トランジションが表示される
③ ストーリーボードビューに小さな□が表示される

82

2 トランジションのカテゴリーを選択する

「ギャラリー」ドロップダウンメニューから、利用したい効果が保存されているカテゴリーを選択します。

① [▼] をクリックする
② カテゴリーを選択する
※ Pro 版と Ultimate 版では、メニュー内容が異なります。

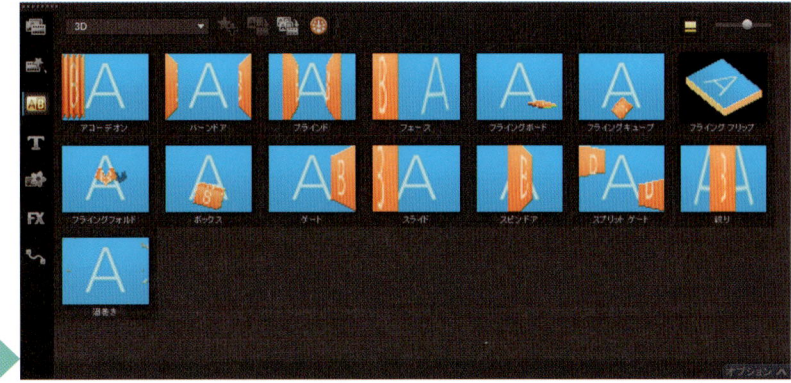

選択したカテゴリーのトランジション一覧が表示される

Point すべての効果を表示する

トランジションに搭載されているすべての効果を確認するには、カテゴリーで「すべて」を選択します。

VideoStudio X7 に搭載されているすべてのトランジションを一覧できる

3 トランジションの効果を確認する

一覧で効果のサムネイルをクリックすると、プレビューウィンドウで、どのような効果なのかを確認できます。

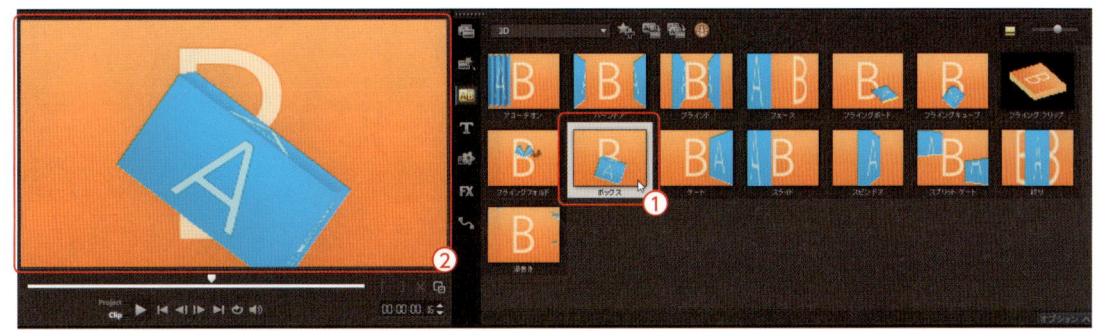

① サムネイルをクリックする
② 効果が表示される

4 トランジションをストーリーボードビューに設定する

利用したいトランジションを選んだら、ストーリーボードビューの小さな□にトランジションのサムネイルをドラッグ＆ドロップします。

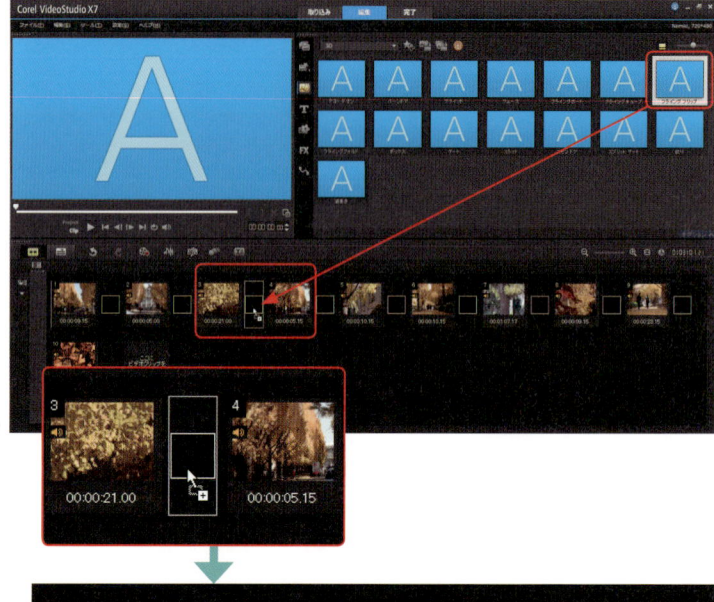

ドラッグ＆ドロップする

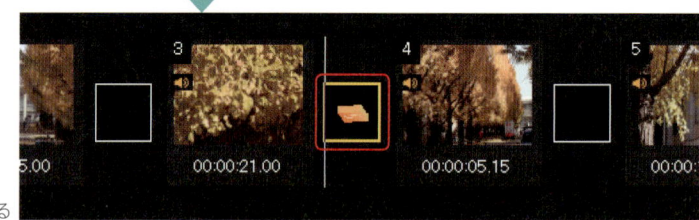

トランジションが設定される

5 実際の効果を確認する

設定したトランジションがどのような効果なのか、プレビューウィンドウで確認します。

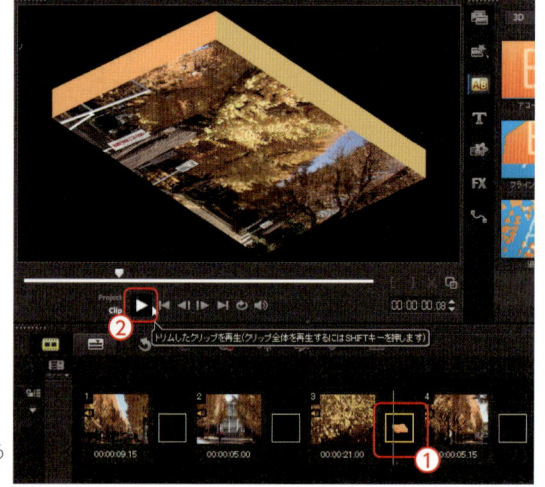

① 設定したトランジションをクリックして選択する
② [再生] ボタンをクリックする

トランジションを変更

1 別のトランジションをドラッグ＆ドロップ

ストーリーボードビューに設定したトランジションを別のトランジションと交換するには、利用したい新たなトランジションを、既存のトランジションの上にドラッグ＆ドロップします。

① カテゴリーを選択
② トランジションを選択
③ 既存のトランジション上にドラッグ＆ドロップする

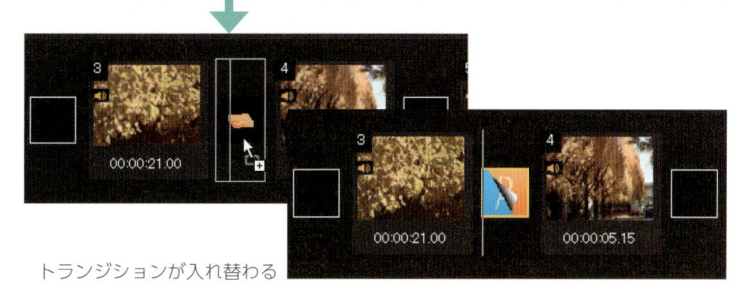

トランジションが入れ替わる

2 ジョグ スライダーでトランジションを確認する

トランジションが交換されるので、新しいトランジションの効果を確認します。なお、プレビューウィンドウのジョグ スライダーをドラッグしても、効果を確認できます。

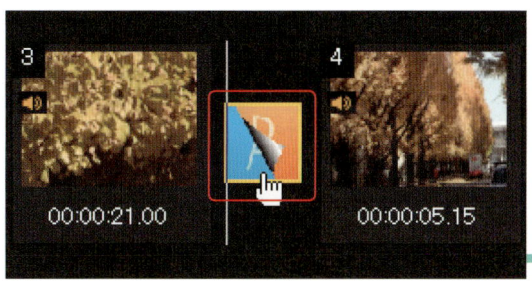

トランジションを選択する　　　　ジョグ スライダーをドラッグする

トランジションを削除

トランジションが不要になったら、ストーリーボードビューから削除コマンドを使うか、キーボード操作で削除します。

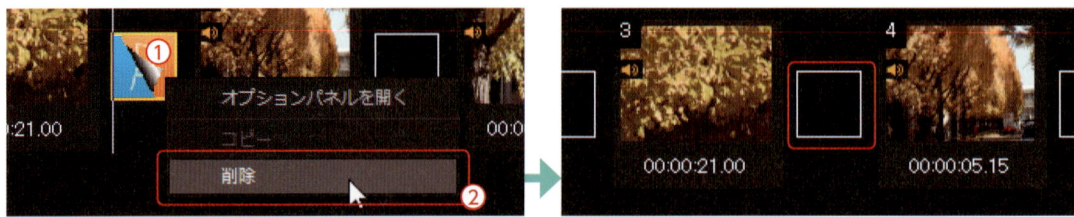

① トランジション上で右クリックする
② 「削除」を選択する

トランジションが削除される

> **Point** キーボードで削除する
>
> ストーリーボードビューでトランジションを選択し、キーボードの [Delete] キーを押しても、設定したトランジションを削除できます。

全てのクリップにトランジションを適用する

ストーリーボードビューやタイムラインビューに配置したすべてのクリップに、同じトランジションを設定してみましょう。1つずつ設定するのではなく、まとめて一度に設定する方法です。

ストーリーボードビューに
クリップを配置する

① 適用したいトランジション上で右クリック
② 「ビデオトラックに現在の効果を適用」を選択する

一度にトランジションが
設定される

Point トランジションの多用に注意

トランジションは、とてもおもしろい効果です。それだけに、使いすぎに注意しましょう。トランジションを多用すると場面転換効果が目立ちすぎ、見づらいムービーになってしまいます。場所が変わる、時間が変わるなど効果的なシーンを見つけ、ポイント、ポイントにのみ設定するようにします。また利用する種類も2、3種類くらいに抑えるとよいでしょう。

トランジションを自動的に設定

ストーリーボードビューにクリップを配置すると、自動的にトランジションを設定することができます。設定は、「環境設定」の「トランジション効果」にある「トランジション効果を自動的に追加」を利用して行います。

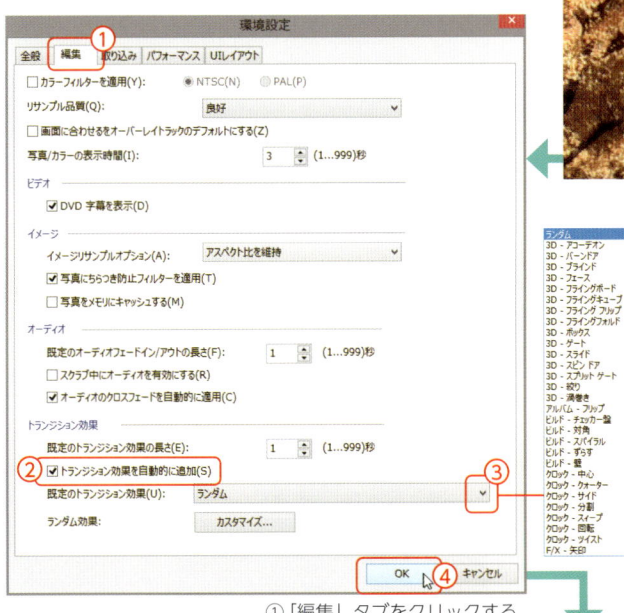

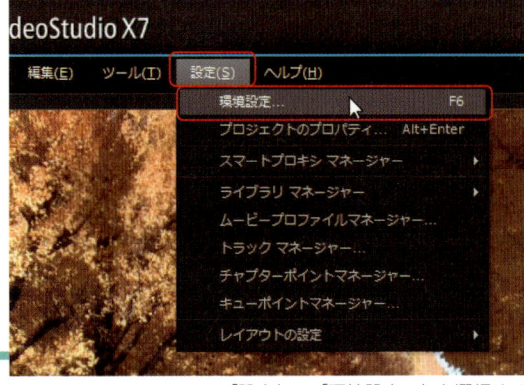

「設定」→「環境設定...」を選択する

① 「編集」タブをクリックする
② チェックしてオン にする
③ トランジションを選択する
④ [OK] ボタンをクリックする

クリップを配置すると、自動的にトランジションが配置される

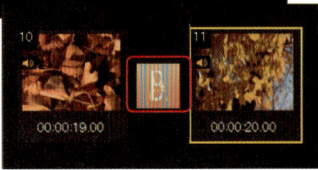

トランジションの継続時間を変更

トランジションの効果をどれくらいの時間で表示するかを「継続時間」といい、デフォルトでは1秒に設定されています。この継続時間の変更は、オプションパネルで行います。

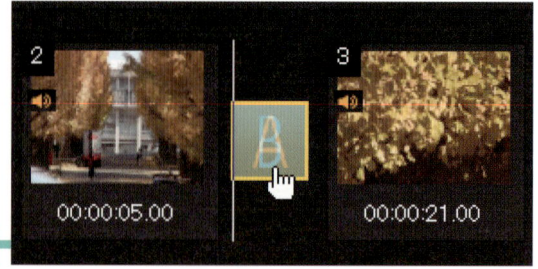

トランジションをダブルクリックして
オプションパネルを表示する

オプションパネルが表示される

オプションパネルで継続時間のタイムコード（→ P.8）を
変更する

トランジションをカスタマイズ

トランジションの種類によっては、境界線や効果の色、効果の方向などを変更し、自由にカスタマイズできます。これによって、映像にフィットしたトランジションに変更することができます。

たとえば、「3D」というカテゴリーにある「スピン ドア」は、前後のクリップの映像が似ていると、効果がよくわかりません。このようなとき、たとえば境界線を設定したり、その境界線に色を設定することで、効果を目立たせることが可能です。

なお、カスタマイズできるオプションの内容は、トランジションによって異なります。また変更するオプションが無いタイプのトランジションもあります。

ダブルクリックする

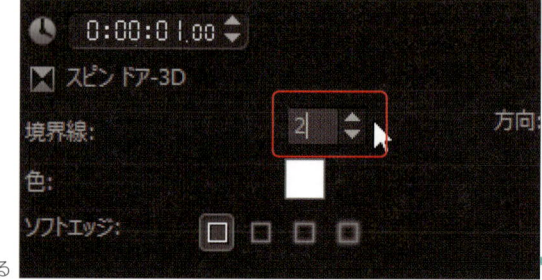

境界線の太さを設定する

境界線が設定される

境界線の色を変更する

変更後

> **Point** 「お気に入り」に登録する

よく利用するトランジションは、「お気に入り」に登録しておくと、簡単に利用できるようになります。

①トランジションの上で右クリックする
②「お気に入りに追加」を選択する

「お気に入り」に登録される

Chapter 1 3-5 プリセットでメインタイトルを作成する

ビデオのタイトル作りは、デザインセンスも重要です。といって緊張することなく、楽しんでタイトルを作ってみましょう。タイトル作りが初めての場合、プリセット（事前に登録されている機能）として用意されているタイトルデザインを利用すると、簡単に効果的でセンスのよいメインタイトルが作成できます。

プリセットのタイトルとは

VideoStudio X7 には、簡単にメインタイトルが作成できるように、タイトルデザインやアニメーションが設定されたプリセットが多数搭載されています。これを利用すれば、プロが作成したセンスのよいアニメーション付きのメインタイトルが作成できます。ここでは、このプリセットを使ったタイトルの作成方法を紹介しましょう。

プリセットを利用して作成したアニメーション付きメインタイトル

Point 「プリセット」について

「プリセット」（preset）というのは、事前に準備してあるデザインのことをいいます。タイトル用のプリセットには、文字デザインやアニメーションなどが事前に設定されており、簡単にプロ仕様のメインタイトルが作成できます。

プリセットのタイトルを配置

最初にプリセットの中から利用したいタイトルデザインを選択し、次に選択したタイトルデザインを、タイムラインビューの「タイトルトラック」に配置します。

1 タイトルのプリセットを表示する

ライブラリパネルで［タイトル］ボタンをクリックすると、タイトルデザインのプリセット一覧がタイトルクリップライブラリに表示されます。

① ［タイトル］ボタンをクリックする
② プリセットが表示される

2 タイムラインビューに切り替える

　ツールバーの左端にある［タイムラインビュー］ボタンをクリックし、プロジェクトタイムラインを「ストーリーボードビュー」から「タイムラインビュー」に切り替えます。

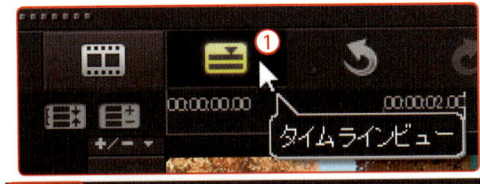

①［タイムラインビュー］ボタンをクリックする
②タイムラインビューに切り替わる

3 タイトルの挿入位置を見つける

　タイムラインの再生ヘッドをドラッグし、タイトルを挿入する位置を見つけます。

再生ヘッドをドラッグして、
タイトルを配置する位置を見つける

Tips

　タイムラインビューには、タイムコードを示す「タイムラインルーラー」があり、ここに現在位置を示すスライダーが備えられています。「再生ヘッド」などと呼ばれますが、このスライダーをマウスでドラッグすると、ジョグ スライダーの移動時と同様にプレビューウィンドウにスライダー位置の映像が表示され、挿入位置を見つけることができます。
　なお、プレビューウィンドウにあるジョグ スライダーと再生ヘッドは同期しており、どちらかを移動すると、もう一方も移動します。

ジョグスライダーと同期している

4 プリセットのデザインを確認する

タイトルクリップライブラリに表示されているタイトルのプリセットをクリックすると、デザイン内容を確認できます。

プリセットを選択する

プレビューウィンドウでタイトルデザインを確認できる

5 プリセットをタイムラインにドラッグ＆ドロップ

プリセットを選んだら、タイムラインビューの「タイトルトラック」にドラッグ＆ドロップします。

タイトルトラックの時間インジケーター位置に
ドラッグ＆ドロップする

ここがタイトルトラック

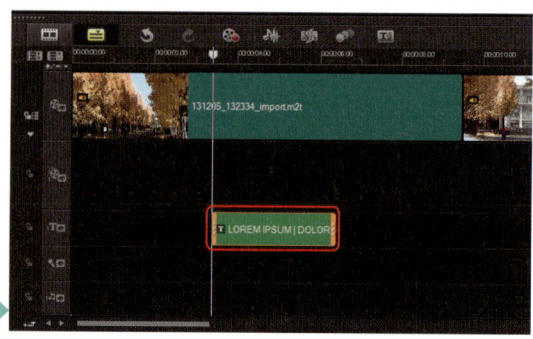

タイトルクリップが配置される

Point　オーバーレイトラックに配置

タイトルクリップは、タイトルトラックのほか、オーバーレイトラックにも配置できます。
たとえば、メインタイトルとテロップを同時に表示したいときなどに利用すると便利です。

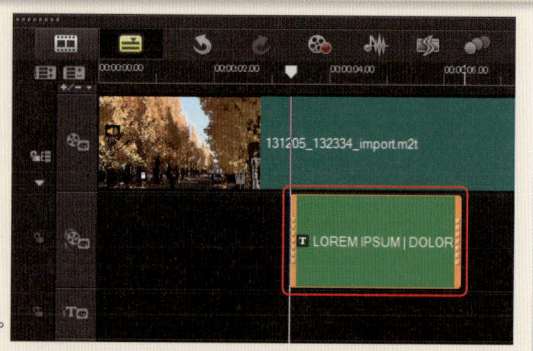

オーバーレイトラックに配置したタイトルクリップ

6 タイトルクリップを確認する

プレビューウィンドウの[再生]ボタンをクリックすると、タイトルクリップが再生されてデザインを確認できます。

[再生]ボタンをクリックして確認

タイトル文字を変更

1 文字編集モードに切り替える

タイトルは、ムービーの大切な要素です。テンプレートのタイトル文字を、編集中のムービーイメージに合った言葉に変えてみましょう。タイトルクリップをダブルクリックすると、文字編集モードに切り替わります。

タイトルクリップをダブルクリックする

文字編集モードに切り替わる

2 文字を変更する

文字部分をダブルクリックし、文字を修正します。

文字を修正する

3 文字のサイズを変更する

文字サイズは、文字を選択すると表示される、文字の周囲にある黄色い□をドラッグするか、オプションパネルの「フォントサイズ」で変更します。

文字を選択する

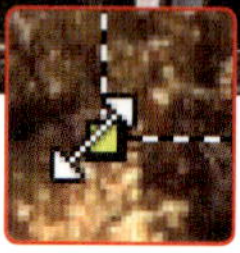

黄色い□をドラッグする

文字サイズを変更できる

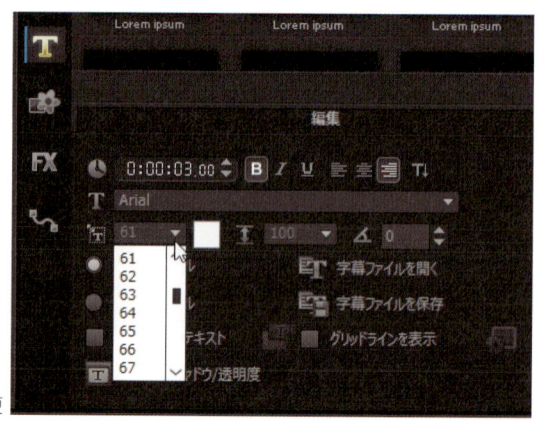

オプションパネルで変更

4 表示位置の調整をする

文字をドラッグして、表示位置を調整します。

文字をドラッグして表示位置を調整する

5 文字の色を変更する

文字の色を変更するには、文字を選択し、オプションパネルのカラーピッカーを利用して変更します。

ここで文字色を変更する

① 文字をマウスで
　クリックし選択する
② カラーボックスを
　クリックする
③ カラーパレットから
　色を選択する

Point　タイトルセーフエリア

タイトル文字変更時、モニターウィンドウには四角枠が表示されています。これを「タイトルセーフエリア」といいます。ブラウン管型のテレビでは、映像の周囲が切れてしまうことがありますが、このエリア内に文字を入力しておけば、タイトルが切れてしまうようなことはありません。しかし、最近の液晶テレビやモニターでは周囲が切れることはありませんので、それほど気にする必要はないでしょう。

タイトルの表示時間を調整

1 オプションパネルを表示する

プリセットでは、タイトル時間は 3 秒に設定されています。この表示時間は、オプションパネルで変更できます。オプションパネルは、タイトルクリップをダブルクリックすると表示されます。

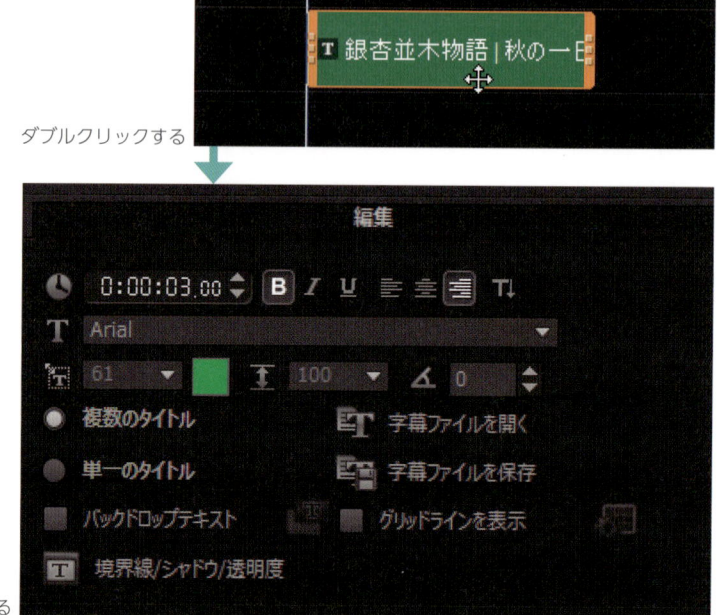

ダブルクリックする

オプションパネルが表示される

2 表示時間を変更する

デフォルトの 3 秒という表示時間を、6 秒に変更してみましょう。

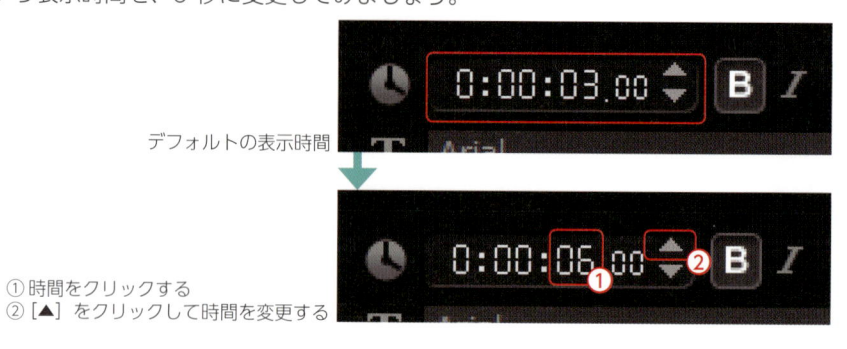

デフォルトの表示時間

① 時間をクリックする
② [▲] をクリックして時間を変更する

> **Tips** タイムラインに配置されているタイトルクリップの両端をドラッグしても、表示時間を調整できます。

ドラッグする

表示時間を変更できる

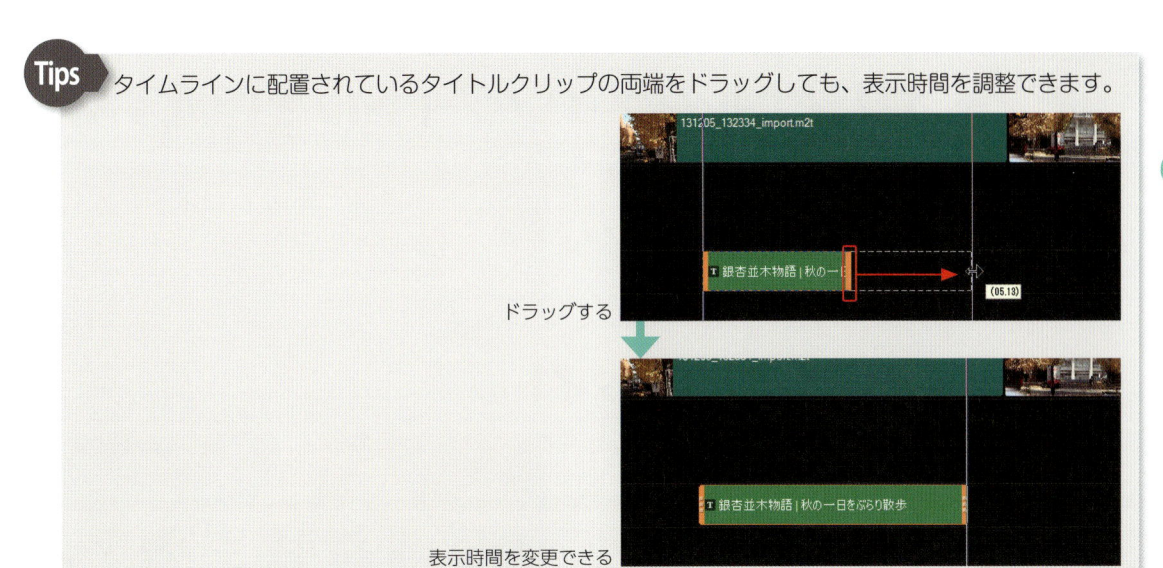

新しいデザインをダウンロード

　タイトルデザイン用のプリセットは、コーレル社の Web サイトより最新のものがダウンロード可能です。ユーザー登録を完了すると、ダウンロードができるようになります。

[その他コンテンツ] ボタンをクリックする

> **Tips** テンプレートのほか、素材などもダウンロードできます。[その他コンテンツ] ボタンをクリックし、こまめにサイトをチェックをしてみてください。

> **Point** 青いボタンは知恵袋
> タイトルバーの右端にある青いボタンは、クリックすると Corel 社製品のソフトの使い方を教えてくれるチュートリアルページが開きます。

Chapter 1
3-6 オリジナルなメインタイトルを作成する

オリジナルなデザインでメインタイトルを作りたいときには、手動でタイトルを作成します。タイトルにはアニメーションも設定でき、グッとオリジナリティをアップできます。

▶これから作成するメインタイトル

ここでは、文字の入力やカスタマイズを手動で行い、オリジナリティを高めるタイトル作りの方法について解説します。

オリジナルなメインタイトルを設定したムービー

▶タイトル文字を設定

1 タイムラインビューに切り替える

ツールバーの左端にある［タイムラインビュー］ボタンをクリックし、プロジェクトタイムラインを、「ストーリーボードビュー」から「タイムラインビュー」に切り替えます。

① ［タイムラインビュー］ボタンをクリックする
② タイムラインビューに切り替わる

2 タイトル作成モードに切り替える

ライブラリパネルで［タイトル］ボタンをクリックして、タイトル作成モードに切り替えます。

［タイトル］ボタンをクリックする

3 「ここをダブルクリックするとタイトルが追加されます」

タイトル作成モードに変わると、プレビューウィンドウもタイトル作成モードに切り替わり、「ここをダブルクリックするとタイトルが追加されます」と表示されています。

プレビューウィンドウもタイトル作成モードになる

4 タイトルの挿入位置を見つける

タイムラインで再生ヘッドをドラッグし、タイトルを挿入する位置を見つけます。

再生ヘッドをドラッグする

Tips プレビューウィンドウで、ジョグ スライダーをドラッグして見つけることもできます。

5 文字の入力部分でダブルクリック

プレビューウィンドウに「ここをダブルクリックするとタイトルが追加されます」と表示されているので、ここをダブルクリックします。文字の入力モードに切り替わります。

ダブルクリックする　　　　　　　　　　　　　　文字の入力モードに切り替わる

6 文字を入力する

プレビューウィンドウで、文字を入力します。

文字を入力する

Point 前の設定を引き継いでいる

以前にタイトルを作成したことがある場合は、その時に設定したフォントや文字サイズ、文字色を引き継いで表示されます。

7 文字を確定する

プレビューウィンドウの文字以外の場所でマウスをクリックすると、文字が確定されます。

① 文字以外の場所でクリックする
② 文字が確定する

タイトルクリップがタイトルトラックに自動追加される

8 別のタイトルを入力する

別の場所をダブルクリックし、サブタイトルなどを入力することも可能です。なお、入力、確定方法はメインタイトルの場合と同じです。

サブタイトルなどを入力する

文字をカスタマイズ

入力した文字のフォントやサイズ、文字色などを変更してみましょう。なお、以前にタイトルを作成したことがあれば、その時の設定を引き継いで文字が入力されます。

1 オプションメニューの「編集」タブ

プレビューウィンドウで入力したタイトル文字を選択すると、ライブラリに「編集」タブというオプション画面が表示されます。ここにある各オプションで、文字をカスタマイズします。ここでは、次の3つのオプションを利用してみます。

カスタマイズしたい文字を選択する

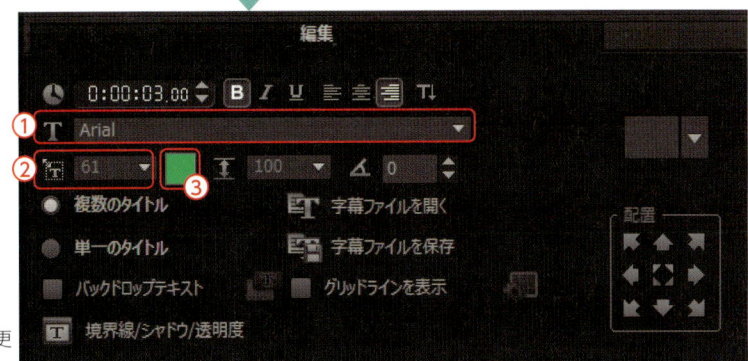

① フォントの変更
② フォントサイズの変更
③ 文字色の変更

2 フォントを変更する

タイトル文字のフォントを変更してみましょう。オプションメニューで変更します。

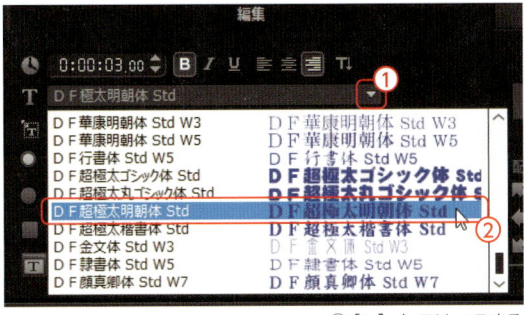

① [▼] をクリックする
② フォントを選択する

フォントが変更される

Tips VideoStudio X7には特別なフォントは同梱されておりません。Windows 8などのシステムに標準で搭載されている以外のフォントを利用したい場合は、事前にユーザー自身でインストールしてください。

3 文字サイズを変更する

文字サイズを選択します。ハイビジョン画面の場合、50〜70ポイントが適当なようです。

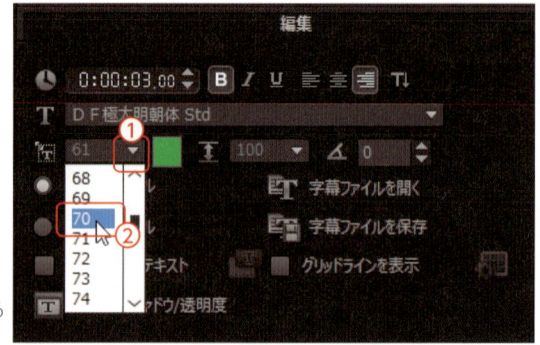

①［▼］をクリックする
②サイズを選択する

4 文字色を変更する

文字色は、カラーボックスをクリックして変更します。なお、カラーボックスには、前回利用した文字色が表示されています。

①カラーボックスをクリックする
②色を選択する

文字色が変わる

Point　ハンドルで文字をカスタマイズ

文字が選択状態のとき、文字の周りには■や●の「ハンドル」が表示されています。これを利用しても文字をカスタマイズできます。たとえば、黄色いハンドルをドラッグすると、文字サイズを変更できます。

■黄色いハンドル	文字のサイズを変更
●ピンク色のハンドル	文字を回転させる
■水色のハンドル	影を移動する※

※ オプションの影を有効にすると表示されます。

❺ 他の文字もカスタマイズ

　複数のタイトルを入力している場合は、これもカスタマイズしてみましょう。必要があれば、文字などの追加 / 訂正をしておきます。また、アンダーラインなど文字の装飾なども、追加 / 削除しておきます。

サブタイトルをカスタマイズ

❻ 文字の表示位置を調整する

　文字を選択してハンドルが表示されている状態で文字をドラッグすると、表示位置を変更できます。

表示位置を調整する

文字に影を設定

❶ 文字を選択する

　文字の背景に影を設定してみましょう。これによって、文字をくっきりと表示できるようになります。影を設定したい文字をプレビューウィンドウで選択します。

文字を選択する

2 コマンドを選択する

コマンドは、オプションパネルにある「境界線 / シャドウ / 透明度」を選択します。

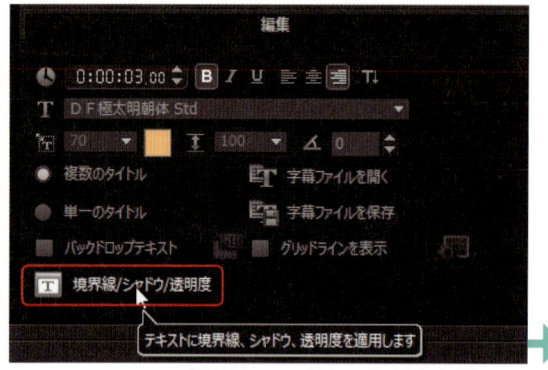

「境界線 / シャドウ / 透明度」を選択する 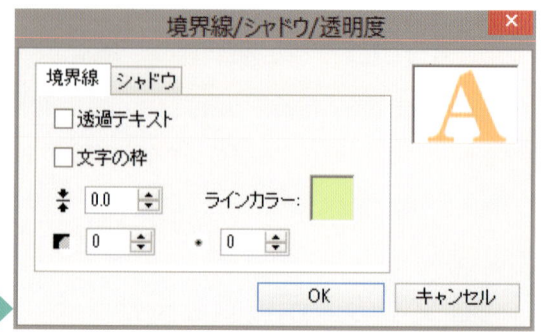　　　　設定パネルが表示される

3 シャドウのタイプを選択する

「シャドウ」タブをクリックし、影のタイプを選択します。ここでは「グローシャドウ」という影を選択しています。

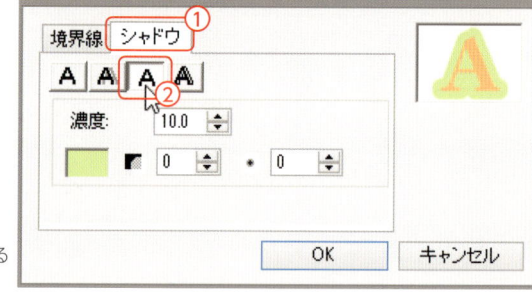

① タブをクリックする
② タイプを選択する

4 オプションを設定 / 適用する

パネルにある各オプションを設定します。

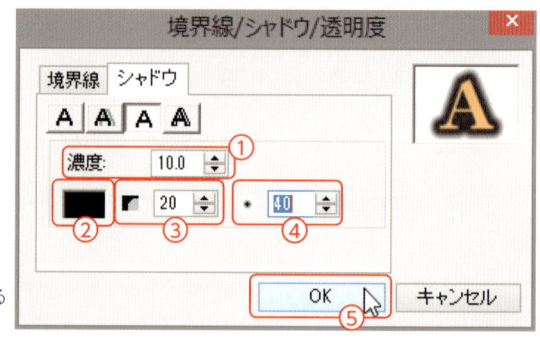

① 影の色を選択する
②「濃度」を設定する
③ 透明度を設定する
④ エッジのソフト具合を設定する
⑤ [OK] ボタンをクリックする

シャドウ適用前 　　　　シャドウ適用後

5 サブタイトルにも影を設定する

サブタイトルにも、メインタイトルと同様の影を設定します。

サブタイトルにも影を設定

Point シャドウのタイプ

シャドウには、「ドロップシャドウ」、「グローシャドウ」、「押し出しシャドウ」が用意されています。

ドロップシャドウ

グローシャドウ

押し出しシャドウ

Point 境界線の利用

「境界線」は、文字の輪郭線を利用するかどうかという設定です。「境界線」タブの「境界線の幅」で、表示を調整します。

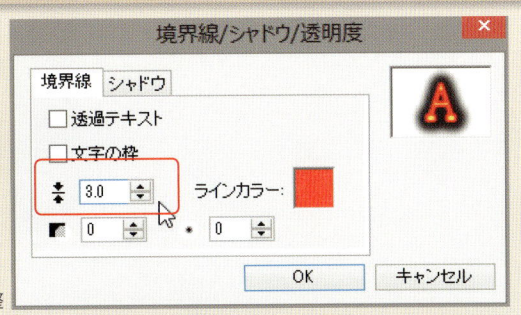

「境界線の幅」で調整

境界線がオフの場合

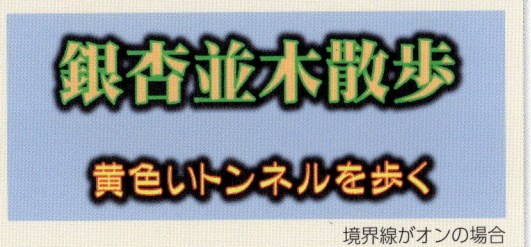

境界線がオンの場合

文字にアニメーションを設定

1 文字を選択する

アニメーションを設定する文字を選択します。

文字をクリックして選択する

2 アニメーション効果を選択する

オプションパネルの「タイトル設定」タブをクリックし、アニメーションの設定を行います。

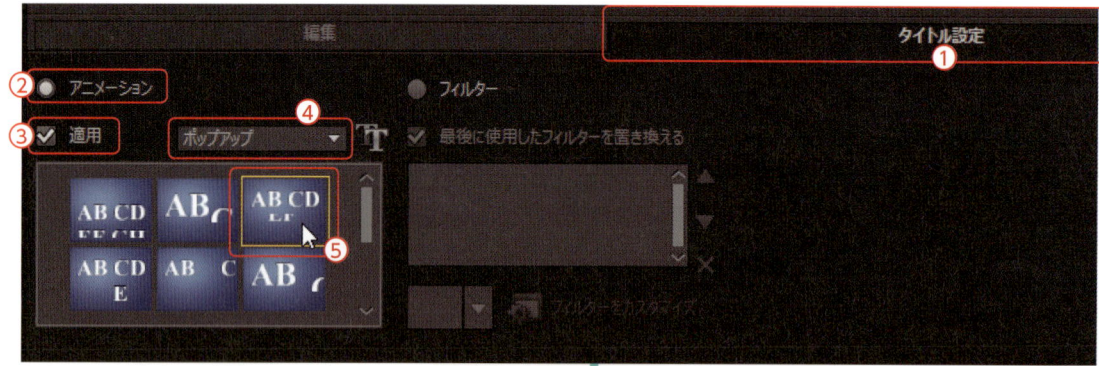

① 「タイトル設定」タブをクリックする
② 「アニメーション」を選択する
③ 「適用」をオン にする※
④ カテゴリーを選択する
⑤ タイプを選択する
※「適用」をチェックしてオンにしないと、カテゴリーは選べません。

サブタイトルにもアニメーションを設定

3 アニメーションを確認する

タイトルトラックのタイトルクリップを選択し、プレビューウィンドウの［再生］ボタンをクリックすると、アニメーションを確認できます。

タイトルクリップを選択する

プレビューウィンドウで再生する

文字にフィルターを設定

1 フィルターを選択する

　タイトルトラックに配置したタイトルクリップには、映像に設定するフィルターと呼ばれる特殊効果も合わせて設定することができるので、アニメーション効果に加えて、フィルター効果を同時に楽しむことができます。ライブラリパネルで[フィルター]ボタンをクリックすると、フィルターライブラリにフィルター一覧が表示されます。

① [フィルター] ボタンをクリックする
② フィルター一覧が表示される

2 フィルターを確認する

　フィルターの一覧でサムネイルをクリックすると、プレビューウィンドウでフィルターの効果を確認できます。

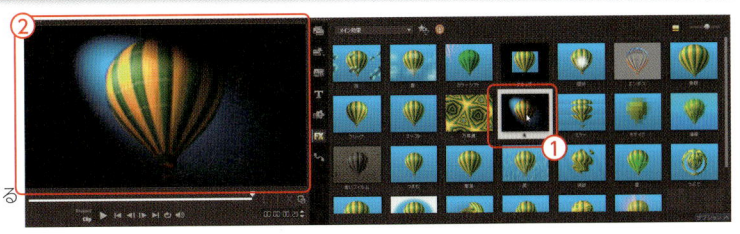

① フィルターをクリックする
② 効果を確認する

Tips フィルターの使い方についての詳細は、このあとのChapter1-3-8（→ P.117）でも解説していますので、参照してください。

3 フィルターを設定する

利用するフィルターを選択したら、タイトルクリップの上にドラッグ＆ドロップします。

ドラッグ＆ドロップする

フィルターを設定したマークが表示される

4 プレビューでフィルター効果を確認する

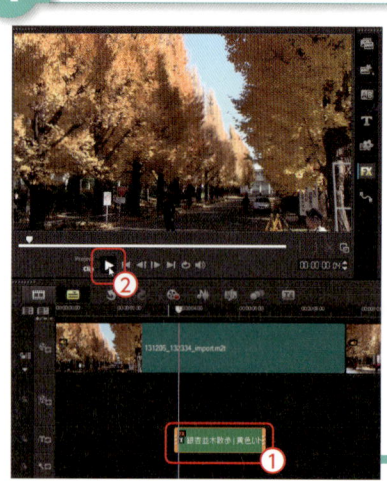

タイトルクリップを選択して、プレビューウィンドウの[再生]ボタンをクリックします。

① タイトルクリップを選択する
② [再生]ボタンをクリックする

5 フィルターをカスタマイズ

フィルター効果は、カスタマイズが可能です。詳しくは、「フィルターをカスタマイズ」(→ P.123)でも解説していますので、そちらも参照してアレンジしてください。

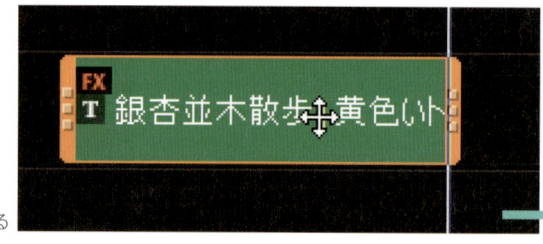

タイトルクリップをダブルクリックする

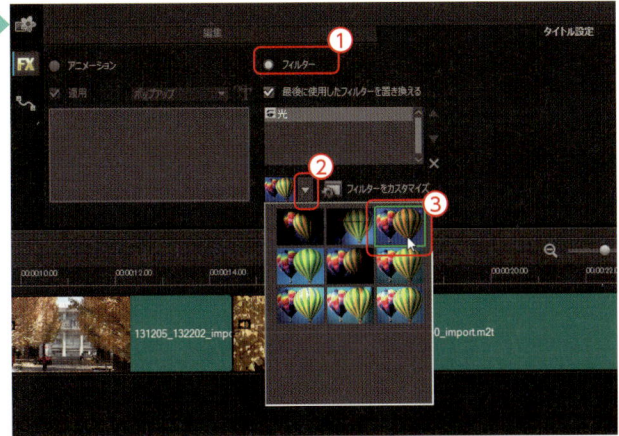

① 「フィルター」をクリックする
② [▼] をクリックする
③ 効果を選択する

フィルターを削除する

　タイトルクリップに設定したフィルターを削除する場合は、フィルターを設定したタイトルを選択し、オプションパネルで次のように操作します。

① 「タイトル設定」タブをクリックする
② 「フィルター」を選択する
③ 削除したいフィルターを選択する
④ [×]（フィルターを削除）ボタンをクリックする

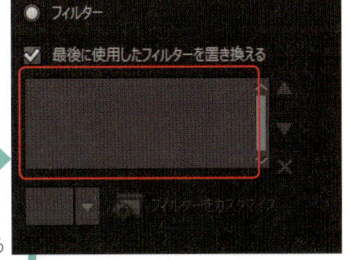

フィルターが削除される

フィルターの設定マークが消える

タイトルの表示時間を調整

オリジナルで作成されたタイトルクリップは、デフォルト（初期設定）では表示時間が 3 秒に設定されています。この時間を、たとえば 5 秒の表示に変更してみましょう。表示時間の変更は、オプションパネルにある「編集」タブで行います。

タイトルトラックでタイトルクリップを選択する

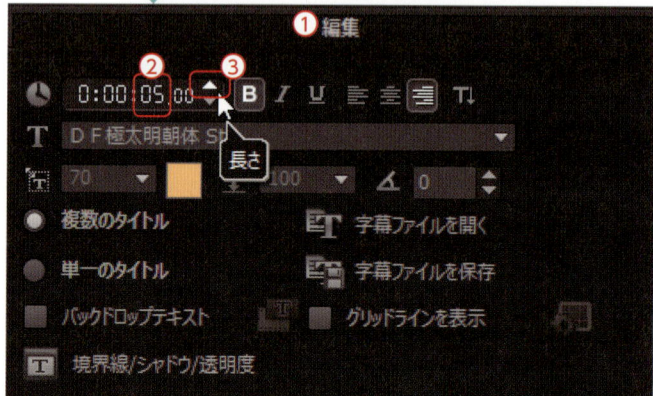

① ［編集］タブをクリックする
② タイムコードの「秒」の数値をクリックする
③ ［▲］をクリックし、5 秒に設定

タイトルをライブラリに登録

各種オプションやフィルターを設定したタイトルクリップは、タイトルのライブラリに登録できます。登録したタイトルクリップは、他のプロジェクトでも利用することができるようになります。

① ［タイトル］ボタンをクリックする
② タイトルのプリセット一覧を表示する
③ タイトルクリップをドラッグ＆ドロップする

タイトルクリップが登録される

Chapter 1 3-7 テロップを作成する

映像の解説を文字で画面内に流す機能が、「テロップ」です。ここでは、基本的なテロップの作成方法を解説します。基本さえマスターすれば、アイディア次第でオリジナリティあるテロップを楽しむことができます。

テロップ文字の入力と設定

映像を解説するための文章を表示する機能が「テロップ」ですが、VideoStudio X7では、このテロップが簡単に作成できます。作成方法としては、先に解説したメインタイトルと大きな違いはありません。いってみれば、メインタイトル作成の応用です。

1 テロップの開始位置を検出する

ジョグ スライダーや再生ヘッドをドラッグし、テロップを開始したい位置を見つけます。

テロップの開始位置を見つける

2 タイトルトラックをダブルクリック

開始位置のタイトルトラックをダブルクリックすると、タイトル作成モードに切り替わります。

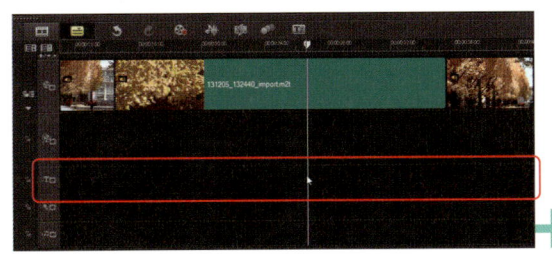

タイトルトラックでダブルクリックする 　　タイトル作成モードに切り替わる

3 プレビュー画面をダブルクリック

プレビューウィンドウのどこかをダブルクリックするとカーソルが点滅し、文字入力モードに切り替わります。

プレビュー画面のどこかダブルクリックする 　　　　　　　　カーソルが点滅する

4 「単一のタイトル」を選択する

タイトルのオプションパネルを表示し、「単一のタイトル」を選択します。

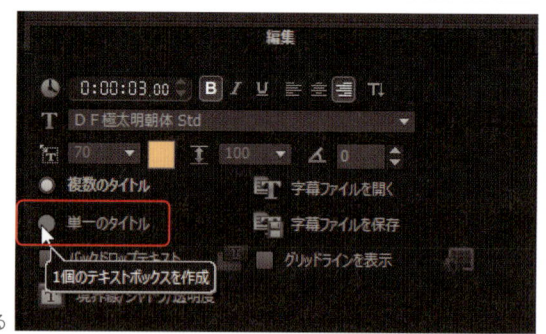

「単一のタイトル」を選択する

5 もう一度ダブルクリック

「単一のタイトル」入力モードで文字を入力するため、もう一度プレビューウィンドウをダブルクリックします。

もう一度ダブルクリックする

6 文字の入力位置を決める

「単一のタイトル」では、カーソルが画面上で点滅しています。ここで［Enter］キーを押して、テロップの文字が表示される位置にカーソルを移動します。

① 最初はここでカーソルが点滅
② ［Enter］キーを押して、カーソルをここに移動する

7 文字を入力する

文字の入力位置が設定できたら、文字を入力します。文字は改行せずに入力してください。

なお、以前にメインタイトルなどを作成していると、その際に設定したフォントや文字色などが引き継がれて表示されます。とりあえず文字を数文字入力してから、文字サイズを変更します。

文字を入力する

Tips 入力した文字が多い場合は、画面下のスクロールバーをドラッグして確認できます。

8 文字をカスタマイズ

入力した文字をドラッグして選択状態にし、オプションパネルでテロップ文字のフォントやサイズなどを設定します。

文字をドラッグして選択状態にする

フォントや文字サイズ、文字色を設定する

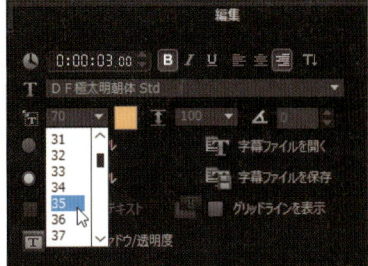

文字の表示位置を調整する

必要があれば、さらに文字を入力する

Point シャドウを設定する

テロップ文字にシャドウなどを設定すると、読みやすくなります。

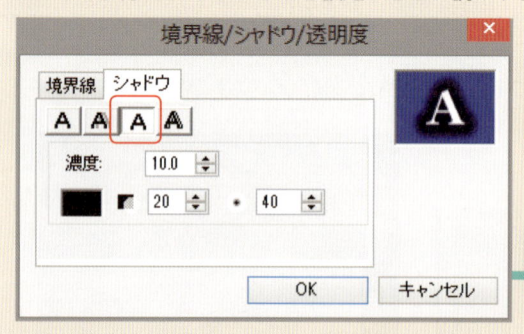

グローシャドウを設定

Point 文字位置を調整する

文字サイズを変更すると、文字の表示位置も変わります。[Enter] キーや [Delete] キーを押しながら、文字の表示位置を調整します。[Enter] キーを押した時に、移動の幅が大きすぎる場合は「編集」パネルの「行間」の数値を小さくして移動幅を調整します。

行間を調整して位置を調整する

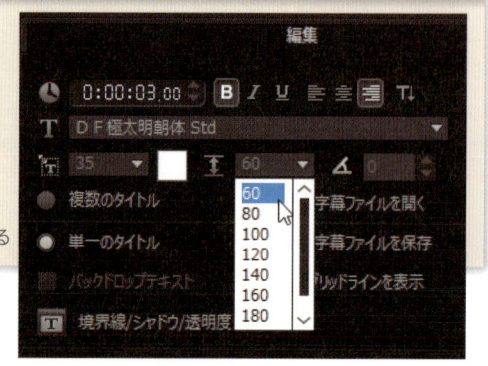

⑨ クリップが配置される

タイトルトラックをクリックすると、テロップのクリップが配置されます。なお、この状態では、まだテロップとして表示できません。次のモーションを設定することで、テロップとして利用できるようになります。

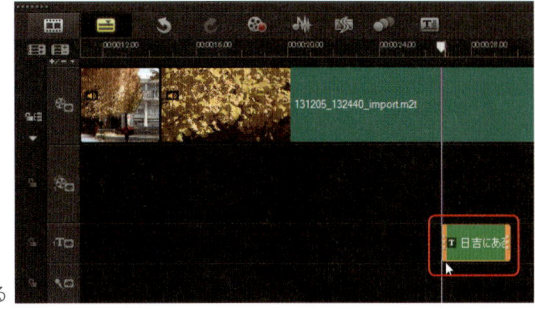

テロップクリップが配置される

Tips 文字を入力しただけでは、またテロップとしてアニメーションされません。次のステップで、テロップ文字が右から左へ流れるようにモーションを設定します。

文字にモーションを設定

1 アニメーションは「フライ」を選択する

テロップでは、入力した文字にアニメーションの「フライ」を利用して、文字が右から左へ移動するように設定します。

テロップクリップをダブルクリックする

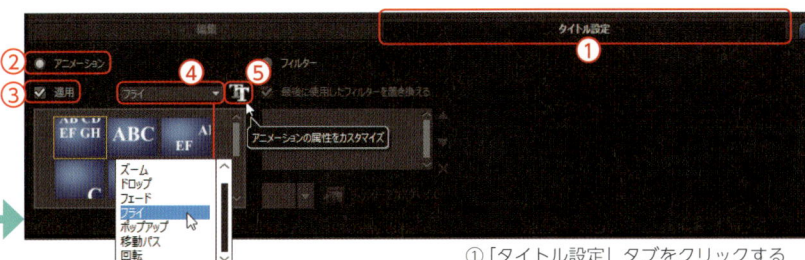

①「タイトル設定」タブをクリックする
②「アニメーション」を選択する
③「適用」をオン にする
④「フライ」を選択する
⑤ カスタマイズのアイコンをクリックする

Point タイプはどれでもよい

フライのタイプは、どれを選んでいてもかまいません。

2 移動方向を設定する

テロップの移動は、画面のように設定します。この場合、「イン」と「アウト」は、画面の右から左へと流れていくように設定します。

①「テキスト」を選択する
②「テキスト」を選択する
③「一時停止なし」を選択する
④「イン」はこれを選択する
⑤「アウト」はこれを選択する
⑥［OK］ボタンをクリックする

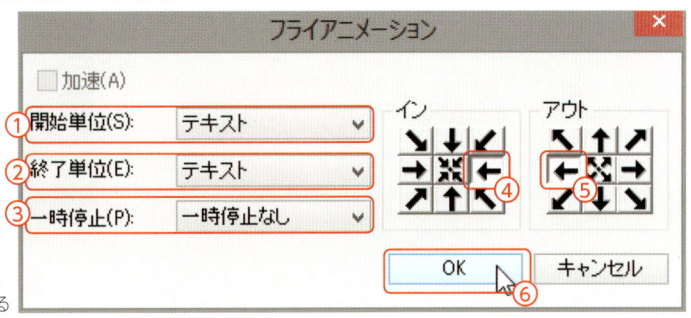

3 モーションを確認する

プレビューウィンドウの［再生］ボタンをクリックし、設定したテロップ用のモーションを確認します。

［再生］ボタンをクリックする　　　　　　　　　　モーションを確認する

4 テロップの速度を調整する

テロップの再生速度は、「編集」タブにあるデュレーションで調整します。デュレーションが長ければゆっくりと再生され、デュレーションが短いと速く再生されます。

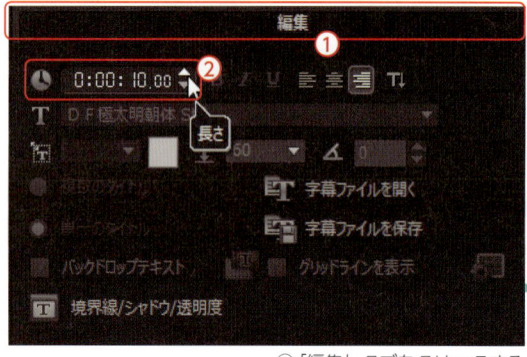

① 「編集」タブをクリックする
② デュレーションを調整する

テロップの完成

Point クリップの終端をドラッグ

タイムラインビューに配置してあるタイトルクリップの終端をドラッグしても変更できます。

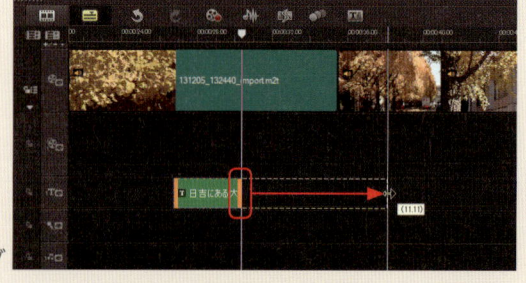

クリップの終端をドラッグ

3-8 フィルターを設定する

Chapter 1

映像全体に特殊な効果を設定し、さまざまな変化を楽しむ機能が「フィルター」です。あまり多用する機能ではありませんが、映像のアクセントとして利用されます。ここでは、フィルターの利用方法について解説します。

フィルターについて

フィルターを利用すると、映像に対していろいろな効果が設定できます。たとえば、普通に撮影した映像をアンティークなセピア調に変更したり、画面全体に雨を降らせたり、さまざまな特殊効果で映像を加工することができます。

通常の映像

「FX 波紋」を設定

「カラーペン」を設定

「モノクロ」を設定

アニメーションが設定されているフィルター

フィルターの種類によっては、アニメーションが設定されているものもあります。たとえば、「オートスケッチ」は、スケッチを描くようなアニメーションが設定されています。

「オートスケッチ」を設定

フィルターを設定する【ビネット】

ここでは、「ビネット」というフィルターを設定する手順を紹介します。なお、他のフィルターも、ビネットと同じ方法で設定します。

「ビネット」を設定

1 フィルター一覧を表示する

ライブラリパネルで［フィルター］ボタンをクリックすると、フィルターライブラリにフィルターの一覧が表示されます。

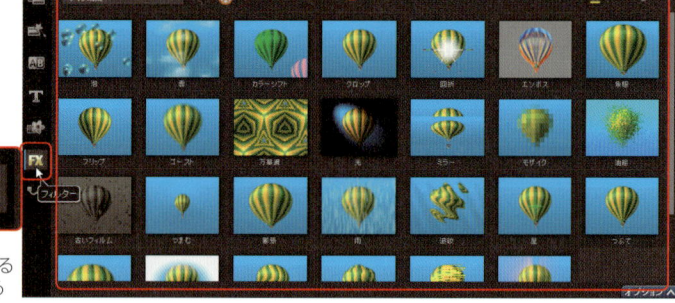

① ［フィルター］ボタンをクリックする
② フィルター効果の一覧が表示される

2 カテゴリーからフィルターを表示する

フィルターは、「2D マッピング」から「メイン効果」まで 13 のカテゴリーに分類され、そのすべてのフィルターをまとめて一覧表示するのが「すべて」です。フィルターのプルダウンメニューから、表示したいカテゴリーを選択してください。

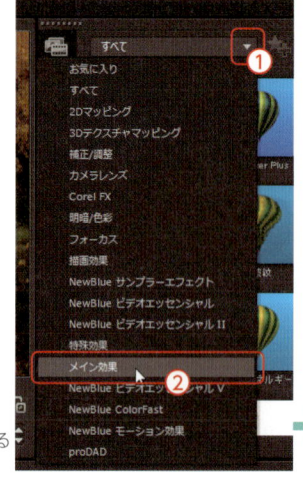

① ［▼］をクリックする
② カテゴリーを選ぶ

カテゴリーに登録されているフィルターの一覧が表示される

3 フィルター効果を確認する

フィルターライブラリでフィルターのサムネイルをクリックすると、フィルターの効果内容がプレビューウィンドウに表示されます。

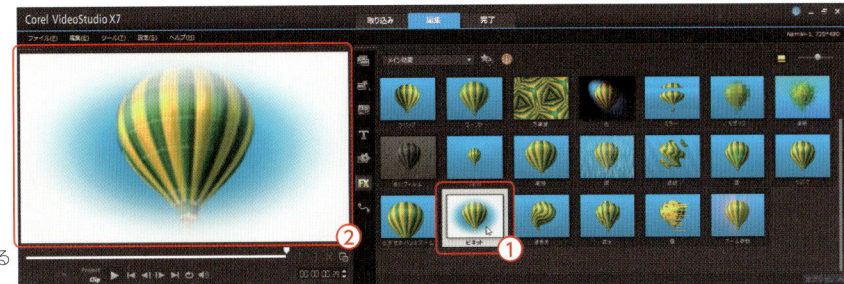

① サムネイルをクリックする
② 効果を確認できる

4 クリップにフィルターを設定する

利用したいフィルターが見つかったら、プロジェクトタイムラインに配置したクリップ上にドラッグ＆ドロップします。

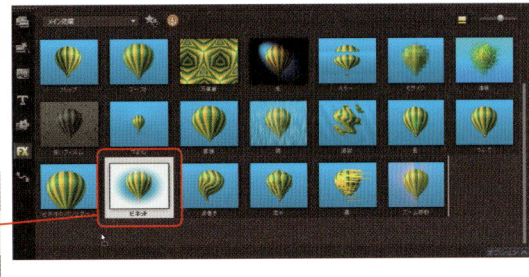

クリップ上にドラッグ＆ドロップする

Point　ストーリーボードビューでもよい

クリップへのドラッグ＆ドロップによる設定は、タイムラインビューだけでなく、ストーリーボードビューでもできます。

ストーリーボードビューのクリップ上にドラッグ＆ドロップする

5 マークが表示される

フィルターを設定したクリップには、「FX」というマークが表示されます。

フィルターを設定したクリップのマーク
（タイムラインビューの場合）

フィルターを設定したクリップのマーク
（ストーリーボードビューの場合）

6 映像での効果を確認する

設定したフィルターの効果は、ストーリーボードビューやタイムラインビューでフィルターを設定したクリップを選択し、プレビューウィンドウで再生／確認できます。

クリップを選択する　　　　　　　　　　［再生］ボタンをクリックして再生

フィルターの削除

設定したフィルターを削除する場合は、次のようにします。

フィルターを削除したいクリップをダブルクリックする

① ［属性］タブが表示される
② 削除したいフィルターを選択する
③ ［×］（フィルターを削除）ボタンをクリックする

フィルターが削除される

フィルターの変更と複数フィルターの設定

VideoStudio X7 のフィルター機能では、すでにフィルターが設定されているクリップに、別のフィルターをドラッグ＆ドロップすると、ドラッグ＆ドロップしたフィルターに変更されます。デフォルトでは「最後に使用したフィルターを置き換える」という設定がオンになっているからです。

この設定をオフにすると、複数のフィルターを設定できるようになります。また、複数のフィルターを設定した場合、同じフィルターでも、設定する順番によって効果が異なります。

フィルター置き換えのオン／オフ

オプションパネルの「属性」には、「最後に使用したフィルターを置き換える」オプションが用意されています。このチェックボックスをオフにすると、複数のフィルターを設定できます。

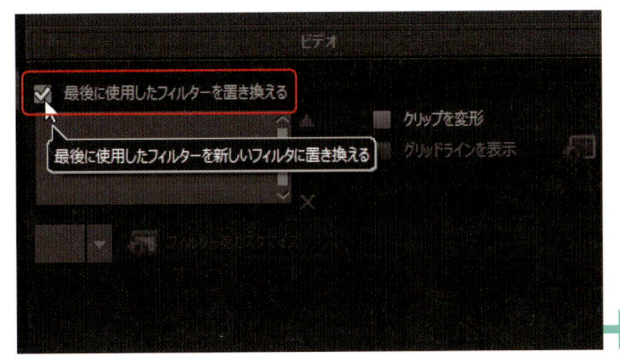

フィルターの置き換えをオン / オフする　　　　　　　　　　オフにする

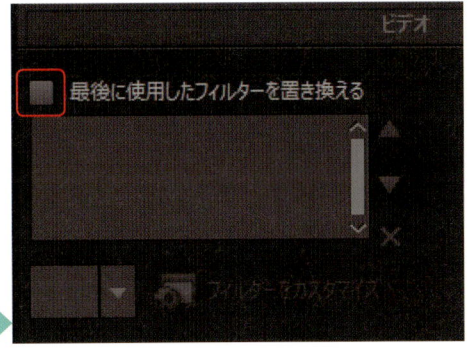

複数のフィルターを設定する

複数のフィルターを設定してみましょう。同じクリップに、複数のフィルターをドラッグ＆ドロップして設定します。

「ビネット」と「古いフィルム」を利用する

最初に「ビネット」を設定

121

次に「古いフィルム」を設定

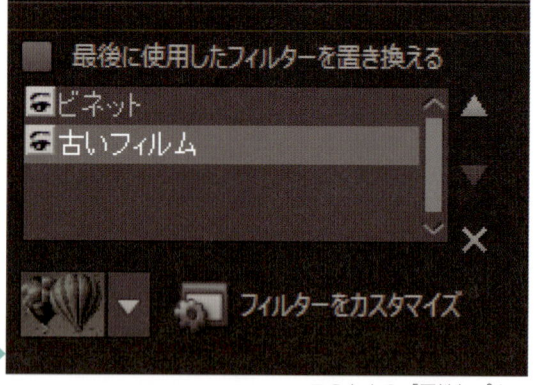

このときの「属性」パネル

フィルターの順番を入れ替える

次に、フィルターの順番を入れ替えてみましょう。入れ替えは、「属性」パネルで行うことができます。順番を入れ替えることによって、効果も変わります。この例でのように、複数のフィルターを利用した場合、属性パネルのリストで下にあるフィルターが、画面上では上に表示されます。

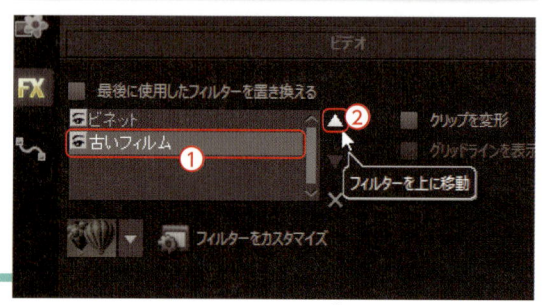

①フィルターを選択する
②［▲］をクリックする

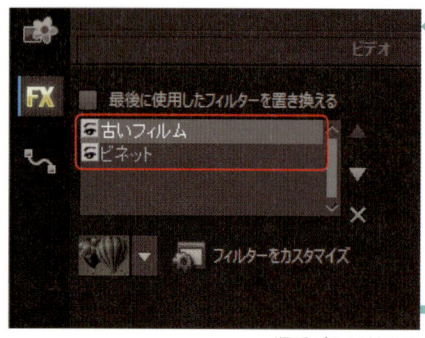

順番が入れ替わる

Tips フィルターを削除する場合は、リストで削除したいフィルター名を選び、削除の［×］ボタンをクリックします。

「ビネット」の効果が一番上に表示される

フィルターのカスタマイズ

クリップに設定したフィルターは、利用している効果に応じてカスタマイズできます。たとえば、先に設定したビネットでは、背景色を変更することができます。

ビネットの背景色を変更

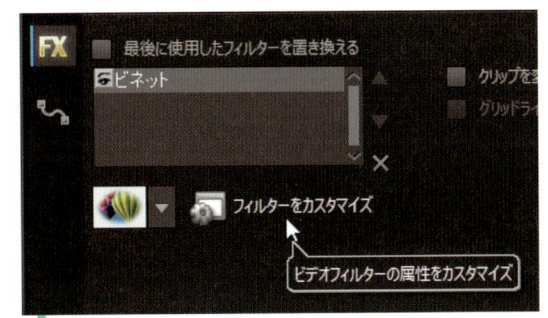

オプションパネルを開き、「フィルターをカスタマイズ」をクリックする

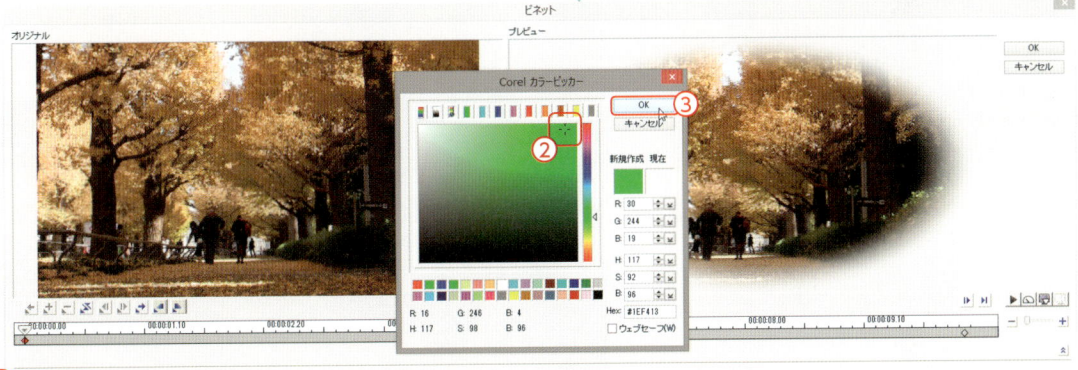

① 「マット色」のカラーボックス（□）をクリックする
② 色を選択する
③ ［OK］ボタンをクリックする

［OK］ボタンをクリックする

Tips カスタマイズのダイアログボックスでは、このほかキーフレームを使ったアニメーションなども設定できます（→ P.171）。

Chapter 1 3-9 BGMを設定する

ムービーにBGMを設定すると、作品としてのオリジナリティがさらにアップします。ここでは、VideoStudio X7に取り込んだオーディオデータを、プロジェクトにBGMとして設定する方法について解説します。

オーディオの使い方

オーディオデータ（オーディオクリップ）も、ビデオクリップと同様にライブラリからタイムラインに配置して利用します。配置したオーディオクリップは、やはりビデオと同じようにトリミングができます。

1 オーディオデータだけを表示する

1つのライブラリに映像とオーディオデータが一緒に保存されている場合は、オーディオデータだけを表示すると、作業がしやすくなります。

［オーディオファイル］ボタンだけをONにする

2 オーディオクリップライブラリでクリップを試聴する

オーディオクリップライブラリでクリップを試聴するには、クリップを選んでプレビューウィンドウで再生します。

① クリップを選択する
② ［再生］ボタンをクリックする

プロジェクトに BGM を設定

1 プロジェクト表示をタイムライン幅に合わせる

オーディオの編集では、タイムラインに展開しているクリップ類が、先頭から最後まで一覧できた方が操作が楽になります。そこで、タイムラインの表示を「プロジェクトをタイムラインに合わせる」を利用して、一覧性を高めてみましょう。

[プロジェクトをタイムラインに合わせる] ボタンをクリックする

2 BGM の開始位置を見つける

ビデオクリップの再生を開始して、しばらくしてから BGM の再生を開始したい場合は、タイムラインの再生ヘッドをドラッグし、開始したい位置を、プレビューウィンドウで確認しながら見つけます。

① 再生ヘッドをドラッグする
② プレビューウィンドウで開始位置を見つける

1-3

125

③ オーディオクリップをドラッグ＆ドロップする

利用したいオーディオクリップを、タイムラインビューの「ミュージックトラック」にドラッグ＆ドロップします。

オーディオクリップをドラッグ＆ドロップする

クリップが配置される

④ クリップをドラッグして位置調整する

オーディオクリップをドラッグすると、配置位置を調整できます。

オーディオクリップを左にドラッグする

配置位置を調整できる

音量の調整

クリップやBGMの音量調整は、タイムラインビューで音量調整したいクリップ（ビデオクリップやオーディオクリップ）を選択し、オプションパネルで行います。

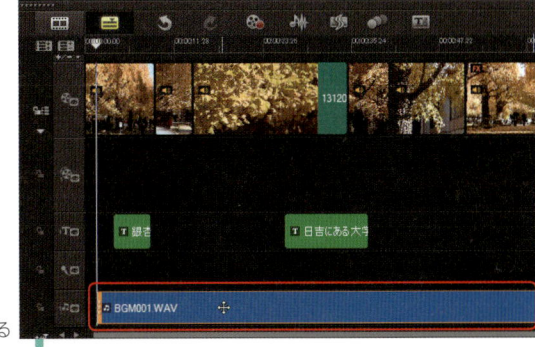

オーディオクリップをダブルクリックする

① オプションパネルを表示する
② 三角マークをクリックする

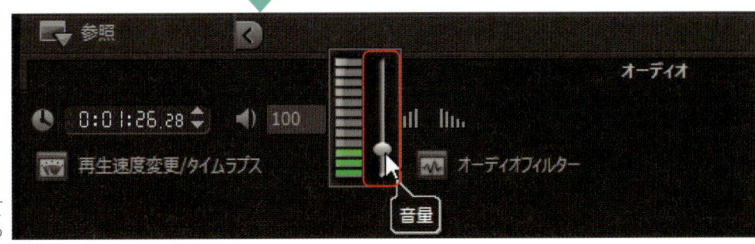

スライダーをドラッグして音量を調整する

Point　クリップをプレビューするときの音量調整

クリップをプレビューウィンドウで再生する際の音量調整は、コントローラーの［ボリューム］ボタンで調整します。クリックすると、音量調整用のスライダーが表示されます。なお、プレビューウィンドウでの音量調整は、出力には影響しません。

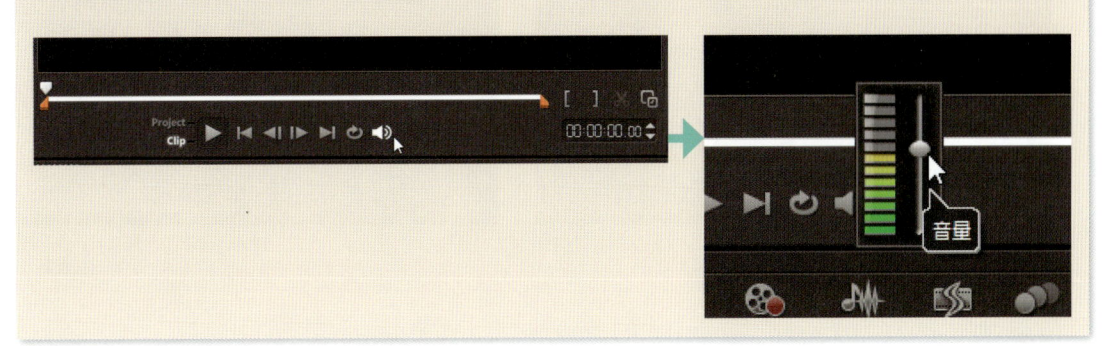

オーディオクリップのトリミング

トラックに配置したオーディオクリップがプロジェクトよりも長い場合は、トリミングして長さを調整できます。

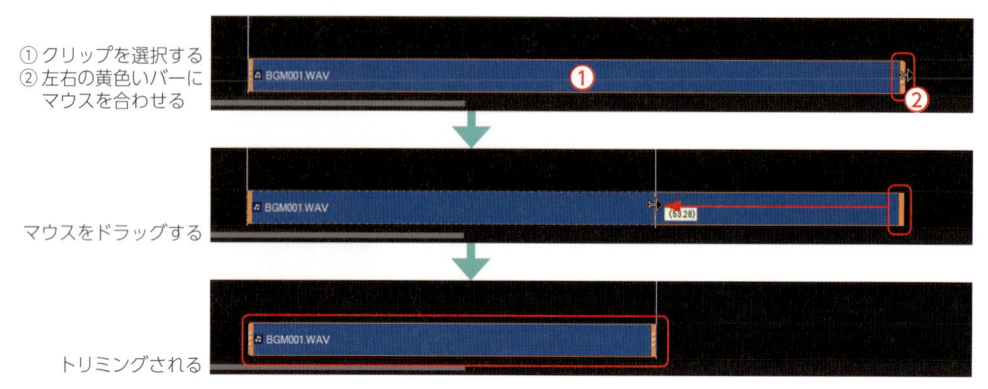

① クリップを選択する
② 左右の黄色いバーにマウスを合わせる

マウスをドラッグする

トリミングされる

オーディオのフェードイン、フェードアウト

BGMの音量が徐々に大きくなり、最後は徐々に小さくなるような効果を、「フェードイン」、「フェードアウト」といいます。オーディオクリップに、このフェードイン/フェードアウトを設定するには、次のようにします。

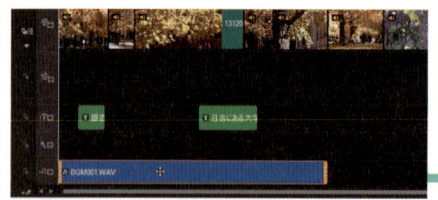

クリップをダブルクリックする 　　［フェードイン］ボタン、［フェードアウト］ボタンを ON にする

オーディオとビデオの分割

タイムラインビューでは、ビデオクリップから映像データと音声データに分離することができます。

① 分離したいクリップを選択して右クリックする
② 「オーディオを分割 ...」を選択する

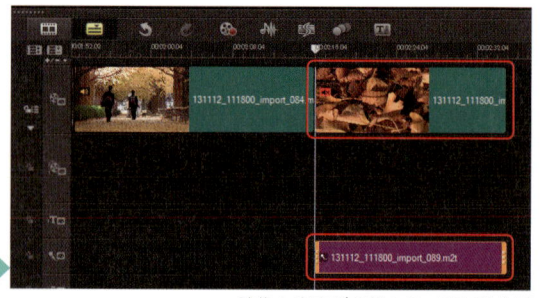

映像と音声が分離され、音声部分がボイストラックに配置される

Tips 音声のクリップを削除すれば、映像だけのクリップになります。

Chapter 1-4
「完了」ワークスペース

Chapter 1-4-1　MPEG-4ファイルとして出力する

Chapter 1 4-1 MPEG-4ファイルとして出力する

編集を終えたプロジェクトは、さまざまな形で出力できます。ここでは、出力形式の1つであるMPEG形式のビデオファイルとして出力する方法について解説します。その他の出力方法については、Chapter 2-3を参照してください。

▶ MP4形式のビデオファイルを出力

VideoStudio X7は、プロジェクトを多彩な形式で出力する機能を搭載しています。その中から、ここでは、MPEG-4という動画ファイル形式で出力する方法を解説します。MPEG-4は、スマートフォンを始め、さまざまなデバイスやWebサイトなどで利用されている動画のファイル形式です。なお、MPEG-4以外でも、さまざまなファイル形式で出力できますが、基本的な操作方法は同じです。

1 「完了」ワークスペースに切り替える

ワークスペースパネルの「完了」タブをクリックし、データを出力する「完了」ワークスペースに切り替えます。

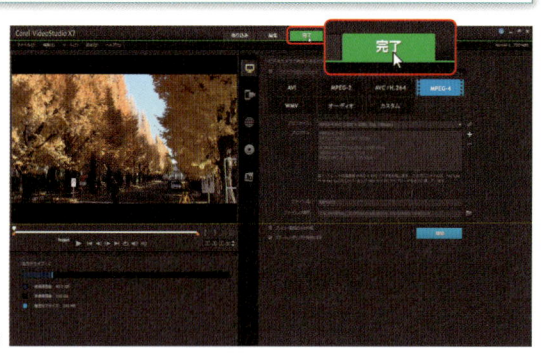

「完了」ワークスペースをクリックする

2 出力方法を選択する

カテゴリー選択エリアから、出力した動画ファイルを利用するターゲットを選択します。ここでは、「コンピューター」を選択します。

「コンピューター」を選択する

Point 出力方法選択のポイント

出力方法を選ぶときには、出力したファイルを何に使うのか、利用目的に応じて選択する必要があります。
たとえば、iPhoneで持ち歩きたいならMPEG-4形式で出力するなどです。自分の利用目的に応じた出力方法を選択してください。

3 出力形式を選択する

選択した出力方法から、出力するファイル形式を選択します。ここでは「MPEG-4」を選択します。

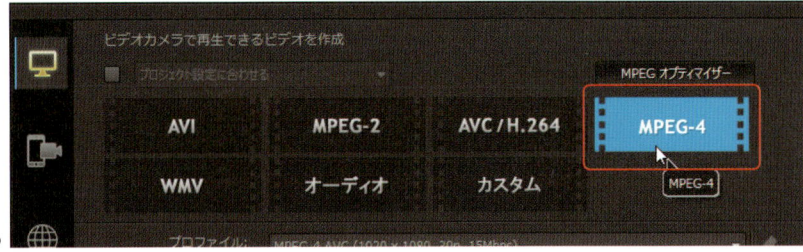

出力形式を選択する

4 ファイルの保存場所とファイル名を決める

「ファイルの保存場所」で[参照]ボタンをクリックし、出力したファイルを保存するフォルダーを選択します。このとき、同時にファイル名も設定します。

[参照]ボタンをクリックする

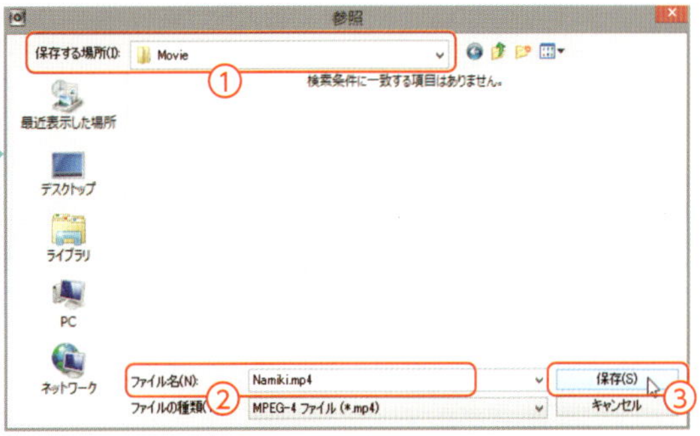

① 保存先フォルダーを指定する
② ファイル名を入力する
③ [保存]ボタンをクリックする

Tips ファイル名は、「ファイル名:」でも入力できますが、ここでの操作のように保存用のダイアログボックスでも設定できます。なお、デフォルト(初期設定)では、プロジェクト名がそのままファイル名として設定されます。

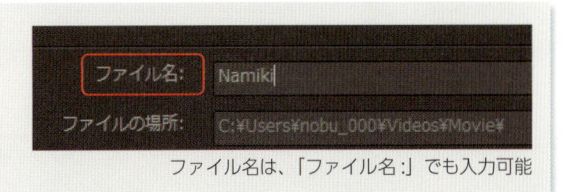

ファイル名は、「ファイル名:」でも入力可能

5 ファイルの保存を実行する

[開始]ボタンをクリックすると、ファイルの出力が開始されます。また出力状況をプレビューで確認することも可能です。

[開始]ボタンをクリックする

出力が開始される

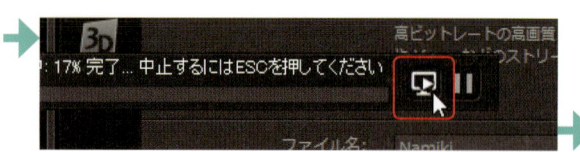

[プレビュー] ボタンをクリックする

出力の進行状況を確認できる

> **Point** 出力を一時停止
>
> 出力作業中、ほかのアプリケーションを使いたいなど、出力を一時的に停止したい場合は [一時停止] ボタンをクリックすると、出力作業を中断することができます。

6 メディアクリップライブラリに登録される

　出力が完了すると、終了メッセージが表示されます。ここで [OK] ボタンをクリックすると、出力したファイルは、メディアクリップライブラリに自動的に登録されます。ファイルは、「編集」ワークスペースで確認できます

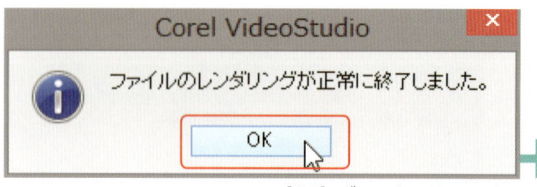

[OK] ボタンをクリックする

メディアクリップライブラリに登録される

7 出力したファイルを確認する

　出力したファイルを、指定したフォルダーで確認します。

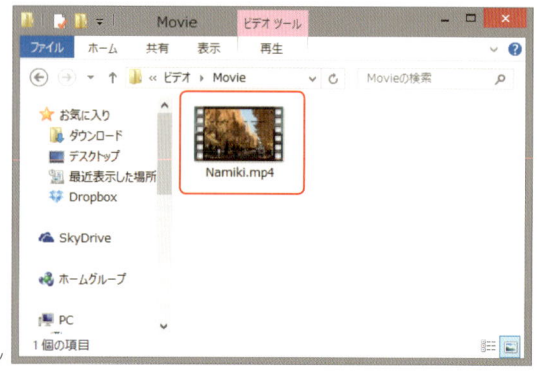

出力された MPEG-4 形式の動画ファイル

Chapter 2
VideoStudio X7を使いこなすためのテクニック

Chapter-2 で役立つビデオ編集用語

■ IEEE1394
IEEE1394 は、Apple 主導で周辺機器との高速なデータ交換のために開発されたインターフェースで、Mac では「FireWire」と呼ばれています。このほか、ソニーでは「i.LINK」(アイリンク) と呼んでいたり、Windows 系のパソコンでは「DV 端子」などとも呼ばれていますが、これらはすべて IEEE1394 のことです。転送速度としては 100Mbits/s、200Mbits/s、400Mbits/s、800Mbits/s などがあり、それぞれ S100、S200、S400、S800 と表記されています。
ビデオカメラだけでなく、外付け HDD やテレビチューナーなどさまざまなデバイス (周辺機器) で利用できるのも特徴です。

■ スマートパン&ズーム
写真などの静止画に動きを与える、VideoStudio X7 の特徴的な機能。これによって、静止画に「メリハリと自然さ」を加えることができます。また、次のような特徴を備えています。
① BGM のテンポに合わせてパンのスピードが変わる
② 自動顔認識を行い、顔に向かう動きや顔を基点とした動きなどの表現を行う

■ サムネイルに表示される主なマーク
ライブラリに取り込んだクリップのサムネイルや、プロジェクトタイムラインに配置したクリップには、さまざまなマークが表示されます。これらのマークについて整理しておきましょう。

- ●ビデオクリップを示すマーク 
- ●クリップにエフェクトを設定した場合のマーク 
- ●タイムラインにビデオクリップを配置すると、スピーカー型のマークが表示される 
- ●クリップのプロキシファイルが作成されたことを示すマーク 
- ●静止画像の場合は、何のマークも表示されない 
- ●クリップのリンクが切れているときに表示されるマーク

■ レンダリングとエンコード
タイムラインで編集したクリップ、タイトル、BGM、エフェクト、トランジションなどを 1 つにまとめ、動画データを作成する作業のことを「レンダリング」といいます。さらに、レンダリングした動画データを指定したファイルフォーマットに変換・圧縮処理して出力することを、「エンコード」といいます。

■ アスペクト比
フレームの縦横比のこと。ハイビジョン映像の場合、16:9 というアスペクト比が利用されます。たとえば、「1920 × 1080」や「1440 × 1080」といったフレームサイズなどです。なお、「1440 × 1080」は 16:9 の比率ではありませんが、画面に表示する際には 1920 × 1080 に補正して表示するため、16:9 としています。
これに対して、4:3 というアスペクト比もあります。一般的には標準画質と呼ばれる映像で、「720 × 480」や「640 × 480」などのフレームサイズで利用されています。

■ 読み込み可能なファイル形式
VideoStudio X7 では、動画データ以外にも、次のようなデータファイルを「メディアファイルを参照」で取り込むことができます。

ビデオ	AVI、MPEG-1、MPEG-2、HDV、AVCHD、M2T、MPEG-4、M4V、H.264、QuickTime、Windows Media Format、MOD (JVC MOD File Format)、M2TS、TOD、BDMV、3GPP、3GPP2、DVR-MS、FLI、FLC、FLX、SWF、DivX※、RM※、UIS、UISX
オーディオ	Dolby Digital Stereo、Dolby Digital 5.1、MP3、MPA、QuickTime、WAV、Windows Media Audio、MP4、M4a、Aiff、AU、CDA、RM、AMR、AAC
イメージ	BMP、CLP、CUR、EPS、FAX、FPX、GIF87a、ICO、IFF、IMG、JP2、JPC、JPG、PCD、PCT、PCS、PIC、PNG、PSD、PXR、RAS、SCT、SHG、TGA、TIF/TIFF、UFO、UFP、WMF、PSPImage、Camera RAW (RAW/CRW/CR2/BAY/RAF/DCR/MRW/NEF/ORF/PEF/X3F/SRF/ERF/DNG/KDC/D25/HDR/SR2/ARW/NRW/OUT/TIF/MOS/FFF)、001、DCS、DCX、ICO、MSP、PBM、PCX、PGM、PPM、SCI、WBM、WBMP

※ 対応するドライバー、コーデックがインストールされている状態でのみ使用できます。

Chapter 2-1

VideoStudio X7の多彩な編集機能を利用する

Chapter 2-1-1	「おまかせモード」を利用してムービーを作る
Chapter 2-1-2	「Corel ScreenCap X7」で自分のYouTube映像をキャプチャする
Chapter 2-1-3	複数のプロジェクトを利用して1本のムービーを作る
Chapter 2-1-4	ペインティング クリエーターを利用する
Chapter 2-1-5	サウンドミキサーでオーディオをアレンジする
Chapter 2-1-6	「ピクチャー・イン・ピクチャー」と「パス」によるモーションの設定
Chapter 2-1-7	「モーショントラッキング」を利用する
Chapter 2-1-8	「変速コントロール」を利用する
Chapter 2-1-9	「字幕エディター」を利用する
Chapter 2-1-10	タイムラプスで作るムービー
Chapter 2-1-11	ストップモーションでアニメーションを作成する
Chapter 2-1-12	Ultimateのボーナスディスクを利用する

Chapter 2
1-1 「おまかせモード」を利用してムービーを作る

VideoStudio X7 の新機能に「おまかせモード」というプログラムがあります。これを利用すると、全くビデオ編集をしたことがないユーザーでも、3 ステップでプロ並みのムービーが作成できます。また、VideoStudio X7 に慣れたユーザーには、おまかせモードで作成したムービーを分析すると、ビデオ編集のステップアップにも役立ちます。

編集未経験でも 3 ステップでムービーが作れる

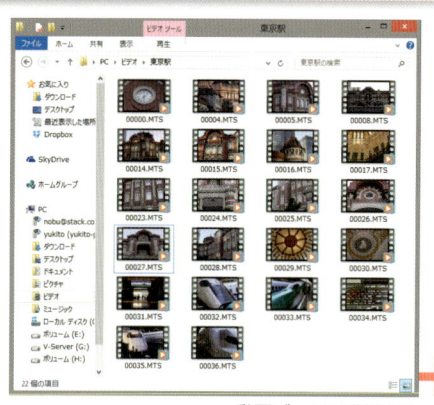

VideoStudio X7 の新機能「おまかせモード」は、ビデオ編集などまったく経験のないユーザーでも、3 ステップでプロ並みのムービーが作成できる機能です。ユーザーは、動画ファイルか静止画像を用意するだけです。

動画データを準備する

ステップ 1: テンプレートを選択

ステップ 2: メディアの追加

ステップ 3: 保存して共有する

「おまかせモード」で作るムービー

2-1

では「おまかせモード」を利用してムービーを作成してみましょう。ここでは、通常の作業のほか、たとえばタイトル文字を入力するなど、最低限必要な作業も合わせて解説します。

1 「おまかせモード」を起動する

デスクトップで「おまかせモード」のアイコンを選択します。

スタート画面で選択

デスクトップでアイコンをダブルクリックする

2 テンプレートを選択する

「おまかせモード」が起動したら、画面右にあるテーマの一覧から利用したいテーマを選択します。テーマはプレビューウィンドウで、[再生]ボタンをクリックして内容を確認できます。内容を確認したら、[メディアの追加]ボタンをクリックします。

① テーマを選択する
② [再生]ボタンをクリックする
③ [メディアの追加]ボタンをクリックする

3 メディアを追加する

メディアの追加画面では、[+]ボタンをクリックして、利用したい動画ファイルや写真データを選択します。選択したデータは、「おまかせモード」に登録されます。

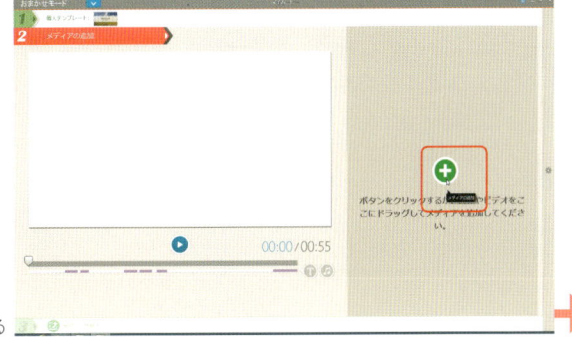

[+]をクリックする

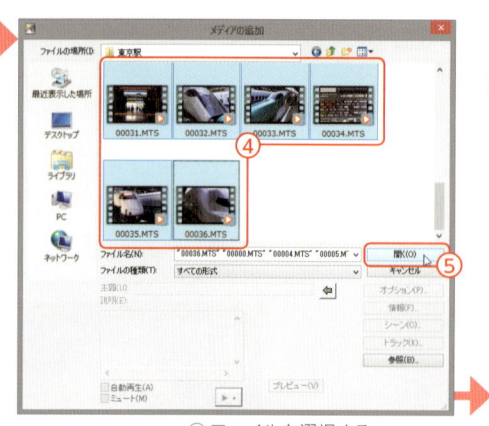

④ ファイルを選択する
⑤ [開く] ボタンをクリックする

ファイルが登録される

4 プレビュー

プレビューウィンドウの再生ボタンをクリックすると、ムービーがプレビューできます。ここまでで、タイトルの設定以外の作業は完了です。

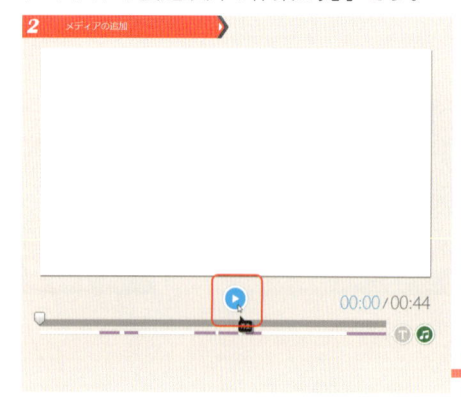

[再生] ボタンをクリックする

ムービーがプレビューできる

5 タイトル文字を変更する

タイトル文字は、デフォルト（初期設定）で「VIDEOSTUDIO」が設定されています。これを目的に合わせて変更します。なお、タイトル文字は、タイムラインの紫色のラインの部分に設定されています。

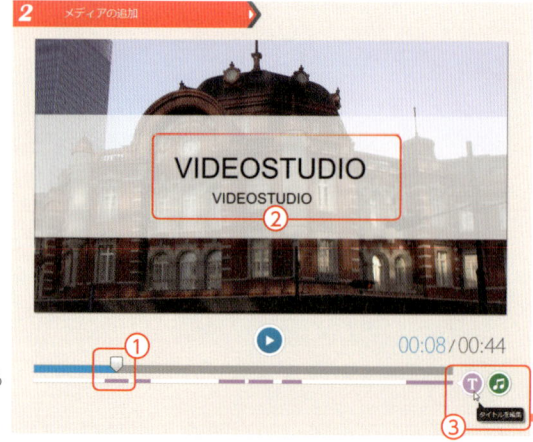

① ジョグスライダーを紫色のラインに合わせる
② タイトルが表示される
③ [T] ボタンをクリックする

※ ♪マークはミュージックオプション

タイトル修正モードに切り替わる

タイトル文字を変更する

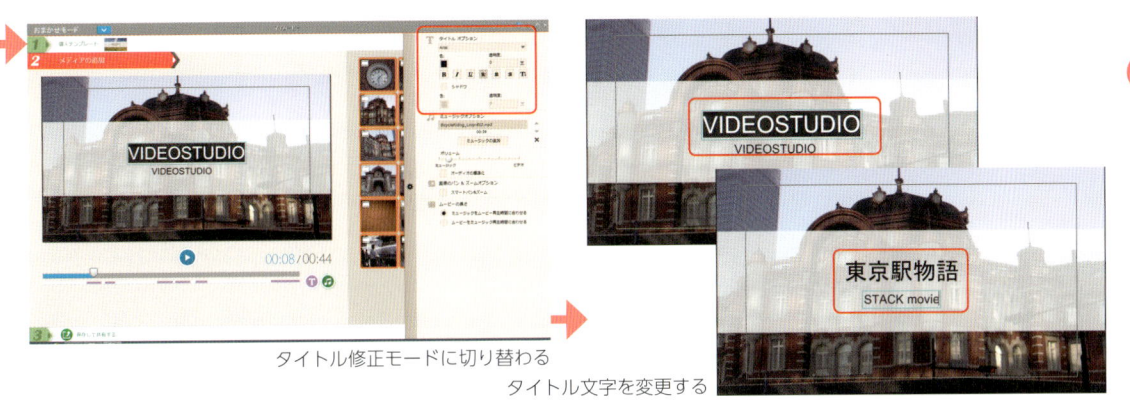

6 文字のカスタマイズ

画面右にあるオプションパネルを利用して、文字をカスタマイズします。

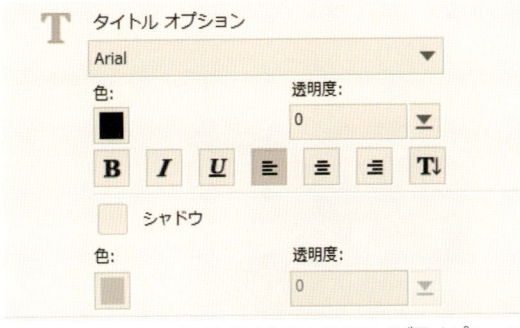

タイトル文字のカスタマイズ用オプション

文字をカスタマイズする

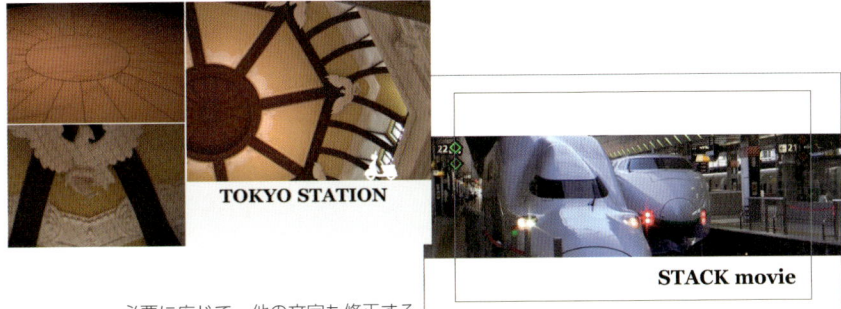

必要に応じて、他の文字も修正する

Tips　「ミュージックオプション」では、BGM用のオーディオデータを変更することも可能です。

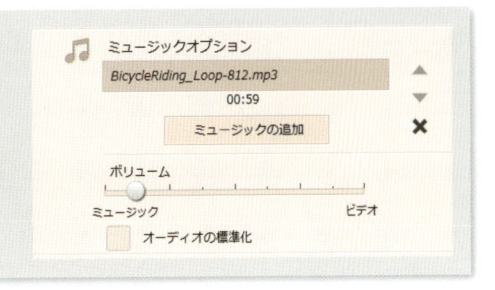

Point 写真に動きを設定する

素材に写真を利用した場合、「画像のパン＆ズームオプション」のチェックボックスをオンにすると、写真が表示された際、パンやズームといった動きが自動的に設定されます（スマートパン＆ズーム：→P.200）。

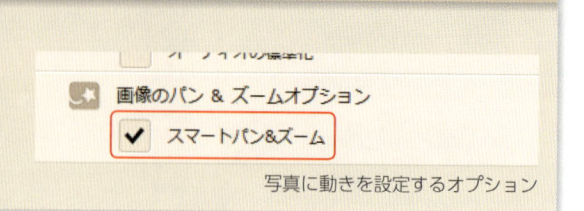

写真に動きを設定するオプション

7 保存／共有する

タイトルの変更などが終了したら、「保存して共有する」をクリックしてください。ファイルの出力画面に切り替わります。ここでは動画ファイルとして出力するか、さらにVideoStudio X7で編集を続けるかを選択できます。

① 出力するファイル形式を選択する
② オプションを選択する
③ ［ムービーを保存］を選択する

レンダリングが開始される

［OK］ボタンをクリックする

［再生］ボタンでムービーの再生ができる

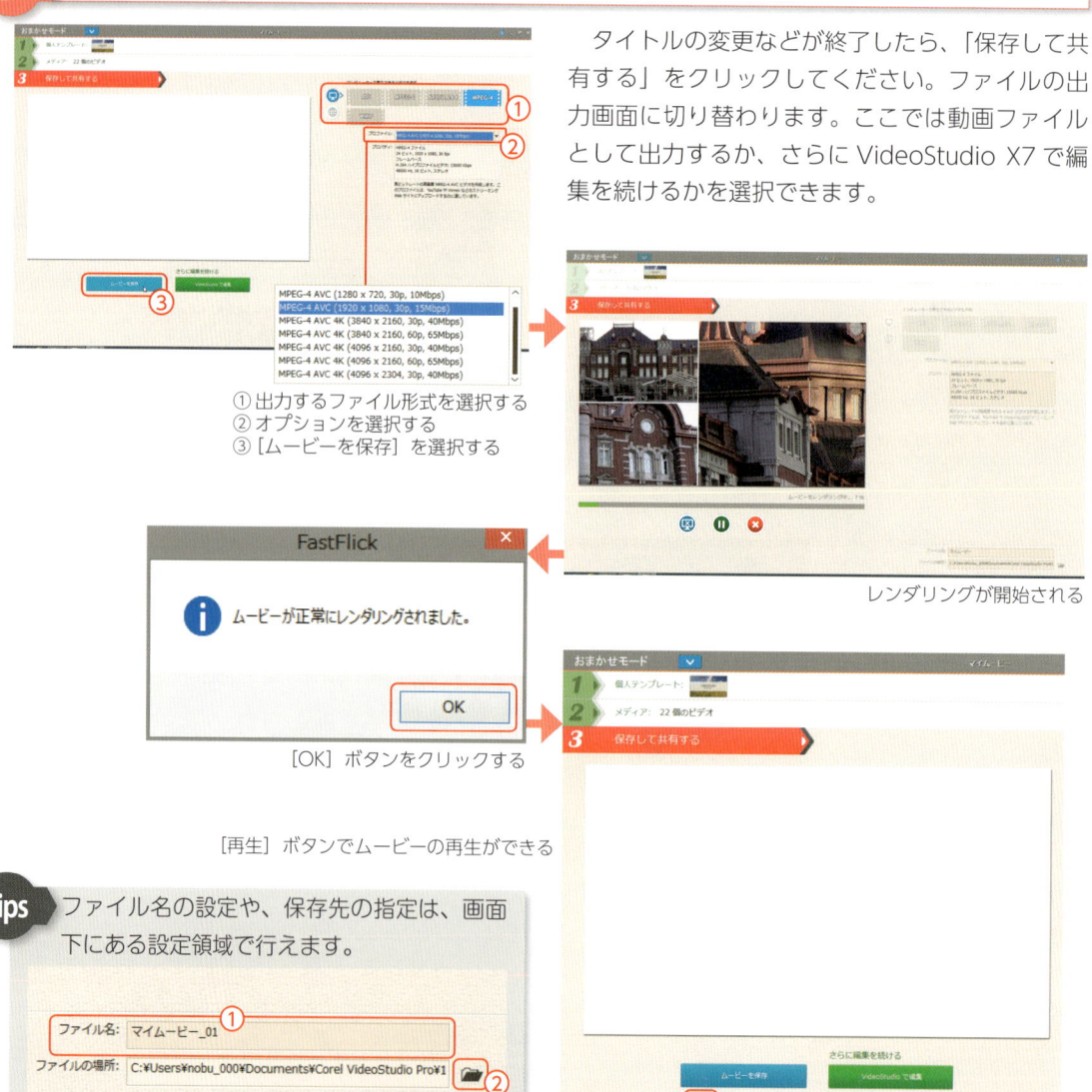

Tips
ファイル名の設定や、保存先の指定は、画面下にある設定領域で行えます。

① ファイル名の入力
② 保存先の変更

8 「おまかせモード」を終了する

　「おまかせモード」の終了は、右上にある閉じるボタン［×］をクリックします。このとき、プロジェクトの保存ダイアログボックスが表示されるので、［はい］ボタンをクリックします。なお、ここで保存したプロジェクトは、おまかせモード専用のプロジェクトとして保存され、開けば再びおまかせモードで編集できます。

［はい］ボタンをクリックする

VideoStudio X7 でさらにアレンジする

　共有設定の画面で、［VideoStudio で編集］ボタンをクリックすると、作成したムービーを、VideoStudio X7 に転送して、さらに本格的な編集ができます。また「おまかせモード」で作成したムービーの分析ができるので、ビデオ編集の勉強にもなります。

1 VideoStudio X7 に転送する

　出力画面で、［VideoStudio で編集］ボタンをクリックして、ムービーを VideoStudio X7 に転送します。

［VideoStudio で編集］ボタンをクリックする 　　　VideoStudio X7 に転送される

2 トラックを表示する

　タイムラインビューにある［すべての可視トラックを表示］ボタンをクリックすると、利用しているすべてのトラックが表示できます。

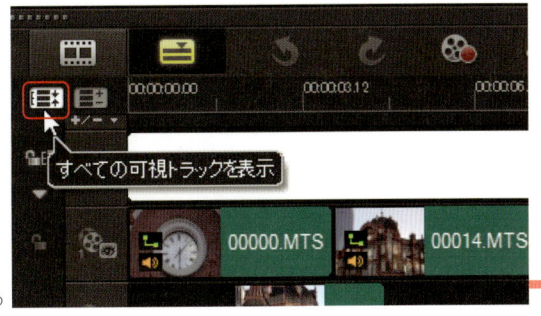

［すべての可視トラックを表示］ボタンをクリックする

すべてのトラックが表示される

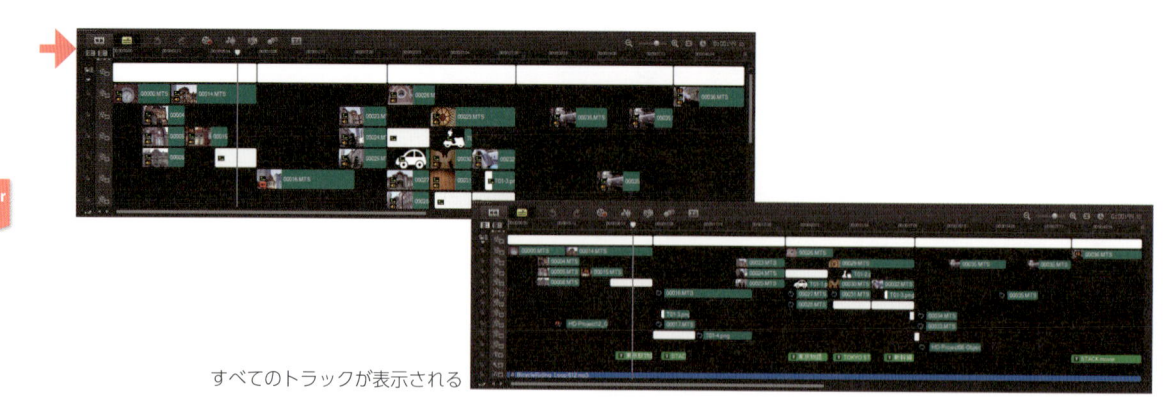

3 クリップを置き換える

「おまかせモード」から VideoStudio X7 へ転送したムービーは、通常のプロジェクトとして編集できます。たとえば、クリップを入れ替えることで、新しいムービーを作ることも可能です。

オーバーレイトラックの動画を選択

プレビューの右に表示されている動画

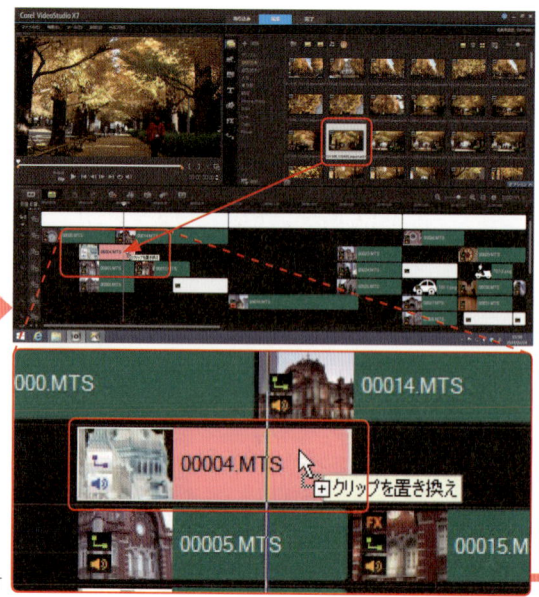

ドラッグしてドロップする前に［Ctrl］キーを押す

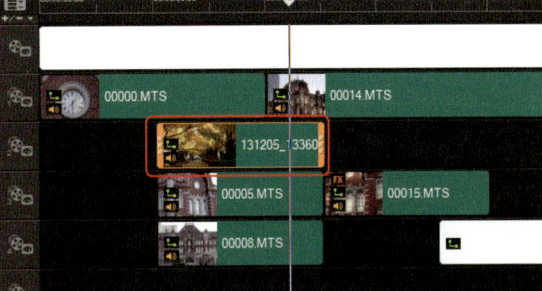

クリップが入れ替わる

Point 入れ替える時は［Ctrl］キーを押しながら

単にドラッグ＆ドロップすると入れ替わらず、元のクリップの前後に挿入されます。

4 プロジェクトを保存する

メニューバーから、「ファイル」→「名前を付けて保存」を選択し、通常のプロジェクトとして保存します。

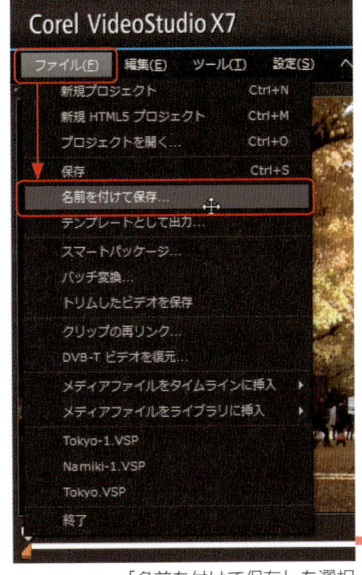

「名前を付けて保存」を選択

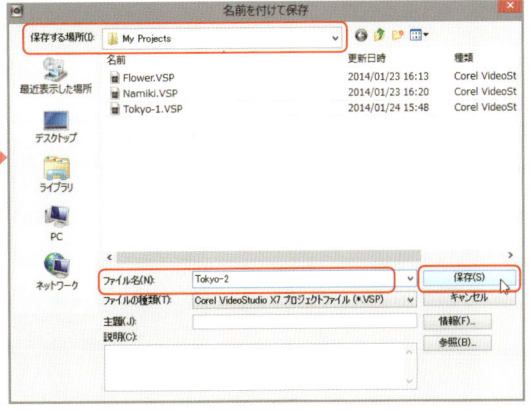

ファイル名を入力して保存する

Chapter 2 1-2 「Corel ScreenCap X7」で自分のYouTube映像をキャプチャーする

VideoStudio X7 に付属する「Corel ScreenCap X7」は、ディスプレイ上に表示されている画面を取り込むためのプログラムです。たとえば、アプリケーションの操作手順を動画として取り込んだり、あるいは Media Player による動画の再生画面や YouTube のキャプチャーなどができます。

画面キャプチャーについて

　VideoStudio X7 の「Corel ScreenCap X7」(以下「ScreenCap」)は、画面上での操作、動作を動画として記録する画面のキャプチャー機能です。通常、画面キャプチャーというと、画面を静止画として記録する機能と思いがちですが、VideoStudio X7 の ScreenCap は、マウスの動きやメニューの表示、操作中の動作などを、動画として記録できます。また VideoStudio X7 で再生している動画も、そのまま動画としてキャプチャー/保存できます。

　そこで、ここでは YouTube にアップした自分のムービーを、YouTube の画面ごとキャプチャーして、ScreenCap の利用方法を解説します。

YouTube の画面ごと動画をキャプチャーする

画面を ScreenCap でキャプチャーする

1 「画面の録画」を選択する

　画面キャプチャー機能は、デスクトップにある「Corel ScreenCap X7」アイコンを選択するか、ツールバーの「記録 / 取り込みオプション」にある「画面の録画」を選択して、画面キャプチャー機能を実行します。

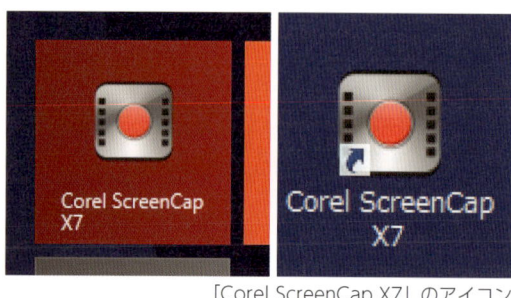

「Corel ScreenCap X7」のアイコン

① [記録 / 取り込みオプション] ボタンをクリック
② 「画面の録画」をクリックする

2 「画面の録画」を設定する

「画面の録画」ウィンドウが起動するので、録画に関する設定を行います。なお、設定は必要に応じて実行します。このとき、録画領域を示す画面一杯に緑の枠と□のハンドルが表示されます。

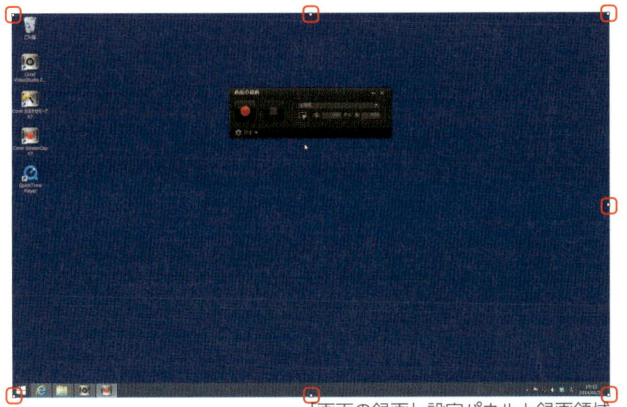

「画面の録画」設定パネルと録画領域
画面の四隅と上下左右の中心にある□で囲まれた部分が録画領域

「設定」の［▼］をクリックする

① ファイル名を設定する
② 保存先フォルダーを選択する
③ チェックを入れる
④ ライブラリへの取り込み先を指定する
⑤ 「システムオーディオ」をオンにする

Tips 「保存先」で「ライブラリへ取り込み」を選択できるのは、ScreenCap を VideoStudio X7 内から起動した場合です。デスクトップの ScreenCap アイコンから起動すると、ここが有効になりません。

Point 「オーディオ設定」について

録画対象で音声が再生されない場合は、「システムオーディオ」を「I」とし、有効にしてください。これを有効にしないと、音声が記録されません。

3 録画するアプリと範囲を指定する

操作を記録したいアプリケーションを起動したり、Web ページを表示します。

YouTube を起動し、録画したいページ、データを表示する
ただし、動画はまだ再生しない

□をドラッグして、録画する領域を指定する

4 録画を開始する

［録画の開始／再開］ボタンをクリックすると、カウントダウンの後、画面のキャプチャーを開始します。

［録画の開始／再開］ボタンをクリックする 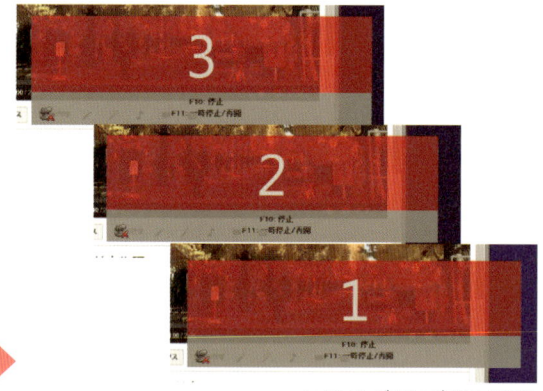　　　カウントダウンが実行される

5 録画したい操作を実行する

録画したい操作を開始します。YouTube の再生を開始したり、あるいはアプリケーションの起動から終了までの操作や、すでに起動してあるアプリケーションの操作など、データとして録画したい操作を行います。

YouTube の再生を開始する 　　　YouTube を再生しながら録画が行われる

6 録画を停止する

　ファンクションキーの［F10］キーを押すと、録画を停止するためのウィンドウが表示されるので、メッセージの［OK］ボタンをクリックしてから「画面の録画」を閉じます。なお、録画されたデータは、ライブラリに自動的に登録されます※。

※ VideoStudio X7 内から起動した場合

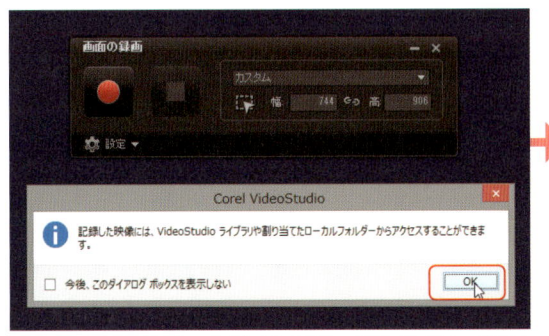

［F10］キーを押して［OK］ボタンをクリックする

［閉じる］ボタンをクリックする

録画した動画がライブラリに登録される

Point 録画の一時停止と録画の再開

録画中にファンクションキーの「F11」キーを押すと、録画を一時停止できます。録画を再開したい場合は、もう一度「F11」キーを押します。
また、操作ボタンで［録画］ボタンを押しても録画を再開できます。

［録画］ボタンを押して録画を再開できる

録画を再開せず終了したい場合は、［停止］ボタンをクリックする

Point キャプチャーした動画の編集

ライブラリーに登録されたキャプチャーデータは、通常の動画クリップとして編集できます。

Chapter 2 1-3 複数のプロジェクトを利用して1本のムービーを作る

VideoStudio X7では、プロジェクトファイルもクリップとして利用できます。プロジェクトをクリップとして利用すると、複数のプロジェクトを1つにまとめて大きなプロジェクトやムービーを作成することが可能になります。

プロジェクトを「入れ子」で利用する

プロジェクトをクリップとして利用すると、たとえば「東京編」、「大阪編」、「博多編」など個別に作成したプロジェクトを、「三大都市物語」という1つのプロジェクトにまとめ、長編ムービーを作成することができます。このように、1つのプロジェクトの中に別のプロジェクトをクリップとして利用するような方法を「入れ子」と呼んでいます。

```
「東京編」プロジェクト ┐
「大阪編」プロジェクト ┼── 「三大都市物語」プロジェクト
「博多編」プロジェクト ┘
```

また、編集も個別に行っておけるので、複数のユーザーで分担して作業を行うことができるようになります。ただし、入れ子は上記した2段階までで、さらに東京編や大阪編の下に入れ子を入れる事はできません。

複数のプロジェクトで1つのムービーを作る

1 プロジェクトを読み込む

ライブラリーにプロジェクト読み込み用のフォルダーを作成し、他のプロジェクトを読み込みます。なお、プロジェクトファイルの拡張子は、[.VSP]です。

① プロジェクト読み込み用のライブラリーを準備
②「メディアファイルを挿入...」を選択する

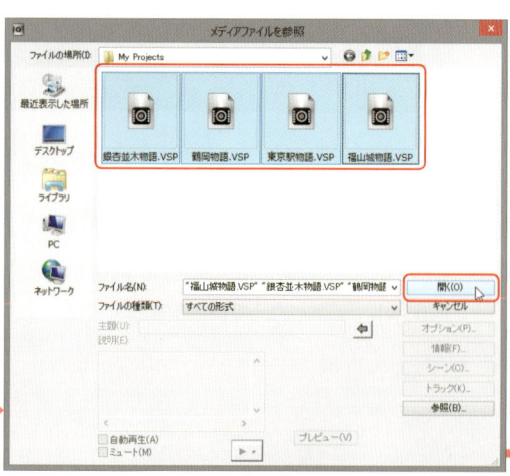

プロジェクトファイルを選択する

読み込まれたプロジェクトファイル

2 プロジェクトをタイムラインに配置する

読み込んだプロジェクトを、ストーリーボードビューやタイムラインビューでタイムラインに配置します。

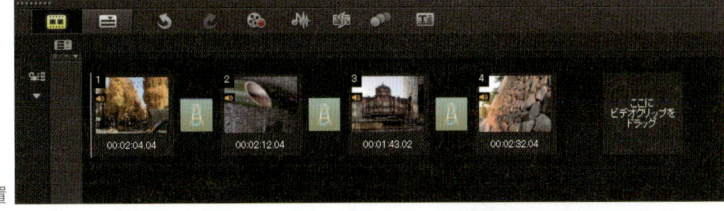

ストーリーボードビューに配置

タイムラインビューでも確認

3 トランジションを設定する

タイムラインに配置したプロジェクトは、トランジションの設定、エフェクトの設定、タイトル設定、BGMの設定など、通常のクリップと同じように編集できます。もちろん、トリミングも可能です。

トランジションを設定

4 ムービーとして出力する

編集が終了したら「完了」ワークスペースから、目的に応じた形式で出力します。

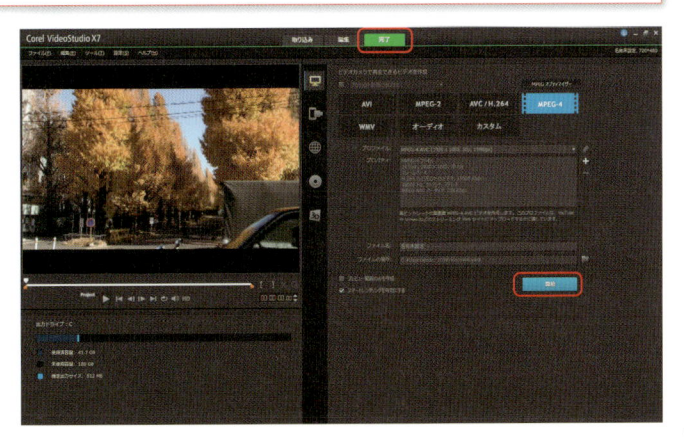

Chapter 2 1-4 ペインティング クリエーターを利用する

「ペインティング クリエーター」は、映像やイメージデータにお絵かきをするグラフィック機能です。この機能を利用して、映像に手書き文字を描いてみましょう。

ペインティング クリエーターについて

「ペインティング クリエーター」は、お絵かきができるペイント機能で、静止画を描く「スチルモード」と、描画手順をそのままアニメーションにできる「アニメーションモード」があります。これを使えば手書き文字を描くアニメーションを、映像と重ねることなどができます。

アニメーションモードで手書き文字をアニメーションする

ペインティング クリエーターの起動と描画

1 挿入位置を見つける

ビデオクリップを選択してタイムラインビューの再生ヘッドをドラッグし、映像と手書き文字を合成したい位置を見つけます。

① 再生ヘッドをドラッグする
② 手書き文字を重ねたい位置を見つける

2 ペインティング クリエーターを起動する

メニューバーから「ツール」→「ペインティング クリエーター…」を選択し、ペインティング クリエーターを起動します。

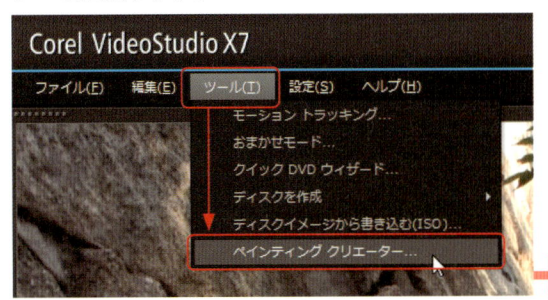

「ペインティング クリエーター」を選択する

ペインティング クリエーターが起動する

3 モードの確認／選択

ペインティング クリエーターはデフォルト（初期設定）で「アニメーションモード」で起動します。まずモードを確認しておきましょう。画面左下にあるモードの選択ボタンをクリックして、モードを確認／選択します。

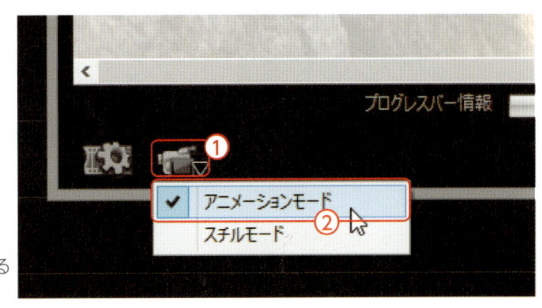

①モードボタンをクリックする
②モードを確認／選択する

4 ブラシを選択する

利用したいブラシを選択します。「ペイントブラシ」、「エアブラシ」など11種類のブラシの中から、利用したいブラシを選択します。

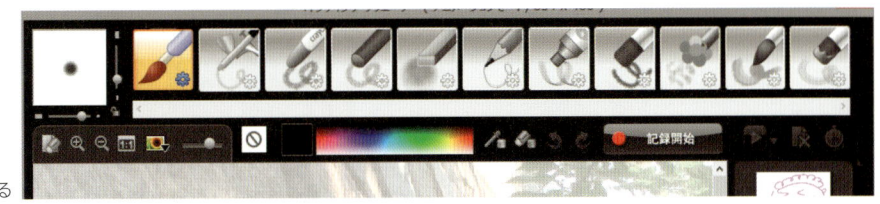

ブラシを選択する

Tips ブラシの太さは、「ブラシ高さ」、「ブラシ幅」のスライダーをドラッグして調整できます。それぞれのブラシの右下の⚙をクリックすると、「透明度」などの調整もできます。

151

5 背景の透明度を調整する

ペインティング クリエーターの編集画面には背景の映像がうっすらと見えていますが、絵が見づらい場合は、透明度を調整して、利用しやすいように変更できます。

透明度のスライダーをドラッグする　　　　　　　　　　　透明度が変更される

6 ブラシの色を選択する

カラーパレットで利用したい色をクリックします。

カラーパレットで色を選択する

7 記録を開始する

［記録開始］ボタンをクリックします。これで、描画中の動きが記録されます。

［記録開始］ボタンをクリックする

8 描画を開始する

　記録が開始されたら、手書きで文字や絵を描きます。

手書きで描画する

9 色を変更する

　カラーパレットから色を選択します。必要があれば、ブラシなども変更できます。

色を変更する

Point　描画の取り消し

「いま描いたストローク、失敗した」というような場合は、［元に戻す］ボタンで描画を取り消せます。ボタンを押すごとに、一つずつ前に戻ることができます。

［元に戻す］ボタンをクリックする　　　　　　　　　　　一つずつ前に戻る

10 記録を停止する

［記録停止］ボタンをクリックして、描画の記録を停止します。

クリックする

11 アニメーションの登録

手書き文字の描画がアニメーションとして記録され、右にあるライブラリに登録されます。

アニメーションが登録される

12 アニメーションを確認する

［再生］ボタンをクリックすると、アニメーションを確認できます。

① アニメーションを選択する
② ［再生］ボタンをクリックする

［OK］ボタンをクリックする

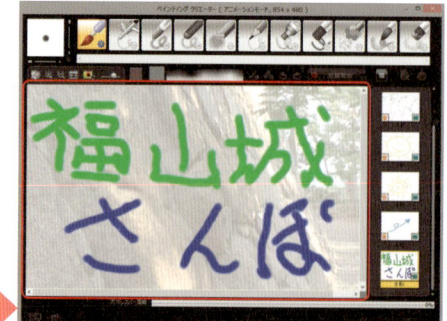

アニメーションが再生される

13 アニメーションの時間を修正する

　アニメーションの再生時間は、デフォルト（初期設定）で3秒です。この時間の修正は、長さを変更するボタンで行います。

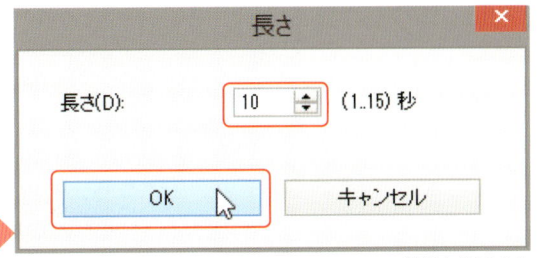

変更ボタンをクリックする

時間を修正する

14 ペインティング クリエーターファイルを作成する

　ペインティング クリエーターにある［OK］ボタンをクリックすると、アニメーションファイル（ペインティング クリエーターファイル）が作成されます。

［OK］ボタンをクリックする

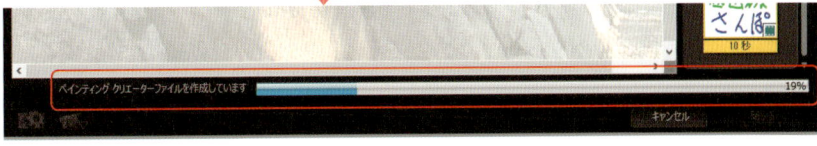

ペインティング クリエーター
　ファイルが作成される

15 ライブラリに登録する

　作成されたアニメーションファイルは、VideoStudio X7 のライブラリに登録されます。

登録されたアニメーションクリップ

155

アニメーションクリップをタイムラインに配置

アニメーションデータは、ビデオクリップと合成して利用します。ここでは、合成方法について解説します。

1 配置位置を確認する

プロジェクトタイムラインをタイムラインビューに切り替えます。ムービーの、どのシーンとアニメーションを重ねる（合成する）かを、プレビューウィンドウのジョグスライダーをドラッグしたり、タイムラインの再生ヘッドをドラッグして見つけます。

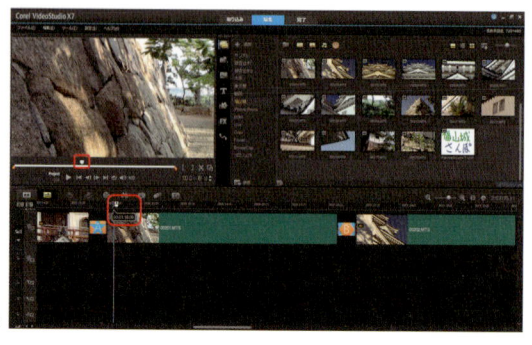

タイムラインビューで配置位置を確認する

2 アニメーションをドラッグ＆ドロップ

オーバーレイトラックの再生ヘッド位置に、アニメーションクリップをドラッグ＆ドロップして配置します。

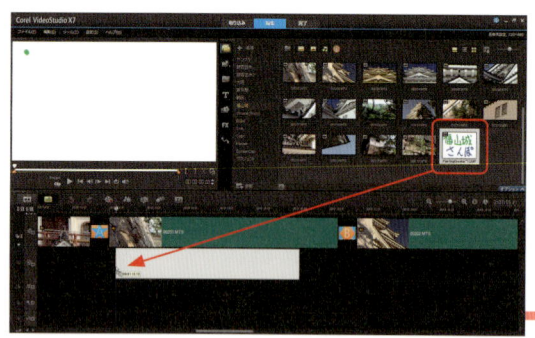

ドラッグ＆ドロップする　　　オーバーレイトラックに配置する

3 プレビューで確認する

プレビューウィンドウの［再生］ボタンをクリックし、アニメーションを確認します。

プレビューウィンドウで確認

Chapter 2 1-5 サウンドミキサーでオーディオをアレンジする

ビデオで大切なミュージック。そのミュージックや、あるいはオーディオデータ部分の音量調整は「サウンドミキサー」を利用すると、さらに詳細に設定ができます。ここでは、サウンドミキサーを使った音量調整について解説します。

サウンドミキサーで音量を調整する

音量調整の方法については、Chapter-1 の 127 ページで解説しましたが、サウンドミキサーを利用すると、映像を見ながら音量を調整するなど、細かな調整が可能になります。

1 サウンドミキサーを表示する

ツールバーの［サウンドミキサー］ボタンをクリックすると、オプションパネルに、サウンドミキサーが表示されます。またプロジェクトタイムラインは、「マルチトラックオーディオタイムライン」に切り替わります。

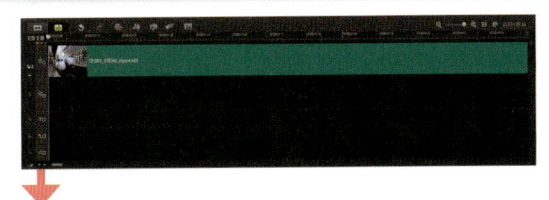

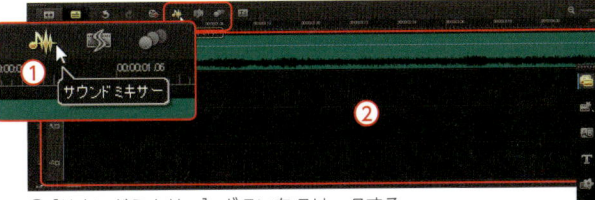

① ［サウンドミキサー］ボタンをクリックする
② 「マルチトラックオーディオタイムライン」に切り替わる

オプションパネルにサウンドミキサーが表示される

2 再生中にボリュームを調整する

クリップを再生しながらサウンドミキサーのボリュームフェーダーを調整すると、クリップの音量変化が、ボリュームラインに□のコントロール（→ P.158）として設定されます。

① クリップ、プロジェクトの先頭にジョグ スライダーを合わせる
② ［再生］ボタンをクリックする

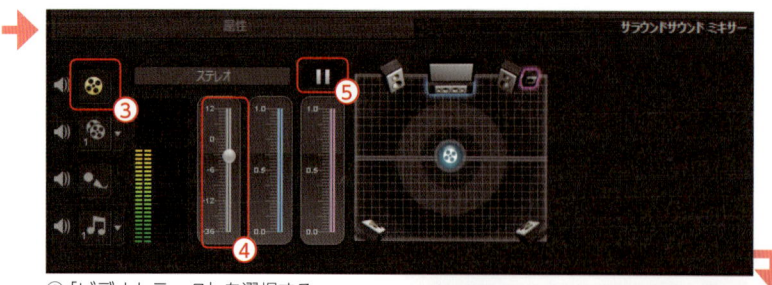

③「ビデオトラック」を選択する
④映像を見ながらスライダーを上下する
⑤これも［再生 / 停止］ボタン

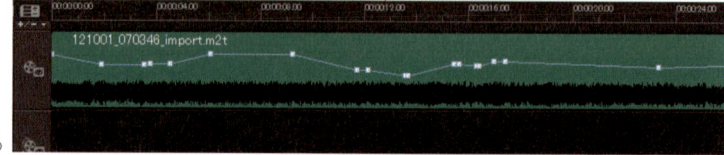

トラックの音量が調整される

Tips ボリューム調整をリセットする場合は、タイムラインビューのビデオトラック上で右クリックし、表示されるメニューから「ボリュームをリセット」を選択します。

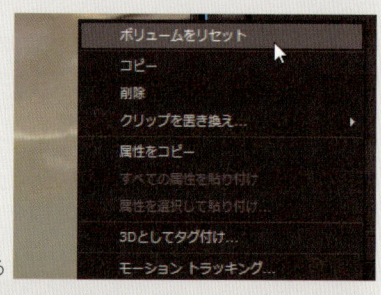

「ボリュームをリセット」を選択する

Point フェードイン / フェードアウトの自動設定

フェードイン、フェードアウトも、128ページで解説した方法のほか、2つのクリップを重ねると、自動的にフェードイン / フェードアウトが設定されます。

並んだ2つのクリップ

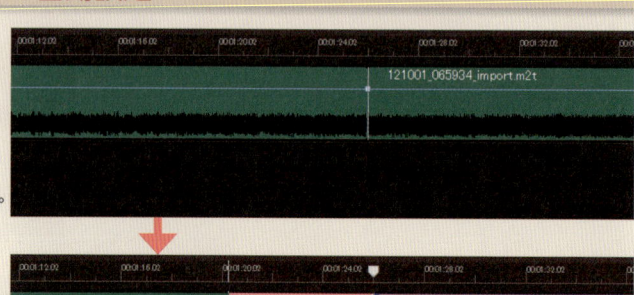

ドラッグして重ねる

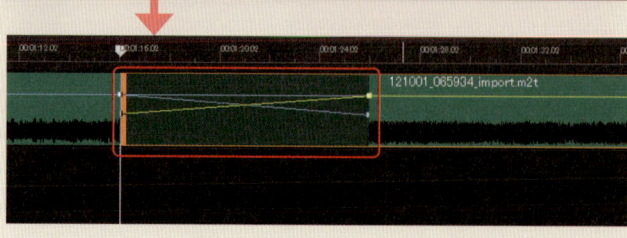

フェードインとフェードアウトが自動設定される

Point 部分的に音量調整する

「マルチトラックオーディオタイムライン」のクリップにはボリュームラインが表示されています。このライン上でマウスをクリックすると、コントロールが表示されます。このコントロールをドラッグすると、音量を調整できます。
たとえば、4個のコントロールを設定すると、部分的に音量調整できます。

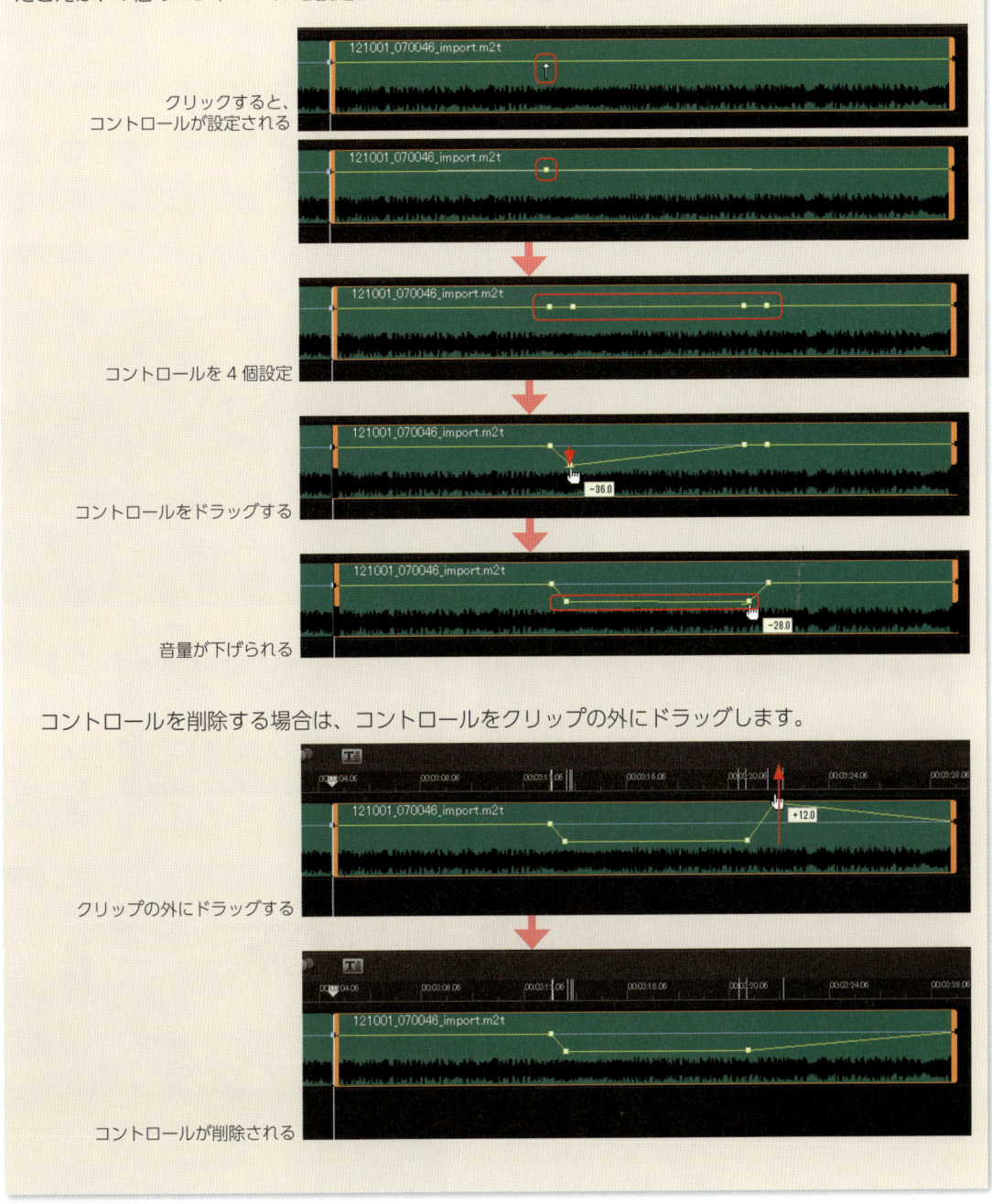

クリックすると、
コントロールが設定される

コントロールを4個設定

コントロールをドラッグする

音量が下げられる

コントロールを削除する場合は、コントロールをクリップの外にドラッグします。

クリップの外にドラッグする

コントロールが削除される

Chapter 2 1-6 「ピクチャー・イン・ピクチャー」と「パス」によるモーションの設定

「パス」を利用すると、たとえばピクチャー・イン・ピクチャーで設定した子画面を、基本の形に添って動かすことができます。ここでは、ピクチャー・イン・ピクチャーの設定方法と合わせて、パスの利用方法を解説します。

ピクチャー・イン・ピクチャーを設定する

VideoStudio X7 では、タイムラインのオーバーレイトラックにビデオクリップを配置すると、自動的に「ピクチャー・イン・ピクチャー」として設定されます。ピクチャー・イン・ピクチャーは、メイン映像の中に小さな映像が表示される機能です。なお、本書では、大きな画面を「親画面」、小さな画面を「子画面」と呼んで区別しています。

ピクチャー・イン・ピクチャーの親画面と子画面

子画面　　親画面

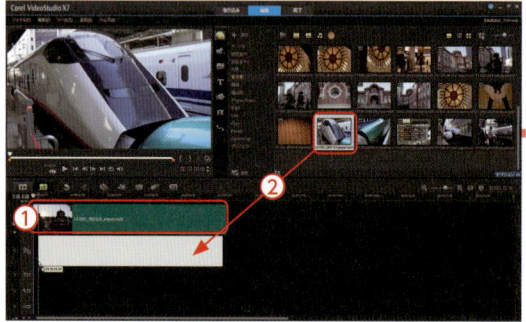

① ビデオトラックにクリップを配置
② 別のクリップを「オーバーレイトラック」にドラッグ＆ドロップする

オーバーレイトラックにクリップが配置される

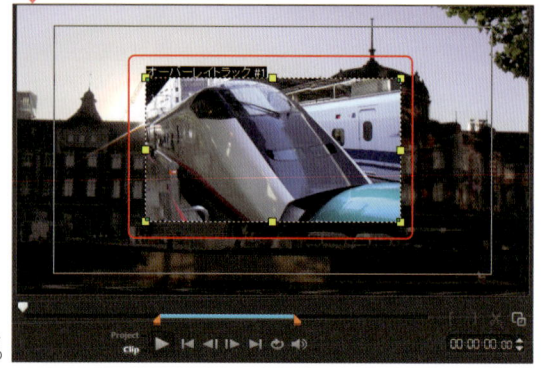

オーバーレイトラックのクリップは、自動的に子画面サイズで表示される

Tips 子画面は、ドラッグして自由に表示位置を調整できます。また、子画面の周囲にある黄色い□ハンドルをドラッグすると、子画面のサイズが変更できます。

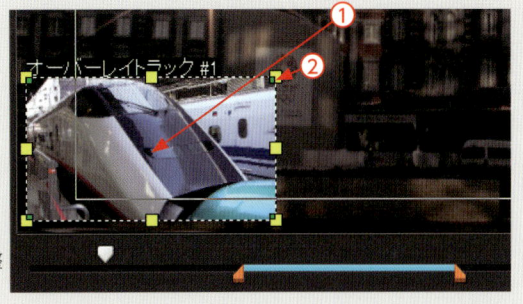

① 子画面をドラッグして表示位置を調整
② 子画面のサイズを調整

子画面に「パス」を設定する

1 パスを設定する

「パス」は、「パス」パネルからパスのタイプを選択して設定します。ライブラリパネルの［パス］ボタンをクリックすると、ライブラリパネルがパスパネルに切り替わるので、ここでパスタイプを選択します。

選択したパスタイプは、オーバーレイトラックのクリップ上にドラッグ＆ドロップします。これでパスが設定されます。

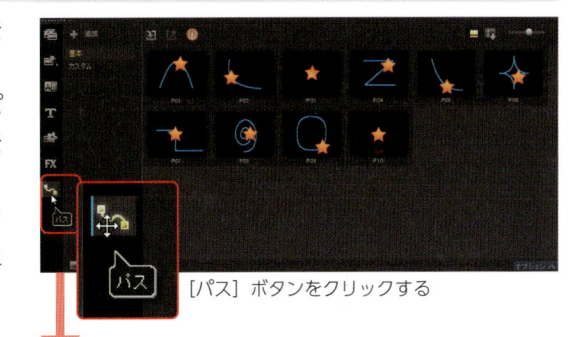

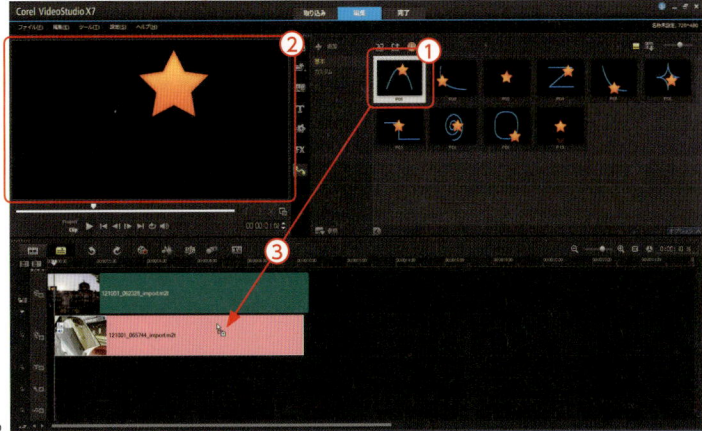

［パス］ボタンをクリックする

① パスを選択する
② プレビューでパスが確認できる
③ クリップ上にドラッグ＆ドロップする

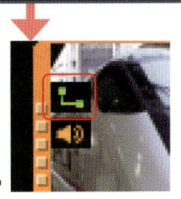

パスを設定したマークが表示される

2 モーションを確認する

パスを設定したクリップをプレビューウィンドウで確認します。子画面が、選択したパスに沿って移動します。

[再生] ボタンをクリックする

パスを削除する

クリップに設定したパスは、パスを設定したクリップを右クリックし、表示されたコンテキストメニューから「モーションの削除」を選択します。

① 右クリックする
②「モーションの削除」を選択する

Point パスをカスタマイズする

パスによる動きを調整する、あるいは子画面のクリップに輪郭や影を付けるなどカスタマイズすることが可能です。この場合は、右クリックして表示されるコンテキストメニューから、「モーションの生成 ...」を選択してください。設定パネルが表示され、カスタマイズが可能になります。

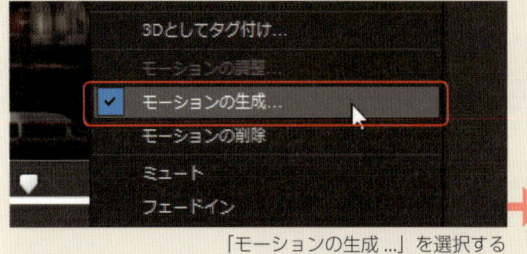

「モーションの生成 ...」を選択する
モーションのカスタマイズ画面

Chapter 2 1-7 「モーショントラッキング」を利用する

2-1

「モーショントラッキング」は、映像の一部にモザイクを設定したり、映像の一部に別の画像を合成し、その画像を映像の動きに自動的に合わせるといった効果を楽しむなど、これまで高価な編集ソフトでのみ可能だった機能を利用できます。

「モーショントラッキング」でできること

「モーショントラッキング」は、映像の動きに応じて、モザイクや文字、別画像などを合成し、自動的に動かす機能です。

> **Tips** 「トラッキング」には、「追跡」や「追尾」といった意味があります。

■ 特定の部分にモザイクを設定する

モザイクを設定した位置は、映像の動きに応じて自動的に移動します。画面では、人物の顔にモザイクを設定しています。

モザイクを設定する

1 モーショントラッキングの設定画面を表示する

タイムラインビューに配置したクリップ上で右クリックし、コンテクストメニューから「モーショントラッキング...」を選択します。モーショントラッキングの設定パネルが表示されます。

① 右クリックする
②「モーショントラッキング...」を選択する

設定パネルが表示される

なお、設定パネルには、操作手順を示すヘルプが表示されています。ピックアップしてみました。

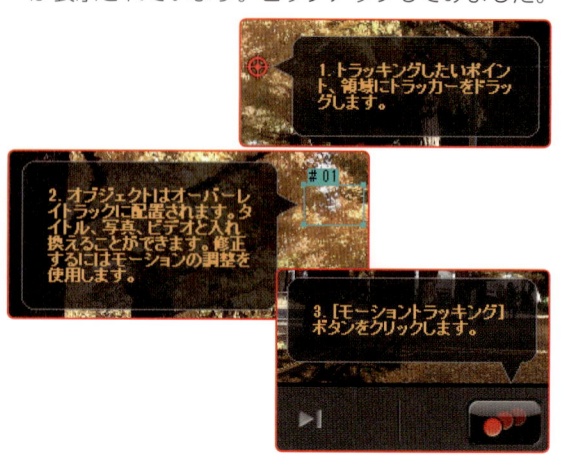

② トラッカーのタイプとモザイクを選択する

指定箇所を追尾するポイントを「トラッカー」といいますが、ここでは、モザイクとしての領域を指定する必要があるので、トラッカーをエリアとして指定するボタンを選択し、同時にモザイクの適用をオンにします。

① [トラッカーをエリアとして選択] を選ぶ
② モザイクの表示をオンにする

③ 領域の位置とサイズを指定する

プレビュー画面で、「#01」という水色のエリアをモザイクを設定したい位置に合わせます。また、エリアの四隅にある水色の■マーカーをドラッグし、エリアのサイズを調整します。

エリアを合わせる

サイズを調整する

4 モーションをトラッキングする

[モーショントラッキング]ボタンをクリックし、モザイクを設定する領域をトラッキング(追尾)します。トラッキング結果は、パスとして表示されます。

[モーショントラッキング]ボタンをクリックする

トラッキングが開始される

トラッキング結果が「パス」として表示される

Point 領域位置、サイズを再調整する

トラッキングが終了したら、モザイクエリアのサイズ、位置などを調整します。調整は、パネル内のジョグスライダーをドラッグして行います。なお、調整を行ったら、もう一度[モーショントラッキング]ボタンをクリックして、トラッキングを行います。

5 再生して確認する

トラッキング調整が終了したら、プレビュー画面で確認します。さらに、パネルを閉じて、VideoStudio X7のプレビュー画面でも確認してみましょう。

① [最初のフレームへ] ボタンをクリックする
② [再生] ボタンをクリックする

[OK] ボタンをクリックする

プレビュー画面で確認する

Point トラッカーを削除する

モザイクのトラッカーをクリップに設定したが、このトラッカーが不要になった場合は、トラッカーのタイプを変更して削除します。トラッキングを設定したクリップを右クリックして「モーショントラッキング...」を選択し、作業を行います。

① トラッカー一覧から、トラッカーを選択する
② [トラッカーをポイントとして設定] ボタンをクリックする
③ [OK] ボタンをクリックする

※トラッカーが1個だけの場合 [-] のトラッカー削除ボタンが利用できないので、このような方法で削除します。

別画像を合成したモーショントラッキング

画像データを合成して、モーショントラッキングを作成することも可能です。この場合は、モーションデータを出力し、そこに画像データを挿入して作成します。なお、次のモーションの再調整でキーフレームを利用すれば、画像サイズを変更することも出来ます。

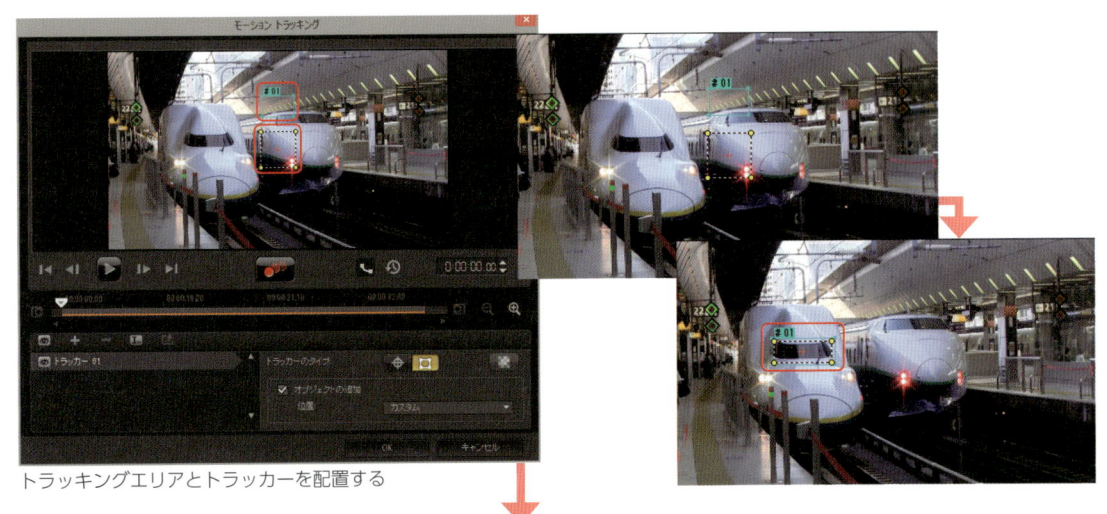

トラッキングエリアとトラッカーを配置する

[モーショントラッキング] ボタンをクリックして
トラッキングを実行する

必要な範囲だけトラッキングする

オーバーレイ
右上
左
右
カスタム

① 「オーバーレイ」であることを確認する
② [OK] ボタンをクリックする

トラッキング情報が出力される

トラッキング情報を必要な範囲だけに
トリミングする

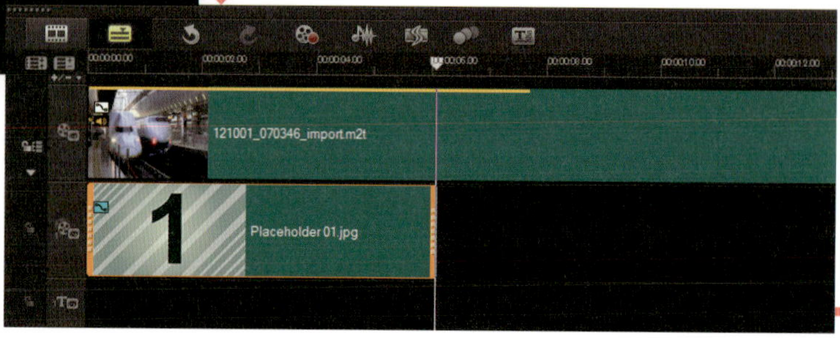

[Ctrl] キーを押しながら、合成したい画像を
ドラッグ＆ドロップする

> **Tips** [Ctrl] キーは、画像をドラッグしてきて、ドロップするときに押してください。

モーションを再調整する

モーションを調整する場合は、オーバーレイトラックのクリップを右クリックし、「モーションの調整 ...」を選択します。モーションの調整パネルで、細かい設定ができます。ここでは、画像のサイズを変更する方法を解説します。

① トラッキング情報で右クリックする
②「モーションの調整 ...」を選択する

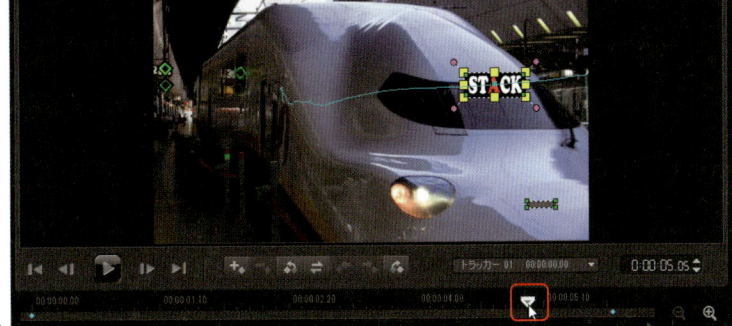

スライダーをドラッグする

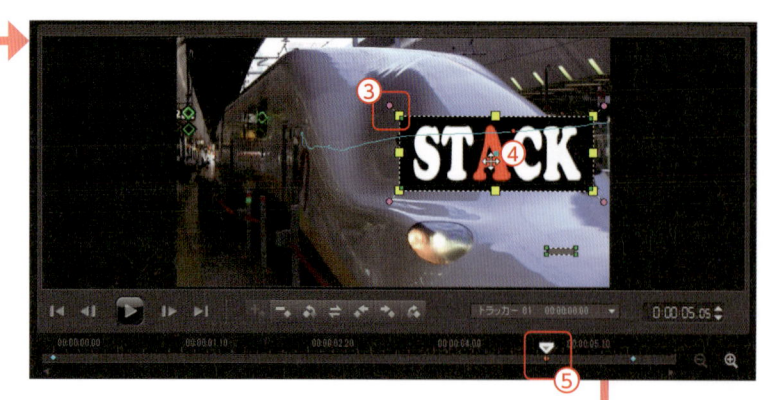

③ 画像サイズを変更する※
④ ドラッグして位置を変更する
⑤ キーフレームが自動設定される
※ 黄色い□をドラッグして変更します。

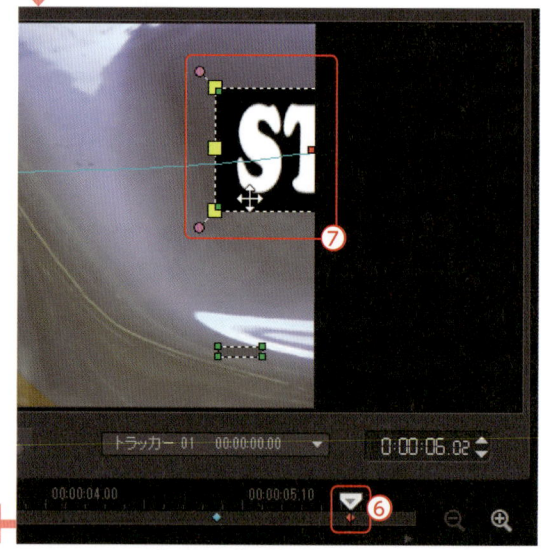

⑥ スライダーを終端のキーフレームに合わせる
⑦ サイズを調整する

［OK］ボタンをクリックする

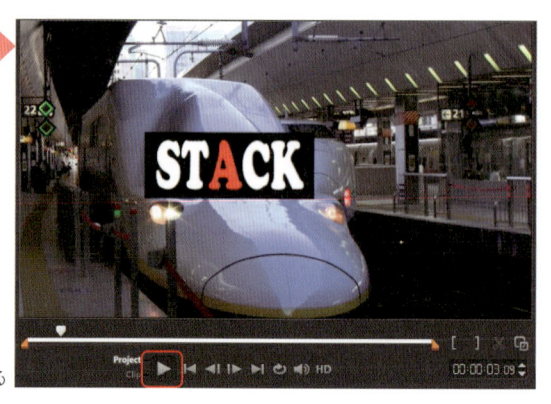

再生して確認する

Chapter 2
1-8 「変速コントロール」を利用する

2-1

「変速コントロール」は、映像の再生速度を速くしたり遅くしたりして、クリップの中で早送りやスローモーションを設定する機能です。ここでは、変速コントロールを使ったクリップの操作方法について解説します。

変速コントロールでスローモーションを設定する

　変速コントロールを利用すると、通常の再生速度より速くしたり、遅くすることで、早送りやスローモーションでの再生ができるようになります。たとえば、ここではお地蔵様のうしろを走行する列車が、中央辺りではスローモーションで通過しているかのように、変速コントロールを設定します。なお、変速コントロールでは、キーフレームを利用します。また変速コントロールを利用すると、クリップの音声データは消えてしまうので、その点を考慮して利用してください。

通常速度　　　スローモーション　　　通常速度

Point　キーフレームとは
動画は1枚の画像である「フレーム」を高速に切り替え表示して動きを表現しています。このとき、あるフレームを再生したら、そこから動きや効果を変えるように指定したフレームのことを「キーフレーム」といいます。

Tips　音が消えてしまうのが不都合な場合は、「再生速度変更」で再生速度を調整してください。音を残すことができます。

1 「変速コントロール」パネルを表示する

　タイムラインにクリップを配置して右クリックし、コンテキストメニューから「変速コントロール...」を選択します。「変速コントロール」パネルが表示されます。

① 右クリックする
② 「変速コントロール...」を選択する

「変速コントロール」パネルが表示される

2 キーフレームを設定する

変速コントロールでは、通常の再生速度を「100」としています。この数値より小さく設定すると「スローモーション」になり、大きな数値を設定すると早送りになります。ここでは、スローモーションを開始する位置あたりに、キーフレームを設定します。このとき、「オリジナル」で映像を確認します。

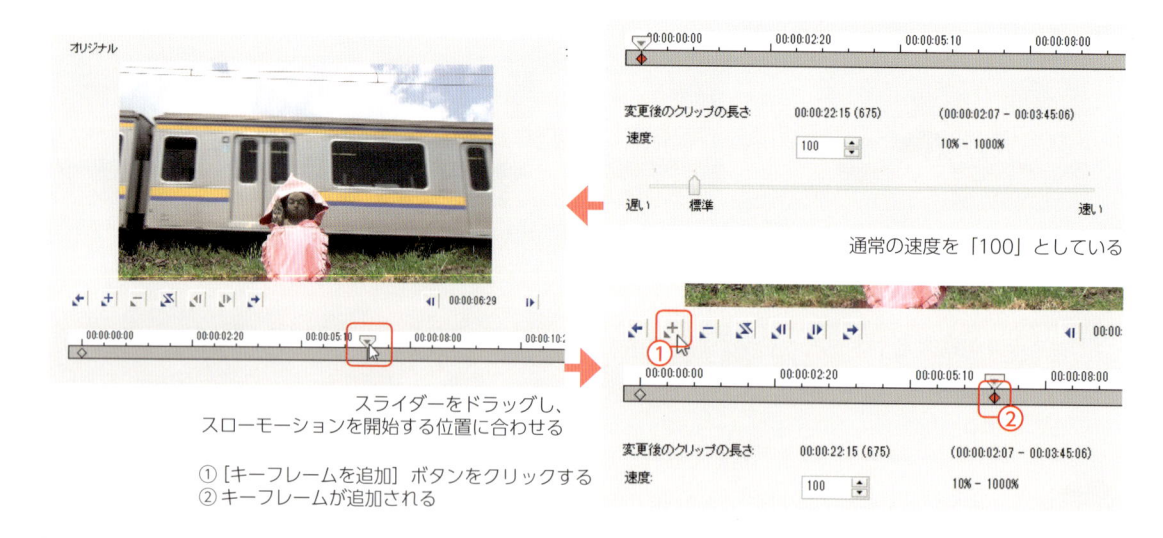

通常の速度を「100」としている

スライダーをドラッグし、
スローモーションを開始する位置に合わせる

① [キーフレームを追加] ボタンをクリックする
② キーフレームが追加される

3 キーフレームを追加する

さらにスライダーを進め、3箇所にキーフレームを設定します。

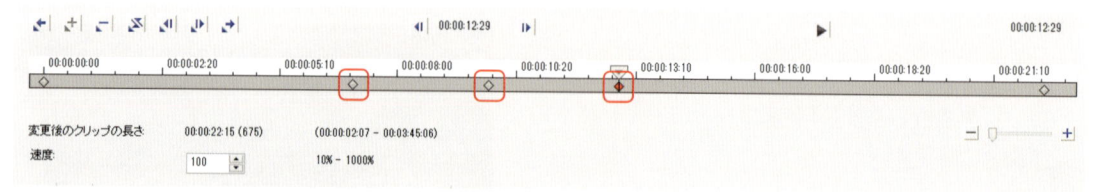

キーフレームを追加

4 速度を設定する

「前のキーフレームに戻る」、「次のキーフレームに進む」ボタンをクリックし、中間にあるキーフレームにスライダーを合わせます。ここで、「速度」を「15」に設定します。

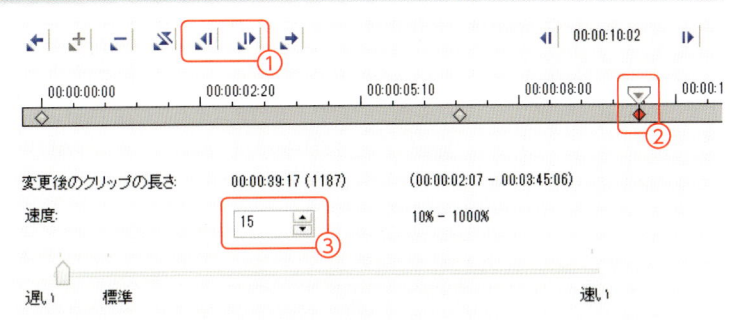

① 「前のキーフレームに戻る」、「次のキーフレームに進む」ボタンをクリックする
② スライダーを合わせる
③ 「15」に設定する

5 動きをプレビューする

[再生]ボタンをクリックし、「プレビュー」で動きを確認します。

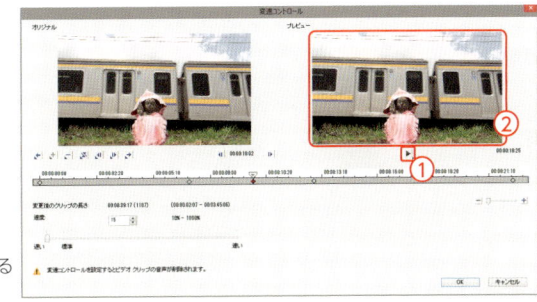

① [プレビュー] ボタンをクリックする
② 動きを確認する

このとき、キーフレームによって、画面のように動きが設定されます。

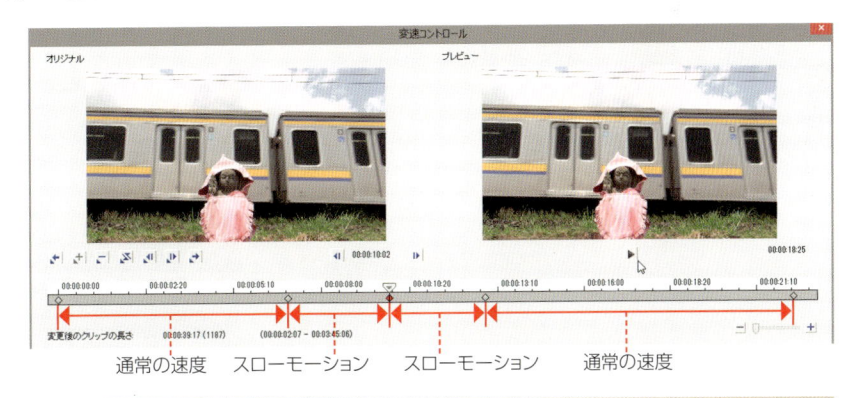

通常の速度　スローモーション　スローモーション　通常の速度

Point キーフレームの移動と削除

キーフレームの位置を変更したい場合は、キーフレームの◇をドラッグして下さい。また、キーフレームを削除したい場合はキーフレームをクリックして選択し、[キーフレームを除去]ボタンをクリックします。

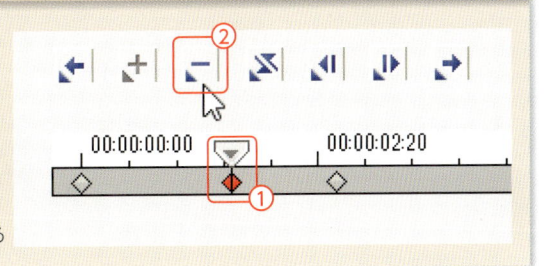

① キーフレームを選択する
② [キーフレームを除去]ボタンをクリックする

Chapter 2 1-9 「字幕エディター」を利用する

「字幕エディター」は、文字通り映像に字幕を表示するための機能です。Chapter-1で解説したテロップ機能でも字幕の作成はできますが、字幕エディターを使うと、もっと簡単に映像に解説が入れられます。

簡単に字幕を設定する

「字幕エディター」を利用して、ビデオクリップに字幕を入れてみましょう。

字幕エディターで字幕を設定

1 字幕エディターを表示する

タイムラインにクリップを配置し、そのクリップを右クリックしてコンテキストメニューを表示します。ここで「字幕エディター」を選択します。

① クリップを配置し、右クリックする
②「字幕エディター ...」を選択する

字幕エディターが表示される

2 字幕の挿入場所を見つける

字幕エディターのオレンジ色のジョグ スライダーをドラッグし、字幕を挿入する位置を見つけます。位置を決めたら、ツールバーにある字幕を追加する [+] ボタンをクリックします。字幕入力モードに変わります。

① ジョグスライダーをドラッグする
② 挿入場所を確認する
③ [+] ボタンをクリックする

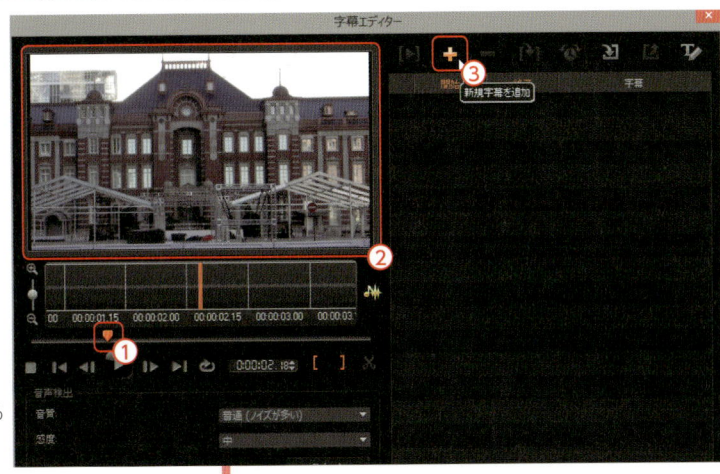

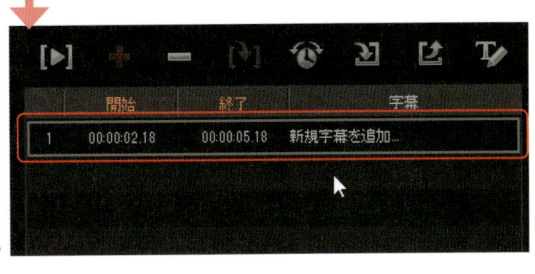

字幕が追加される

Tips 字幕はデフォルトで3秒に、設定されます。

3 字幕を入力する

「新規字幕を追加 ...」をクリックし、字幕を入力します。

「新規字幕を追加 ...」をクリックする

字幕を入力する

4 文字をカスタマイズ

[テキストオプション] ボタンをクリックして設定パネルを表示し、フォントや文字サイズ等をカスタマイズします。

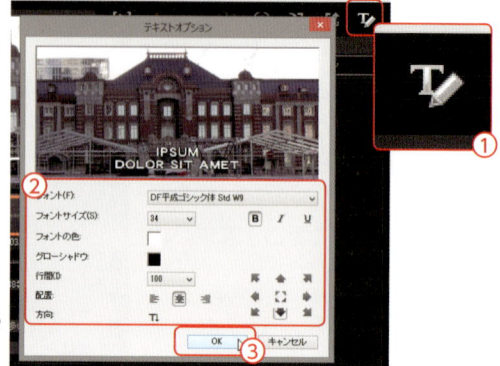

① [テキストオプション] ボタンをクリックする
② オプションを設定する
③ [OK] ボタンをクリックする

5 別の位置にも字幕を入力する

別の位置にも字幕を入力していきます。入力を終えたら、[OK] ボタンをクリックします。VideoStudio X7 の編集画面に戻ると、タイトルトラックには字幕データが追加されています。字幕はプレビューウィンドウで確認できます。

① 別の位置にも字幕を入力する
② 字幕が表示される
③ [OK] ボタンをクリックする

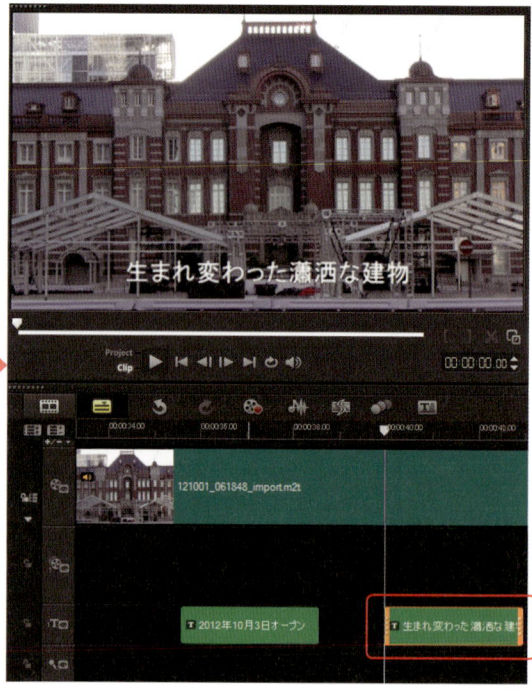

字幕が設定される

Tips 字幕文字は、字幕エディター内でもカスタマイズできますが、タイムラインに配置されたクリップをダブルクリックして、オプションパネルでのカスタマイズも可能です。

Chapter 2
1-10 タイムラプスで作るムービー

2-1

「タイムラプス」は、ビデオや写真を利用してコマ録りムービーを作成する機能です。たとえば、約2時間のムービーを、タイムラプスを利用して30秒にまとめるといった操作ができます。

■ タイムラプスで時間短縮したムービーを作る

　タイムラプスを利用したムービーでは、素材にムービークリップを利用する方法と、写真を利用する2つの方法があります。ここでは、ムービーを使ってタイムラプスを利用する方法を解説します。利用するムービーは、日の出のムービーで、約2時間撮影した映像です。この映像を、たとえば20秒とか30秒という長さのムービーに変換します。

1 ムービーを準備する

　AVCHD形式のビデオカメラで長時間撮影を行った場合、1つの動画ファイルは2GB以下のサイズで作成されるため、複数個のファイルになります。タイムラプスは、1つのクリップに対してのみ実行できるので、複数のファイルを1つにまとめなければなりません。方法としては、AVCHD対応のビデオカメラで利用されている「再生リスト」といった機能を利用する方法もあります。

　一番簡単なのは、148ページで解説した入れ子機能を利用する方法です。複数のファイルをVideoStudio X7に読み込んでプロジェクトを出力します。そのプロジェクトを別のプロジェクトに読み込めば、1つのクリップとして利用できます。

複数のクリップを読み込み、プロジェクトを作成

プロジェクトを出力する

Time.VSP

プロジェクトを読み込み利用する

2 タイムラプスを選択する

　ストーリーボードビューやタイムラインビューなど、プロジェクトタイムラインにあるクリップ上で右クリックし、「再生速度変更 / タイムラプス ...」を選択するか、オプションパネルで「再生速度変更 / タイムラプス」を選択します。

クリップ上の右クリックで選択する場合

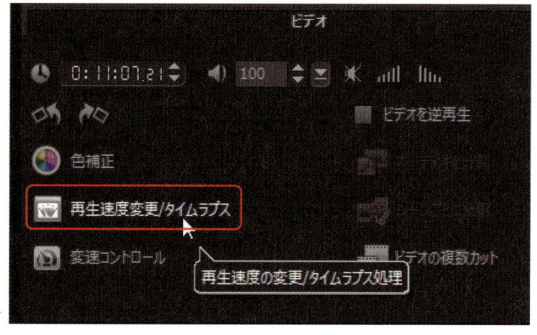

オプションパネルで選択する場合

3 タイムラプスの設定

　「再生速度変更 / タイムラプス」ダイアログボックスが表示されるので、オプションを設定します。タイムラプス設定前は約 1 時間 51 分のクリップでしたが、約 11 分にタイムラプスされます。

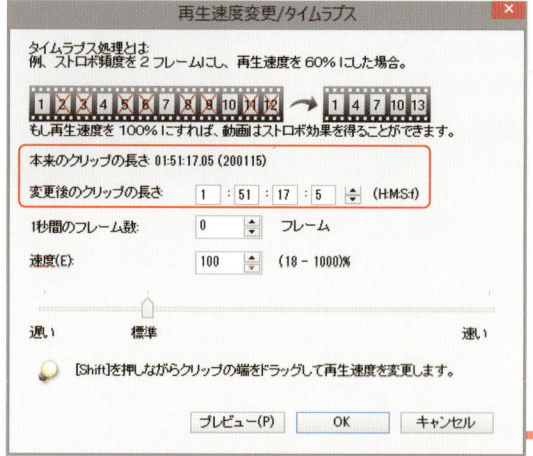

「再生速度変更 / タイムラプス」ダイアログボックスが表示される

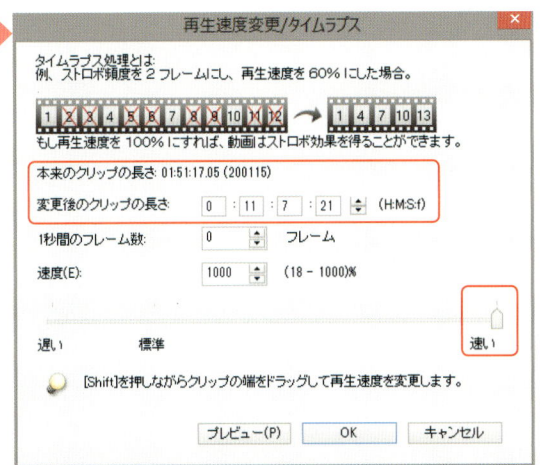

「速度」のスライダーを右端までドラッグする

Point 最大値が決められている

長時間のムービーの場合、時間設定には制限があります。作例のような場合、約 1 時間 51 分のムービーは、約 11 分までしかタイムラプスできません。さらに時間を早めたい場合は、一度ムービーファイルとして出力し、もう一度タイムラプスを設定します。

Tips

デジタルカメラで撮影した写真をはじめ、オーディオや字幕をタイムラプスしたい場合は、「ファイル」→「メディアファイルをタイムラインに挿入」→「タイムラプス写真の挿入 …」を選択し、タイムラインビューにデータを配置します。

Chapter 2
1-11 ストップモーションでアニメーションを作成する

「ストップモーションアニメーション」は、いわゆる「クレイアニメ」、「ねんどアニメ」が作成できる機能です。といって、ねんどアニメに限りませんが、ここでは子供が作成したオブジェを利用したアニメを作成してみましょう。

カメラを接続する

「ストップモーションアニメーション」は、VideoStudio X7 でパソコンに接続したカメラをコントロールし、静止画像を撮影しながら作成します。この静止画像を利用してムービーを作成することで、アニメーションが出来上がります。

なお、撮影に利用するビデオカメラは、IEEE1394 端子に接続した DV カメラのほか、USB 接続した Web カメラなども利用できます。また Canon 製一眼レフカメラの一部にも対応しています。

Webカメラを USB ケーブルで接続する　Webカメラ　USBケーブル　パソコン

Point　カメラドライバーのインストール

Windows 8 で Web カメラ等を利用する場合、Web カメラが UVC（ユニバーサル・ビデオ・クラス）に対応していれば、自動的にドライバーが組み込まれ、VideoStudio X7 で利用できるようになります。なお、利用する Web カメラ等が UVC に対応しているかどうかは、マニュアルやメーカーの Web サイトで確認してください。

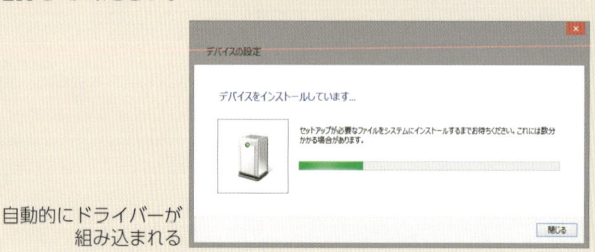

自動的にドライバーが組み込まれる

映像をキャプチャする

1 ライブラリを準備する

ライブラリに、ストップモーションアニメーションを保存する新規フォルダーを追加します。

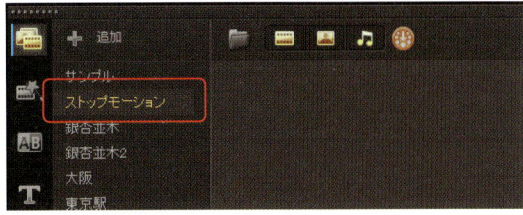

フォルダーを追加する

2 「ストップモーションアニメーション」を起動する

Webカメラの接続を確認して撮影状態に設定し、ツールバーの「記録/取り込みオプション」ボタンをクリックします。オプションメニューで[ストップモーション]ボタンをクリックすると、ストップモーションが起動します。

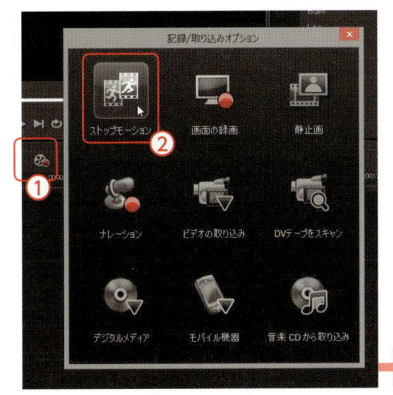

①「記録/取り込みオプション」ボタンをクリック
②[ストップモーション]ボタンをクリックする

ストップモーションが起動する

3 オプションを設定する

ストップモーションのオプションパネルで、プロジェクト名などを設定します。「ライブラリに保存」は、①の操作で設定したフォルダー名を指定します。

③プロジェクト名を設定する
④必要があれば保存先を変更する
⑤保存先ライブラリを選択する
⑥カメラの機種によっては、解像度も変更可能

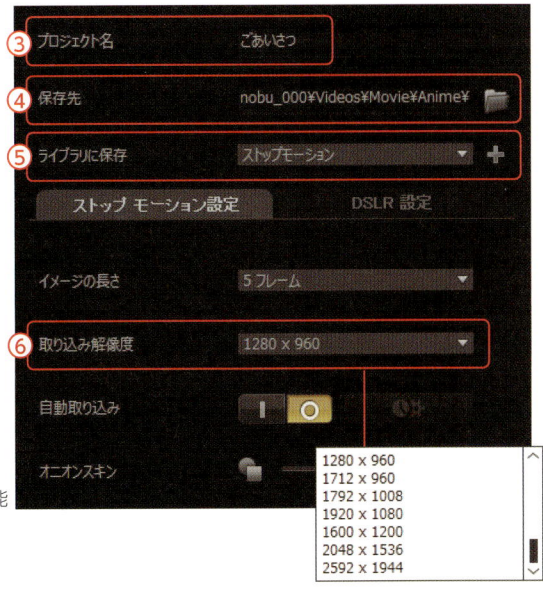

> **Tips** 対応している一眼レフカメラを利用しての撮影も可能です。その場合、「DSLR 設定」でカメラの設定ができます。

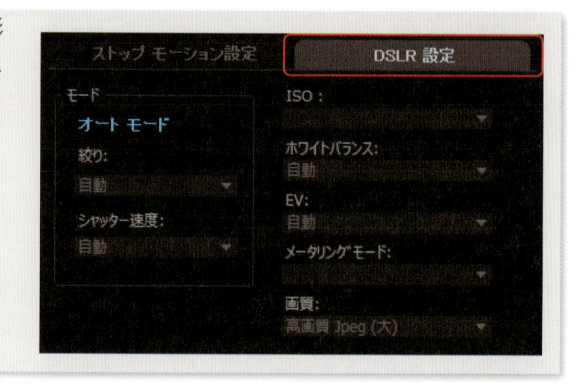

4 撮影を開始する

　プレビューウィンドウにはカメラからの映像が表示されているので、被写体をセットして、撮影を開始します。撮影は、以下の作業を繰り返します。

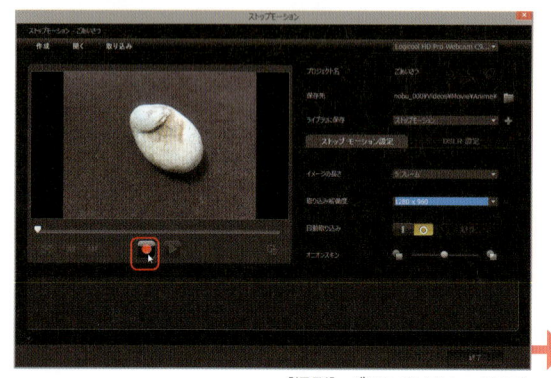

［撮影］ボタンをクリックする

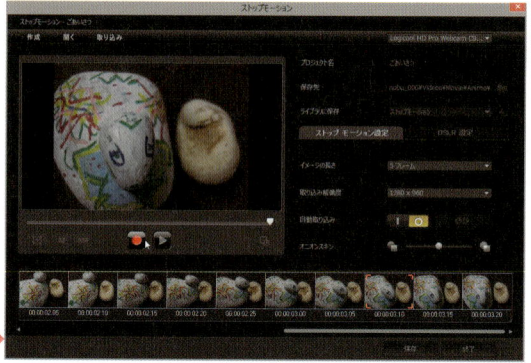

被写体をちょっと動かし、［撮影］ボタンをクリックする
これを繰り返す

> **Point** 自動撮影の設定
>
> オプションの「自動取り込み」を設定すると、一定のインターバル（間隔）を置いて、自動的に撮影ができます。 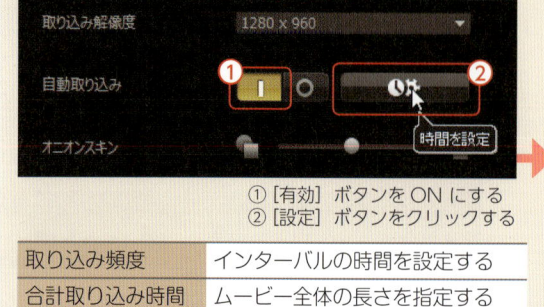
>
> ①［有効］ボタンを ON にする
> ②［設定］ボタンをクリックする

取り込み頻度	インターバルの時間を設定する
合計取り込み時間	ムービー全体の長さを指定する

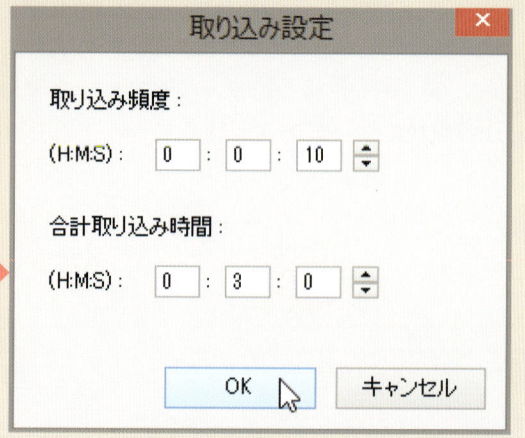

Point オニオンスキン

「オニオンスキン」は、Adobe社のFlashでアニメーションを作成するときに利用される機能と同じで、前の映像を半透明で表示しながら、現在の映像も半透明で表示し、移動や変更の度合いを確認しながら撮影を行うことができる機能です。スライダーをドラッグすると、前と現在の映像の透明度を変更できます。

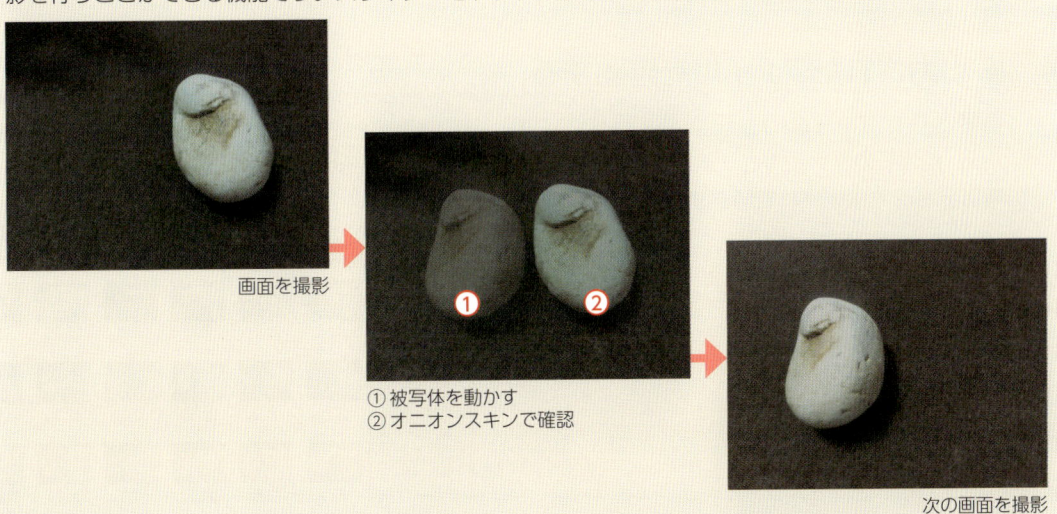

画面を撮影

① 被写体を動かす
② オニオンスキンで確認

次の画面を撮影

Tips 不要なシーンがある場合は、下に並んでいる撮影した一覧から、削除したいカット上で右クリックして「削除」を選択して、取りのぞきます。

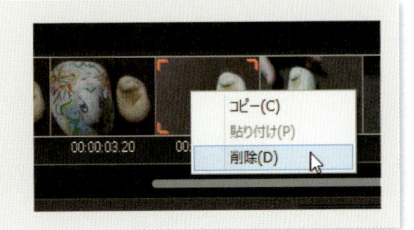

5 ファイルを保存する

撮影が終了したら、ウィンドウの右下にある［保存］ボタンをクリックします。保存したら、ストップモーションを終了します。

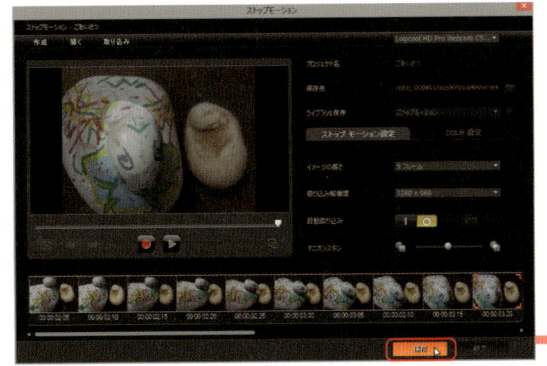

［保存］ボタンをクリックする 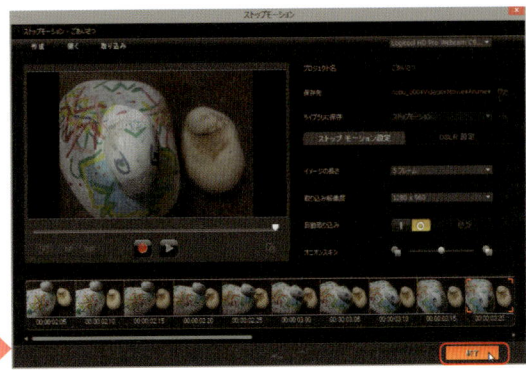　　　［終了］ボタンをクリックする

映像を活用する

「ストップモーションアニメーション」は、独自のファイル形式でアニメーションデータが出力されます。VideoStudio X7 では、そのファイル形式のまま通常の編集が可能です。また、「ストップモーションアニメーション」で再度、編集 / 撮影もできます。

出力されたファイルを確認する

撮影されたファイルは、画面のように 1 つの「.uisx」拡張子のファイルと、連続した JPEG 形式の写真データで構成されています。

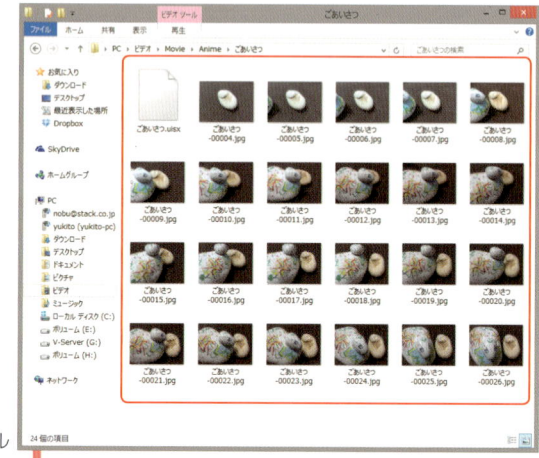

出力したファイル

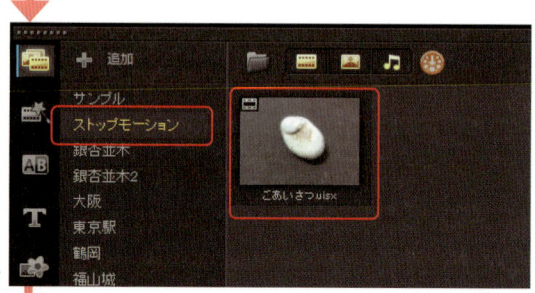

ライブラリーに登録されたアニメーション

プレビューウィンドウで確認する

アニメーションを継続して撮影する

2-1

　一度終了した撮影の続きを撮影したいという場合は、アニメーションファイル（「.uisx」拡張子ファイル）をストップアニメーションに読み込み、撮影を再開することができます。

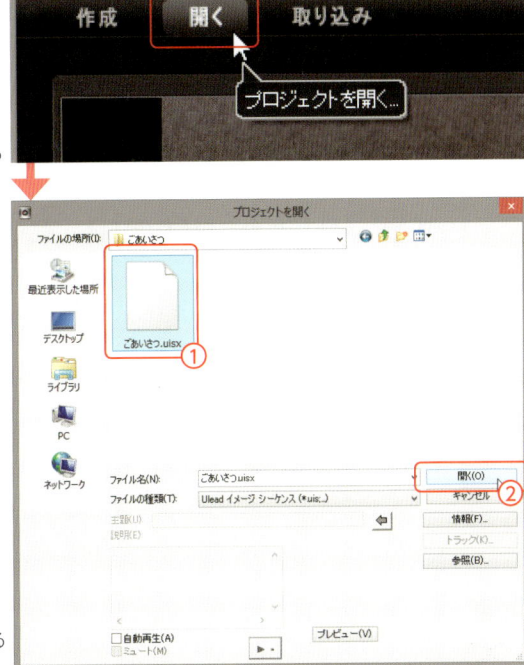

［開く］ボタンをクリックする

① 既存のアニメーションファイルを選択する
② ［開く］ボタンをクリックする

Point　デジタルカメラの写真を利用する

ストップモーションのウィンドウでは、デジタルカメラで撮影した写真も取り込むことができます。たとえば、同じようなアニメーション用の写真を撮影し、「取り込み」から写真を読み込みます。読み込んだ写真の表示時間は、「イメージの長さ」で調整可能です。ここでは、1枚の写真を何フレーム表示するかを指定して取り込めます。

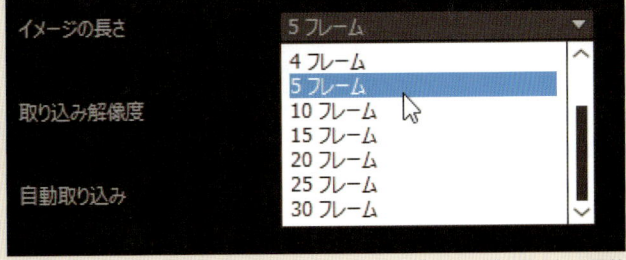

写真の表示時間は、「イメージの長さ」で調整

Chapter 2 1-12 Ultimateのボーナスディスクを利用する　Ultimate限定

VideoStudio X7 の Ultimate には、映像を加工したりタイトルを作成するためのボーナスプログラムが付属しています。たとえば、「ProDAD Mercalli 2.0」は、手ぶれを補正するためのアプリケーションです。ビデオ撮影で最も多い撮影ミスですが、それを補正してみましょう。

■「ProDAD Mercalli 2.0」で手ぶれ映像を補正する

1 「ProDAD Mercalli 2.0」をクリップに設定する

「フィルター」パネルで「ProDAD Mercalli 2.0」を選択し、タイムラインに配置したクリップにドラッグ＆ドロップします。

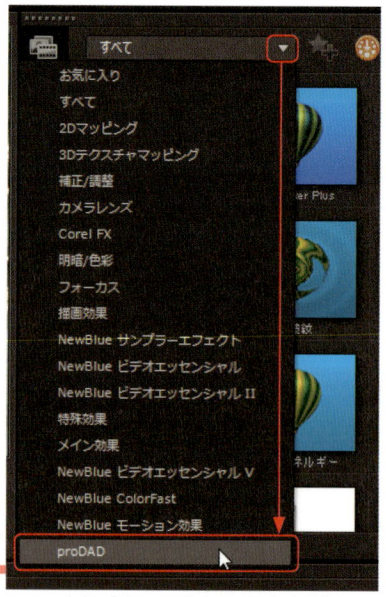

カテゴリーで「proDAD」を選択する

これが「ProDAD Mercalli 2.0」

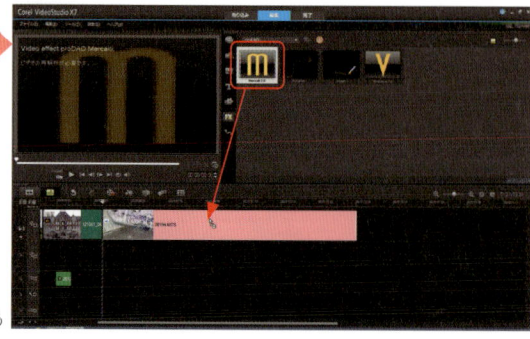

クリップ上にドラッグ＆ドロップする

2 解析を行う

プレビューモニターには、再解析を実行するように表示されているので、手ぶれ状況の解析を行います。

プレビューモニターの表示

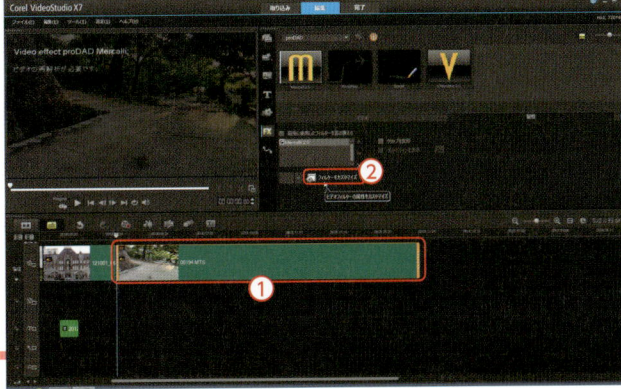

① クリップをダブルクリックする
② 「フィルターをカスタマイズ」を選択する

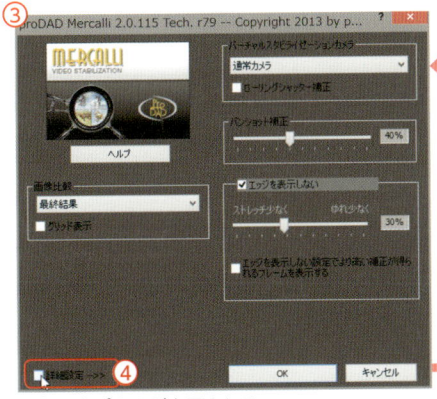

③ 設定パネルが表示される
④ 「詳細設定」のチェックボックスをオンにする

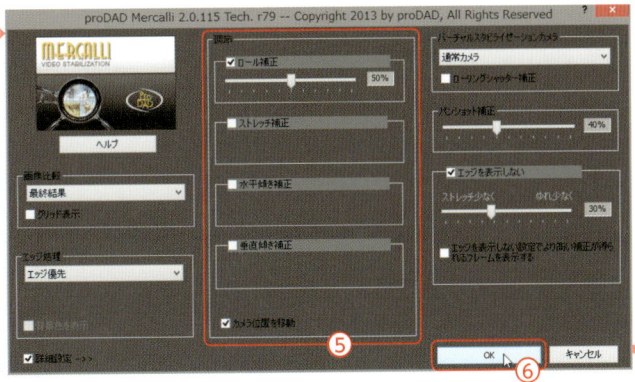

⑤ オプションを設定する
⑥ [OK] ボタンをクリックする

解析が実行される

Point 設定オプションはヘルプで確認

ProDAD Mercalli 2.0 のオプション設定は、ウィンドウの右上にある [?] ボタンをクリックすると表示されるヘルプで確認できます。

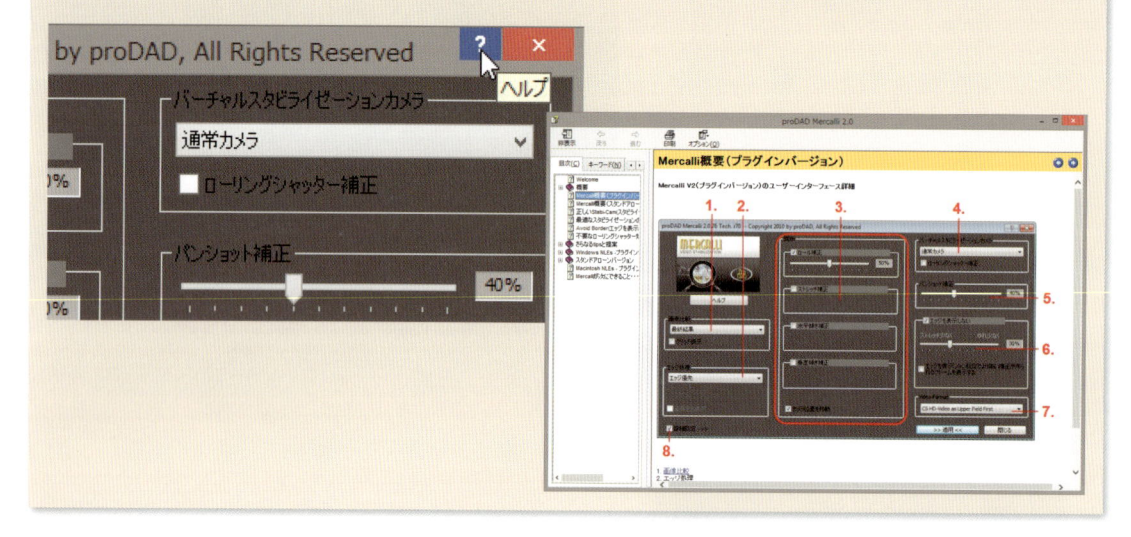

❸ 映像を確認する

解析が終了したら、プレビューウィンドウで映像を確認します。

手ぶれが補正されている

Chapter 2-2
写真を活用して ムービーを作る

Chapter 2-2-1	インスタントプロジェクトでフォトムービーを作る
Chapter 2-2-2	デジカメの動画と写真でオリジナルなフォトムービーを作る
Chapter 2-2-3	ビデオ/写真の画質補正を行う

Chapter 2
2-1 インスタントプロジェクトでフォトムービーを作る

手軽に、簡単にフォトムービー（スライドショー）を作りたいというユーザーの声に応え、VideoStudio X7には「インスタントプロジェクト」を利用して手軽にフォトムービーを作る機能が搭載されています。

インスタントプロジェクトについて

　ビデオ編集が初めて、タイトル作成や効果の設定がどうも苦手というビデオ編集ビギナーでも、簡単にプロ並みのムービーが作成できるのが「インスタントプロジェクト」です。136ページで解説した「おまかせモード」でも簡単に作成できますが、「インスタントプロジェクト」を利用すると、もうワンランクアップしたオリジナリティのあるフォトムービーが作成できます。

　インスタントプロジェクトでは、テンプレートのクリップを選択して、それを利用したい自分のクリップと置き換えることで、ムービーが完成します。なお、インスタントプロジェクトは次のように分類されており、利用目的に応じてテンプレートが用意されています。

・オープニング
・本編
・エンディング
・フルバージョン

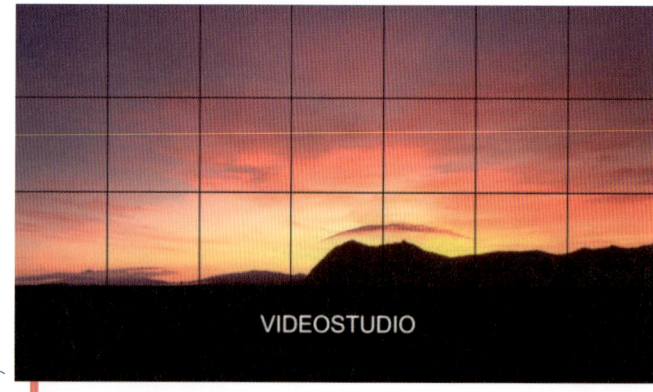

インスタントプロジェクト

素材を置き換えるだけ

インスタントプロジェクトを設定する

1 クリップを準備する

　インスタントムービーに利用する素材は、ムービー、写真、オーディオデータです。ここでは、写真を利用してフォトムービーを作成するので、写真データをクリップとして準備します。

写真データをクリップとして準備する

2 インスタントプロジェクトを表示する

　ライブラリパネルの［インスタントプロジェクト］ボタンをクリックし、インスタントプロジェクトのライブラリを表示します。

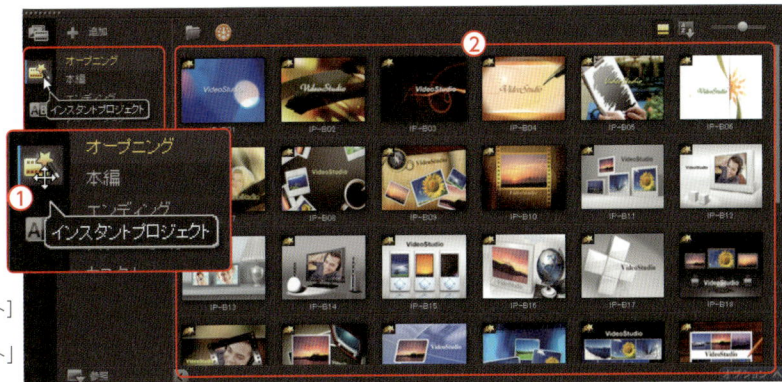

① ［インスタントプロジェクト］ボタンをクリックする
② ［インスタントプロジェクト］ライブラリが表示される

3 インスタントプロジェクトを選択する

　ライブラリでカテゴリーを選び、一覧から利用したいインスタントプロジェクトを選びます。一覧では、プロジェクトを選択し、プレビューウィンドウの［再生］ボタンをクリックして内容を確認できます。ここでは、「インスタントプロジェクト」カテゴリーにある「T-03.VSP」を使っています。

① カテゴリーを選択する
② 選択する
③ ［再生］ボタンをクリックする
④ 内容が表示される

Point テンプレートが持っている要素

カテゴリーの「フルバージョン」や「インスタントプロジェクト」では、次のような要素をすべて持ったインスタントプロジェクトが利用できます。

- ・オープニング、エンディングムービー
- ・メインタイトル、エンディングタイトル
- ・ダミーのクリップ
- ・トランジション
- ・BGM

なお、一部「本編」にも、フルバージョンのインスタントプロジェクトが登録されています。

4 タイムラインビューに配置する

プロジェクトタイムラインをタイムラインビューに切り替え、インスタントプロジェクトを配置します。

ドラッグ＆ドロップする

インスタントプロジェクトが配置される

Tips

タイムラインビューに切り替えておかないと、インスタントプロジェクトが正しく配置されず、利用することができません。（→P.60）

また、「すべての可視トラックを表示」を有効にすると、すべてのトラックが表示できます（→P.68）。

5 クリップを置き換える

インスタントプロジェクトのクリップを、メディアクリップライブラリにあるクリップと置き換えます。置き換えるのは、「Image_数字.jpg」のクリップの部分です。なお、置き換え方法を間違えると、単なるクリップの挿入になってしまいます。

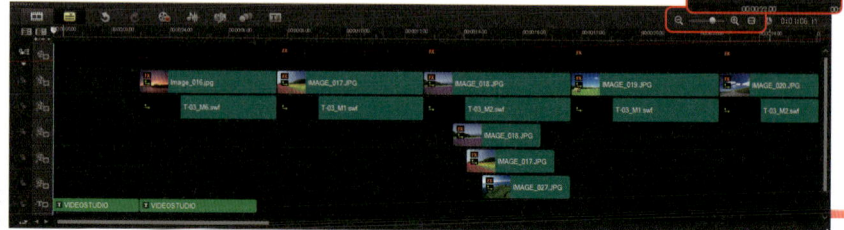

作業しやすいように
タイムラインを拡大表示する

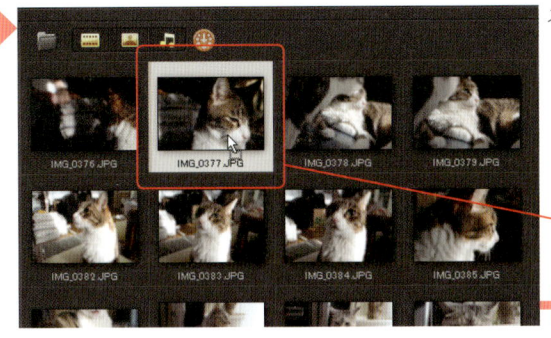

メディアパネルに切り替える

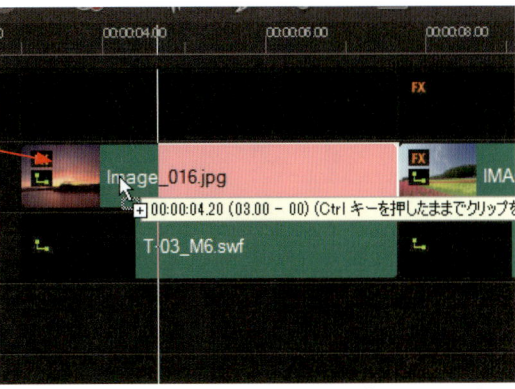

2-2

置き換えたいクリップ上にドラッグする

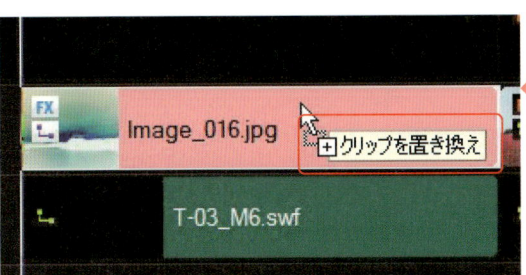

[Ctrl] キーを押し、メッセージが「クリップを置き換え」と
変わるのを確認して、マウスのボタンを放す

クリップが置き換わる

プレビューウィンドウもクリップが置き換わる

193

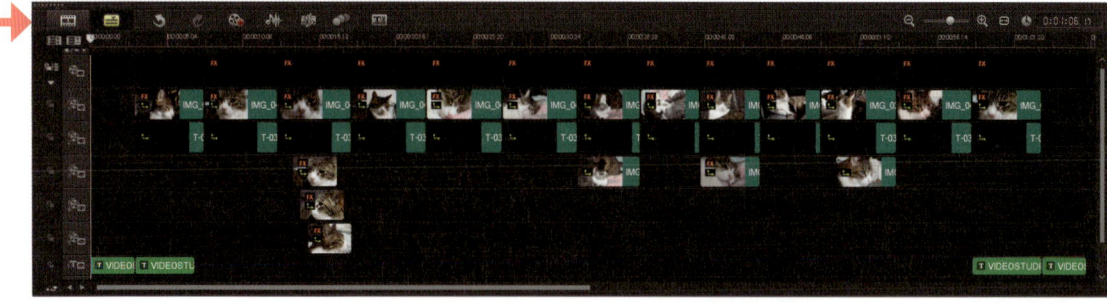

この手順を繰り返して、すべてのクリップを置き換える

Point 複数のクリップをまとめて置き換え

複数のクリップをまとめて置き換えることもできます。タイムラインで置き換えたいクリップ番号のサムネイルを [Shift] キーを押しながら複数選択し、右クリックメニューで置き換えたいクリップのデータタイプを選択します。このあと、フォルダーウィンドウが表示されるので、置き換えたいクリップと同じ数だけのクリップを選びます。

① 置き換えたいクリップを複数選択する
② クリップ上で右クリックする
③ データタイプを選択する

④ 置き換えたい数と同じ数だけのデータを選択する
⑤ [開く] ボタンをクリックする

[OK] ボタンをクリックする

Tips
キーボードの [Shift] キーや [Ctrl] キーを押しながら操作すると、効率よく複数のデータを選択できます。

6 タイトル文字を変更する

タイトルトラックにあるタイトルクリップをダブルクリックし、タイトル文字を変更します。

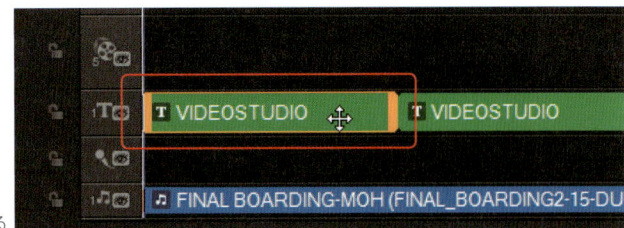

ダブルクリックする

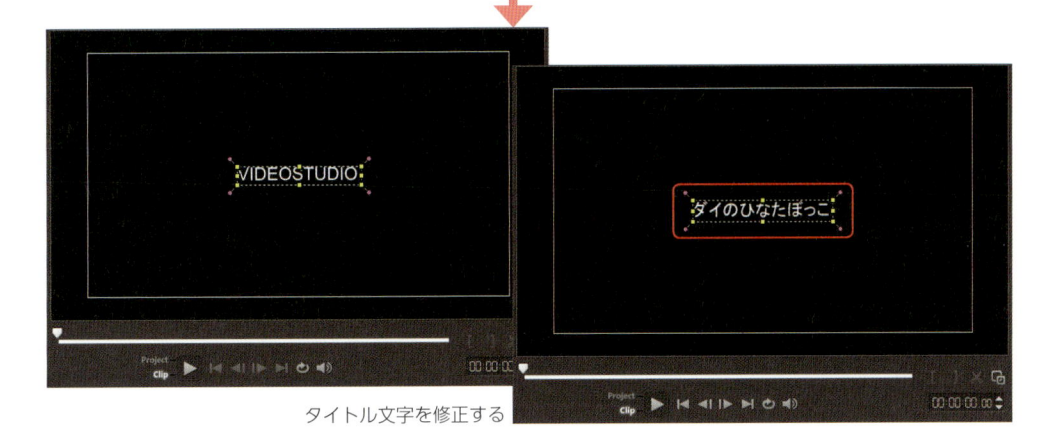

タイトル文字を修正する

インスタントプロジェクトをテンプレートとして登録する

カスタマイズしたインスタントプロジェクトやオリジナルなプロジェクトは、新しいテンプレートとして登録／再利用できます。登録したテンプレートは、インスタントプロジェクトの「カスタム」カテゴリーで選択できます。

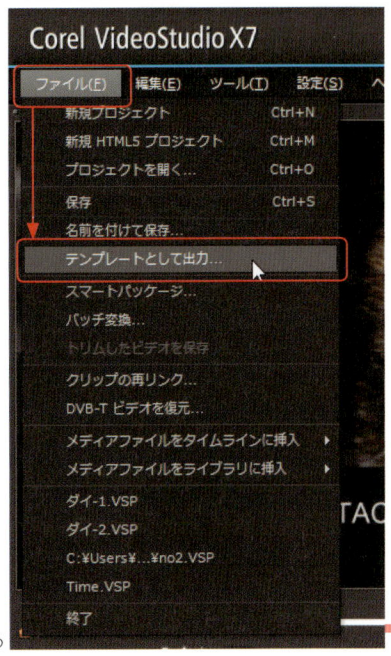

「ファイル」→「テンプレートとして出力...」を選択する

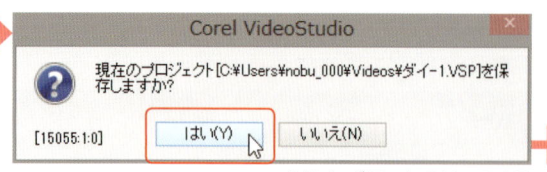

[はい] ボタンをクリックする
※ 初めてプロジェクトを保存する場合は、
ファイル名等も設定して保存します。

① スライダーをドラッグして、
　サムネイル用のフレーム映像を選択する
② テンプレート名を入力する
③ [OK] ボタンをクリックする

「カスタム」に登録されたテンプレート

Point インスタントプロジェクトを Web サイトからダウンロード

新しいテンプレートは、コーレル社の Web サイトからダウンロード※できます。ライブラリにある [その他のコンテンツ] ボタンをクリックし、表示されたダイアログボックスから「追加機能」を選択し、ダウンロードできます。

※ ダウンロードするには
　ユーザー登録が必要です。

Chapter 2
2-2 デジカメの動画と写真でオリジナルなフォトムービーを作る

現在のデジタルカメラでは、フルハイビジョンの動画データを撮影することもできます。この動画データと、撮影した写真を利用して、フォトムービーを作ってみましょう。基本的には、ビデオクリップを利用したムービー作りと同じです。ポイントは、写真に動きを設定する「スマートパン＆ズーム」の利用です。

デジタルカメラの動画データについて

デジタルカメラで撮影される動画データは、そのまま VideoStudio X7 に取り込んで編集できます。ここでは、キヤノンのミラーレス一眼レフカメラ、「EOS M」を利用して撮影した動画データと写真データを利用してみました。

動画データのファイル形式

EOS M で撮影された動画データは、ファイル形式が「MOV 形式」になります。いわゆる QuickTime 形式の動画ファイルです。また、ソニーやパナソニックのデジタルカメラでは、AVCHD と MP4 などで記録されますが、すべて VideoStudio X7 で編集可能です。

なお、EOS M では、写真データと動画データが同じ「CANON100」という 1 つのフォルダーに記録されます。

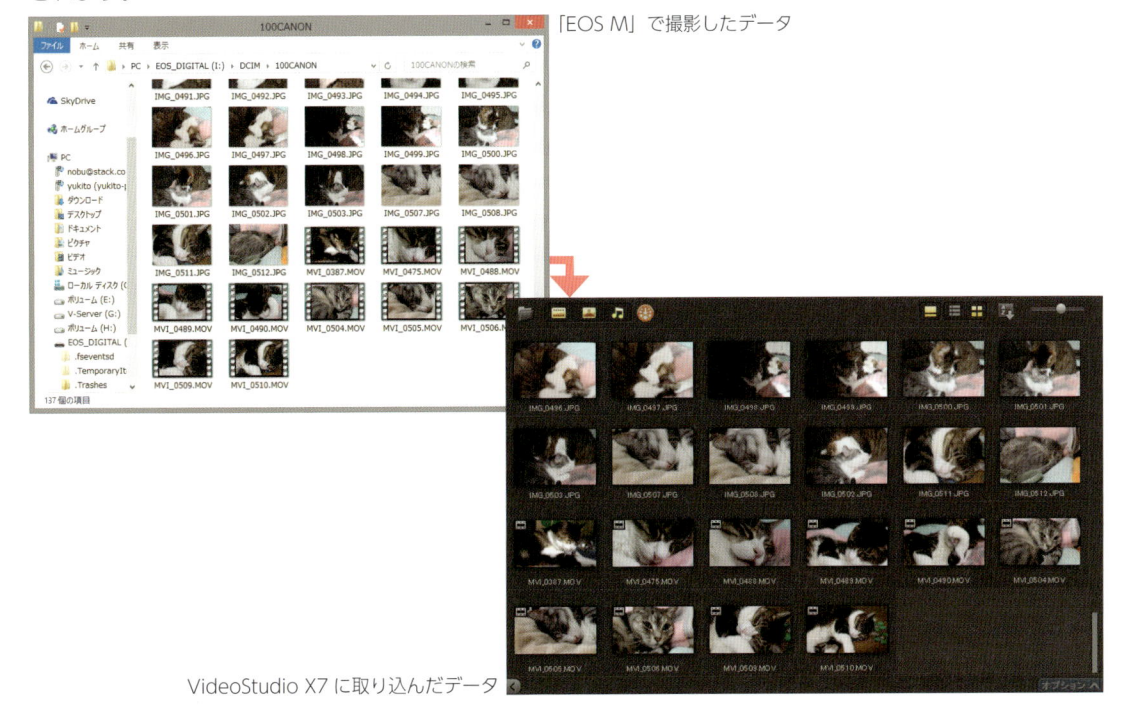

「EOS M」で撮影したデータ

VideoStudio X7 に取り込んだデータ

写真とビデオを一緒に配置する

1 写真とビデオのクリップを配置する

プロジェクトタイムラインには、ビデオと写真を一緒に配置することができます。なお、写真をビデオトラックに配置すると、長さが3秒間のビデオクリップとして追加されます。

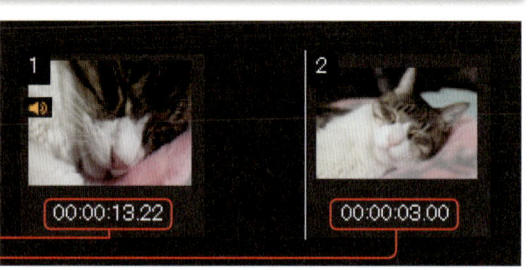

写真とビデオを配置
動画は13秒22フレームの継続時間で表示
写真は3秒の継続時間で表示

2 表示時間の変更

写真の表示時間は、デフォルト（初期設定）では3秒ですが、これを5秒に変更してみましょう。

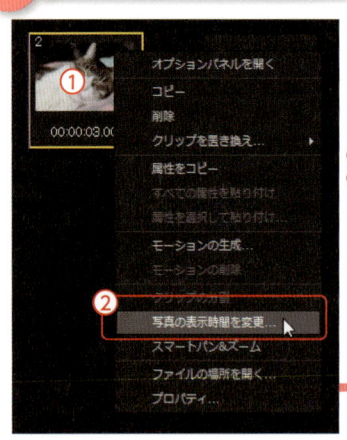

① プロジェクトタイムラインのクリップを右クリックする
②「写真の表示時間を変更」を選択する

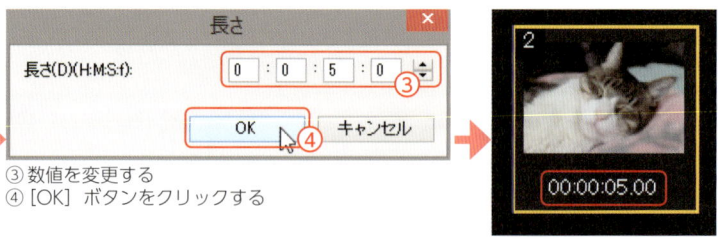

③ 数値を変更する
④ [OK] ボタンをクリックする

5秒のクリップに変更されている

Point　すべてのイメージクリップの表示時間を変更する

タイムラインに配置したすべての写真クリップ（イメージクリップ）の表示時間を一度に変更したい場合は、タイムラインのすべてのクリップを選び、ここで紹介した方法で変更します。このとき、ムービークリップが一緒に選択されていても、こちらは時間変更されないので問題はありません。

3 すべてのクリップ間にトランジションを設定する

トラックに配置したすべてのクリップの間に、「クロスフェード」というトランジションを設定してみましょう。

① トランジションを選択して右クリックする
②「ビデオトラックに現在の効果を適用」を選択する

一度ですべてのクリップ間に設定される

4 スマートパン&ズームを設定する

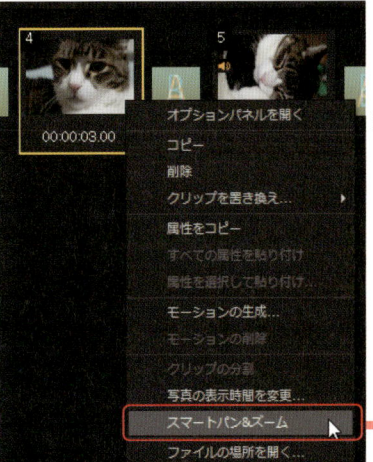

写真は動きのないムービークリップとして配置されます。この写真に「スマートパン&ズーム」を設定すると、写真に動きをつけることができます。

写真を右クリックして
「スマートパン&ズーム」を選択する

効果を設定したマークが表示される

Point 写真を回転

VideoStudio X7では、縦位置で撮影した写真をタイムラインビューに配置すると、自動的に上下を判断して回転してくれます。もし縦位置の写真が横のまま表示されるようであれば、クリップをダブルクリックして表示されるオプションパネルの「写真」タブで回転を選択します。

ダブルクリックする　　　　　　　　回転方向を選択する

5 BGM を設定する

次に、タイムラインビューに切り替えて BGM を追加すれば、フォトムービーの完成です。さらに、タイトルやテロップなどを入れて作品として仕上げます。

BGM を設定する

Point 動画のトリミング

必要に応じて、動画データのトリミングを行ってください。

トリミング前

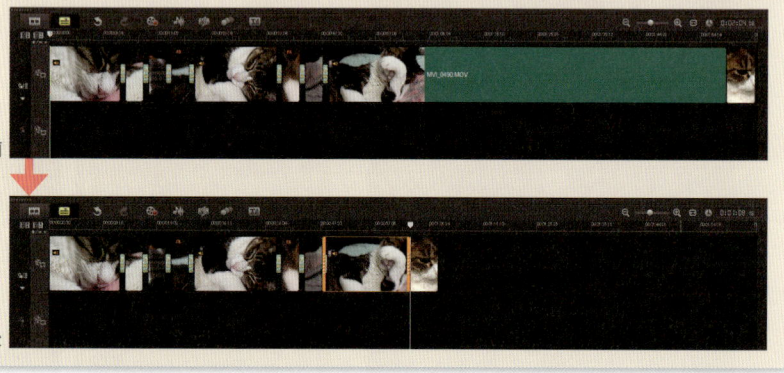

トリミング後

「スマートパン & ズーム」をカスタマイズ

「スマートパン & ズーム」の設定では、自動でパンとズームのどちらかの効果が適用されます。また、自動顔認識によって、顔に向かう動きや顔を基点とした動きなどの表現を自動で設定してくれます。

しかし、写真によっては希望する効果が思ったほどではないことがあります。このようなときは、手動で効果の度合いを調整します。

● パン
上下、左右に動きが付けられる。

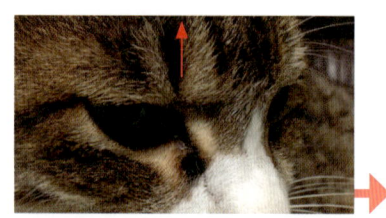

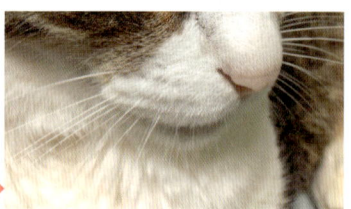

● ズーム
対象にズームインやズームアウトする。

1 カスタマイズ画面を表示する

カスタマイズするには、まず調整用のパンとズーム画面を表示します。ストーリーボードビュー、タイムラインビューのどちらでもかまいませんが、効果を変更したいクリップをダブルクリックすると、フィルターのオプション画面が表示されます。ここで「カスタマイズ」を選択します。

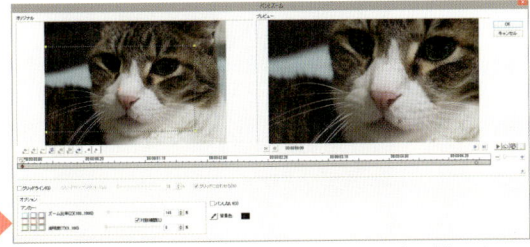

クリップをダブルクリックする

「カスタマイズ」をクリックする

カスタマイズ画面（「パンとズーム」ウィンドウ）が表示される

2 「オリジナル」のスタートを修正する

最初に、効果がスタートする位置の設定を変更します。変更操作は左の「オリジナル」ウィンドウで行い、変更した状態が右の「プレビュー」に表示されます。

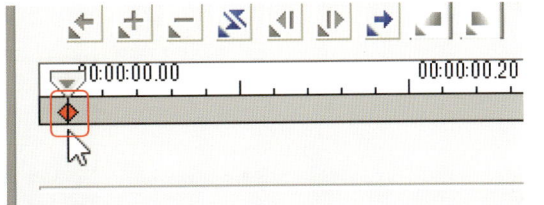

左端にある開始位置のキーフレームが選択（赤く表示）されているのを確認する

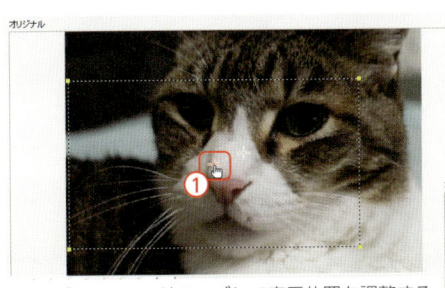

① 赤い［+］マーク→ドラッグして表示位置を調整する
② 黄色い■ハンドル→ドラッグしてサイズを調整する

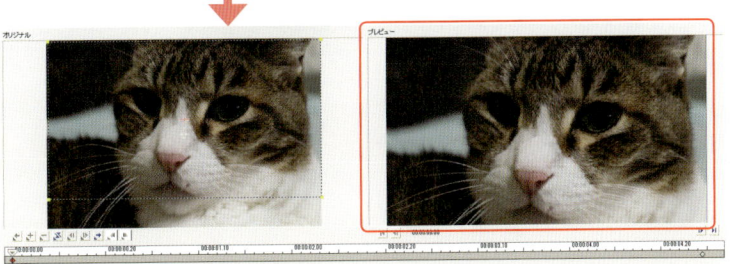

「プレビュー」で表示位置やサイズを確認

3 「オリジナル」のエンドを修正する

　終了のキーフレームをクリックして選択し、「オリジナル」を修正します。修正は、「プレビュー」で確認しながら行います。ここでは、よりズームアップさせています。

キーフレームをクリックする

黄色い■ハンドルをドラッグして、
表示されるサイズを変更する

必要があれば、赤い［＋］マークをドラッグして
エンド画面での表示位置を調整する

変更状態を「プレビュー」で確認

4 修正を確認して終了する

　修正内容は、［再生］ボタンをクリックして確認します。確認ができたら［OK］ボタンをクリックして、カスタマイズを終了します。

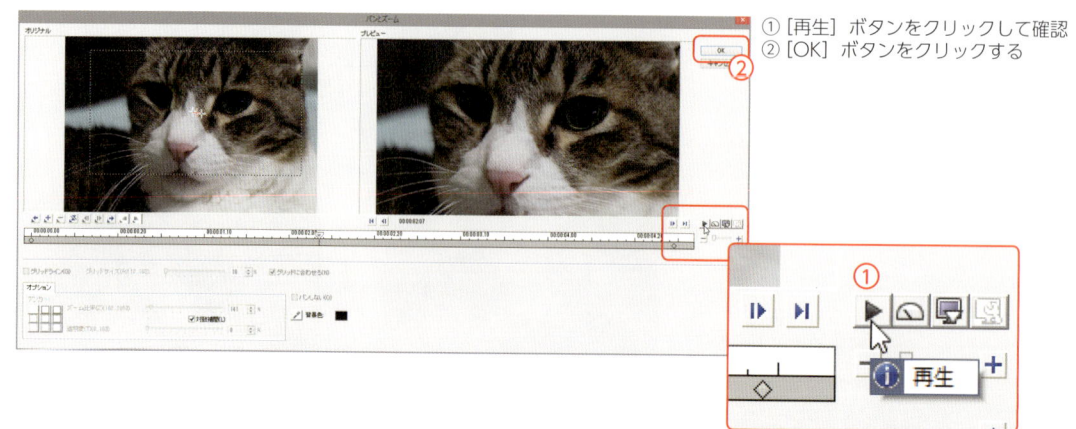

① ［再生］ボタンをクリックして確認
② ［OK］ボタンをクリックする

5 プレビューで確認する

　修正したクリップを、プレビュー画面で確認してみましょう。クリップを選択して、[再生ボタン]をクリックします。ここでは、ズームインするように設定してみました。

修正したクリップを選択する

[再生]ボタンをクリックする

効果を確認する

Tips パン&ズームの設定には、テンプレートも用意されています。オプションの設定パネルで[▼]をクリックし、テンプレートを選択します。

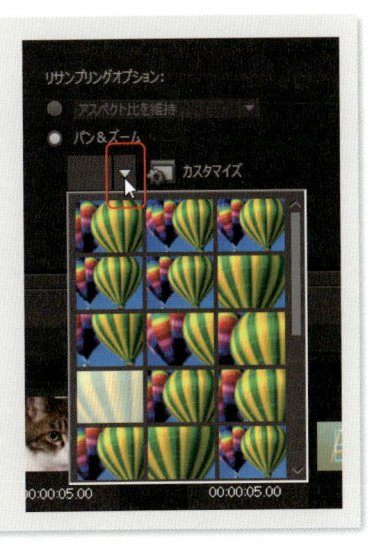

Point ムービーから静止画像を切り出す

デジタルカメラの写真を利用するなら簡単ですが、動画データを再生していて「ここを写真として利用したい」というようなときがあります。そのような場合は、VideoStudio X7の「静止画として保存」機能を利用します。

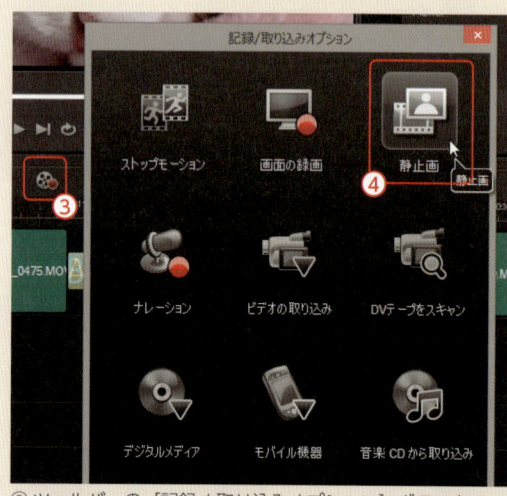

① ジョグ スライダーをドラッグする
② 利用したいフレームを見つける

③ ツールバーの［記録/取り込みオプション］ボタンをクリックする
④［静止画］ボタンをクリックする

フレーム映像がイメージとしてライブラリに登録される

なお、静止画像のファイル形式は、BMP形式かJPEG形式かを指定できます。選択はメニューバーから「設定」→「環境設定」を選択し、「取り込み」タブで行います。

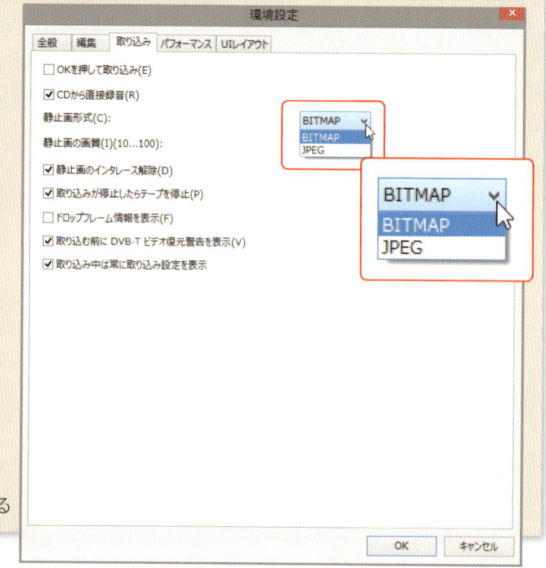

静止画像のファイル形式を選択できる

204

属性のコピー

「スマートパン&ズーム」をはじめ、クリップに設定したオプションを「属性」といいます。この属性は、他のクリップにコピーできます。同じ設定を他のクリップにも適用したいときに便利な機能です。

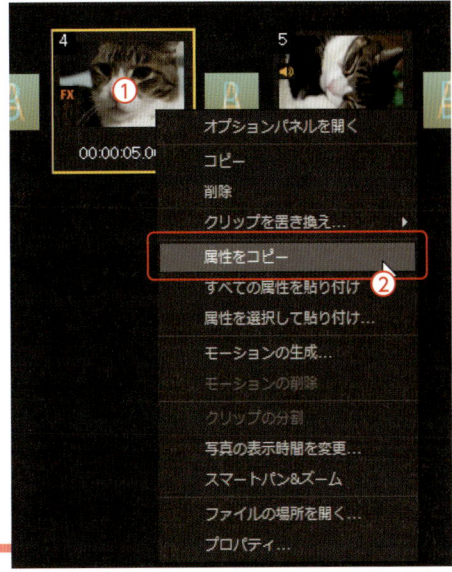

① オプションを設定したクリップで右クリックする
②「属性をコピー」を選択する

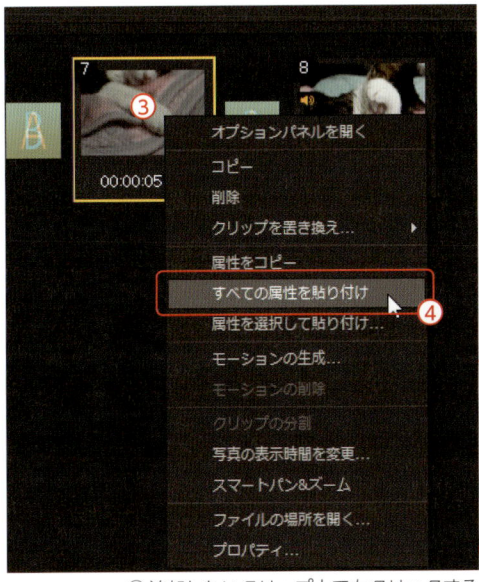

③ 追加したいクリップ上で右クリックする
④「すべての属性を貼り付け」を選択する

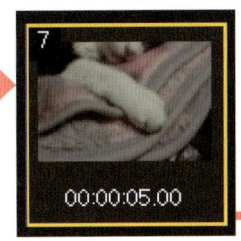

コピー前

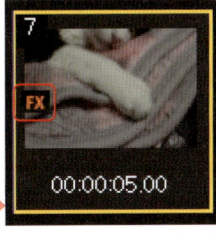

コピー後
エフェクトのマークが
表示される

Point 「属性を選択して貼り付け…」

「属性を選択して貼り付け…」を選択すると、クリップに設定されている属性のうち、コピーしたいものだけを選択して適用できます。

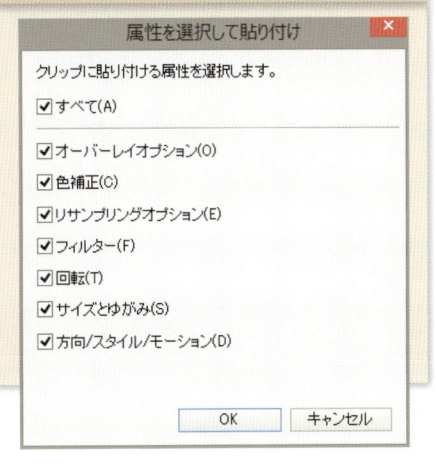

Chapter 2
2-3 ビデオ／写真の画質補正を行う

利用したい写真の色がちょっとおかしい。あるいはビデオ映像の色が変だ…。といった撮影に失敗した写真やビデオは、VideoStudio X7 の補正機能を利用して修正できます。ここでは、写真の色補正方法を例に解説します。

ホワイトバランスを調整する

写真の色がなんとなく青っぽいとか、あるいは赤っぽいということがあります。これらを「色かぶり」といい、この色かぶりを調整する処理を「ホワイトバランス調整」といいます。VideoStudio X7 には写真の色補正をする機能が搭載され、このホワイトバランス調整もできます。

Tips 写真と同様に、ビデオ映像も同じ方法でホワイトバランス調整ができます。

補正前 → 補正後

1 補正機能を起動する

ストーリーボードビューで色補正したいクリップをダブルクリックし、「写真」タブを表示します。ここにある「色補正」オプションを選択すると、補正用のパネルが表示されます。

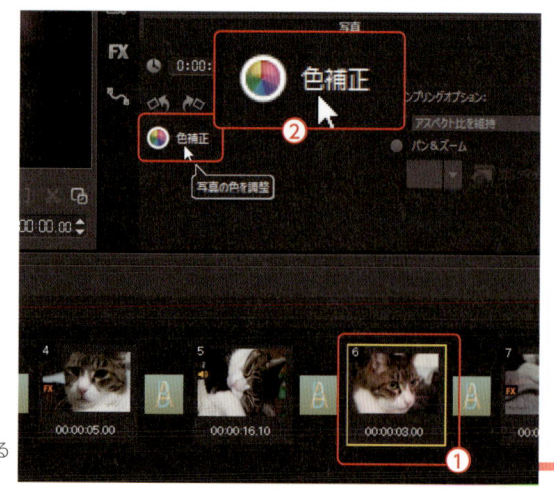

① クリップをダブルクリックする
②「色補正」をクリックする

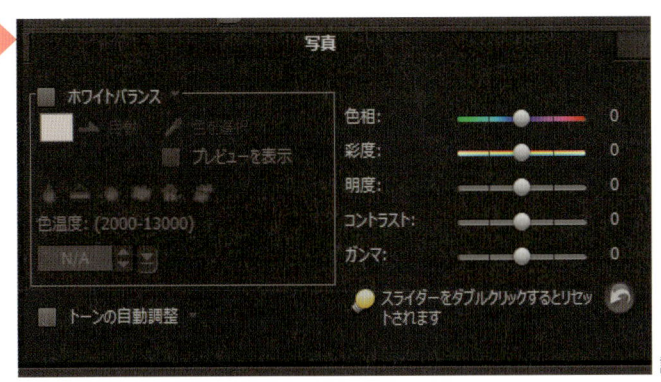

設定パネルが表示される

2 ホワイトバランス調整を行う

ホワイトバランスの調整では、白く表示したい部分を白く表示することで、他の色も正しく表示するという処理を行います。そこで、まずどこを白く表示したいかを選択します。

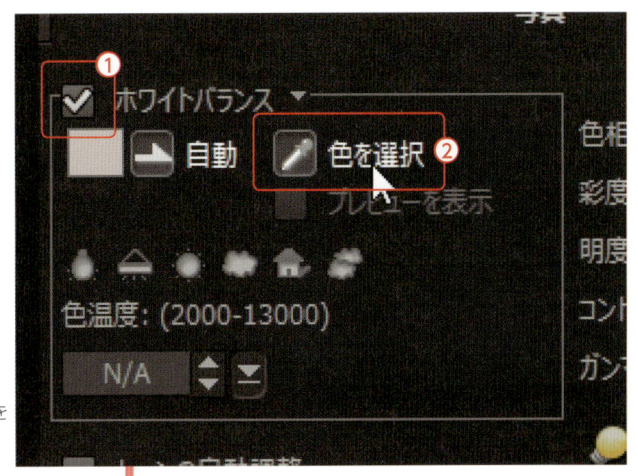

① [ホワイトバランス] のチェックボックスをオンにする
② [色を選択] を選択する

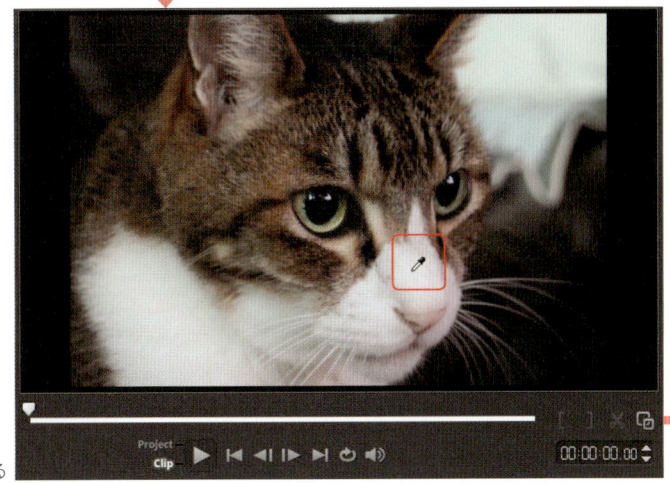

写真の中で白く表示したい部分をクリックする

207

ホワイトバランスが調整される

> **Point** PaintShop Pro（ペイントショップ プロ）を併用する

コーレル社には、写真編集用のフォトレタッチソフトとして、「PaintShop Pro X6」があります。このアプリケーションを利用すれば、写真にさまざまな加工をすることができます。

写真編集ソフト「PaintShop Pro X6」

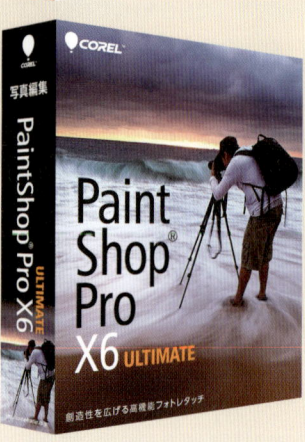

写真編集ソフト「PaintShop Pro X6 ULTIMATE」

Chapter 2-3

「取り込み」ワークスペースと「完了」ワークスペースを活用する

Chapter 2-3-1	スマートプロキシ機能を利用する
Chapter 2-3-2	miniDVテープから取り込む
Chapter 2-3-3	MPEG オプティマイザーを利用する
Chapter 2-3-4	スマートパッケージでプロジェクトをバックアップする
Chapter 2-3-5	インスタントプロジェクトとしてエクスポート
Chapter 2-3-6	HTML5プロジェクトの出力

Chapter 2 3-1 スマートプロキシ機能を利用する

VideoStudio X7 に取り込んだ映像を快適に編集したい。ノートパソコンだけど、ハイビジョン映像を編集するパワーがない。こんなときは、「スマートプロキシ機能」を利用すると、たとえ非力なノートパソコンでも、VideoStudio X7 で快適なビデオ編集ができます。

スマートプロキシファイル用のフォルダーを設定

VideoStudio X7 では、重たいハイビジョン映像を快適に編集するための「スマートプロキシ」という機能が利用できます。この機能をオンにすると、「プロキシファイル」という、編集用の映像ファイルがクリップの数だけ作成されます。この映像ファイルは、「720 × 480」といった、ハイビジョンの映像よりも解像度の低い映像ファイルのため、ノートパソコンなどでも快適にビデオ編集ができます。

また、編集を終えて最終出力する場合は、ハイビジョンの映像ファイルを加工して出力するため、画質的にはハイビジョン映像ファイルをダイレクトに編集した場合と全く変わりません。

スマートプロキシを有効にする

スマートプロキシ機能は、デフォルト（初期設定）では無効に設定されているため、利用するには、機能を有効にする必要があります。

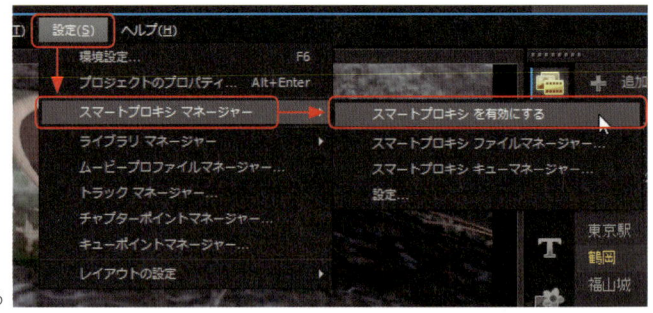

「有効にする」を選択する

スマートプロキシ機能を有効にすると、タイムラインに配置したクリップのプロキシファイルが作成されます。作成されると、それを示すマークが、クリップのサムネイルに表示されます。

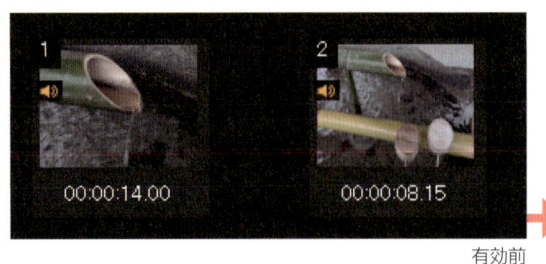

有効前　　　　　　　　　　　　　　　　　　有効後

特定のクリップに対してのみプロキシ機能を適用する

特定のクリップに対してのみプロキシ機能を利用したい場合は、クリップを右クリックし、メニューから「スマートプロキシ ファイルの作成 ...」を選択してください。

① 右クリックする
②「スマートプロキシ ファイルの作成 ...」を選択する

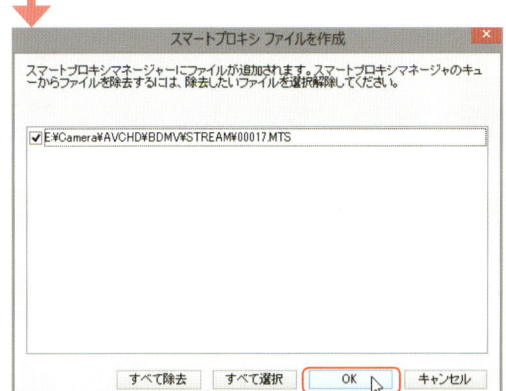

［OK］ボタンをクリックする

スマートプロキシ機能のカスタマイズ

スマートプロキシ機能が作成するプロキシファイルの解像度や、ファイルの保存先などを変更できます。

解像度の変更

プロキシファイルの解像度は、デフォルトで「720 × 480」ですが、サイズは自由に変更できます。

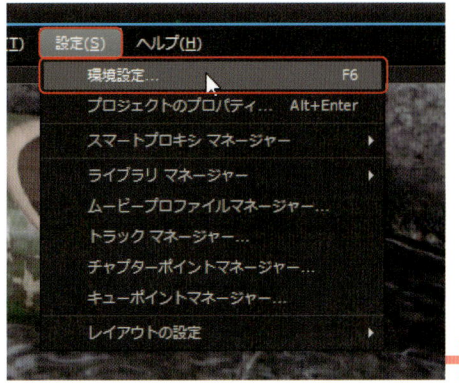

「環境設定」を選択する

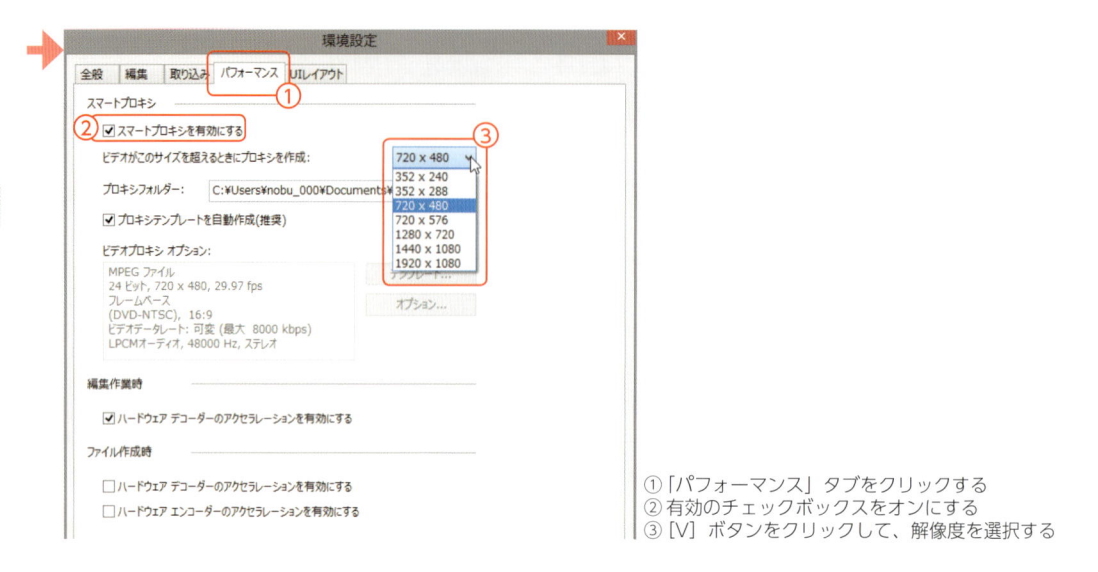

① 「パフォーマンス」タブをクリックする
② 有効のチェックボックスをオンにする
③ [V] ボタンをクリックして、解像度を選択する

プロキシファイルの保存先変更

プロキシファイルの保存先は、他のフォルダーや増設した外付けハードディスクなどに保存することも可能です。なお、デフォルト（初期設定）でのデータ保存先は下記のとおりです。

C:¥Users¥＜ユーザー名＞¥Documents¥Corel VideoStudio Pro¥17.0¥

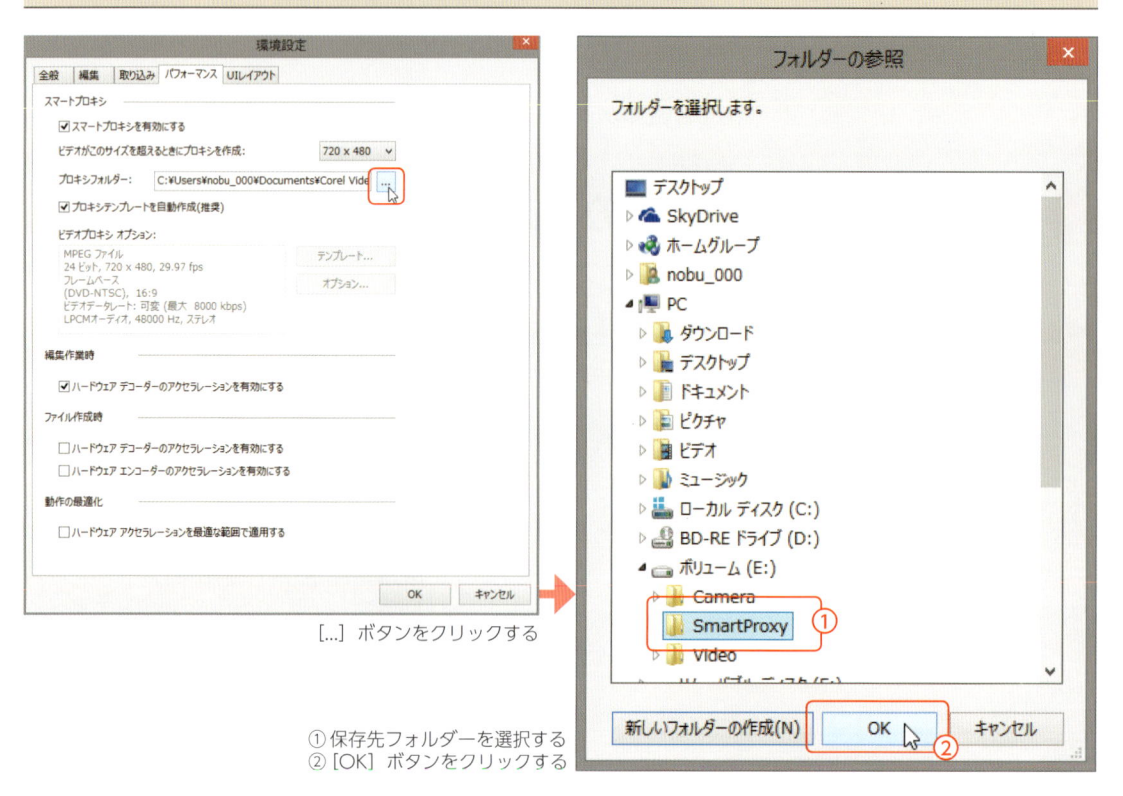

[...] ボタンをクリックする

① 保存先フォルダーを選択する
② [OK] ボタンをクリックする

Chapter 2 3-2 miniDVテープから取り込む

miniDVテープに記録した映像をVideoStudio X7に取り込んでみましょう。ここでは、miniDVテープから、SD形式と呼ばれる標準画質で撮影した映像を取り込む方法を例に解説します。

ビデオカメラとパソコンを接続する

1 IEEE1394ケーブルで接続する

　miniDVテープを利用するタイプのビデオカメラは、パソコンとIEEE1394端子（DV端子）を利用し、IEEE1394ケーブルで接続します。
　なお、ここではSD形式のビデオカメラでの接続／取り込み方法を解説しますが、ハイビジョン対応のHDV形式のビデオカメラでも操作手順は同じです。

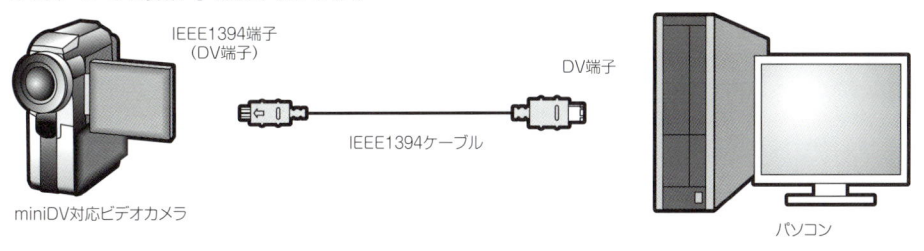

IEEE1394端子
（DV端子）
DV端子
IEEE1394ケーブル
miniDV対応ビデオカメラ
パソコン

2 ビデオカメラを再生モードに設定する

　パソコンに接続したビデオカメラは、miniDVテープを再生する再生モード、ビデオモードに設定します。

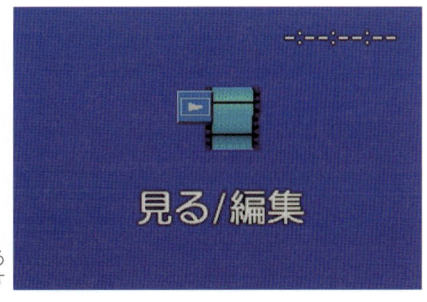

ビデオカメラを再生モードに設定する
※右の図は機種によって異なります

3 保存先フォルダーを作成しておく

　映像の取り込みを開始する前に、取り込んだ映像の保存先フォルダーをライブラリに設定しておくなど、取り込みのための準備をしておきます。

ライブラリに保存先フォルダーを作成しておく

映像を取り込む

1 ビデオの取り込みモードに切り替える

[記録/取り込みオプション]をクリックし、取り込みワークスペースに切り替えます。

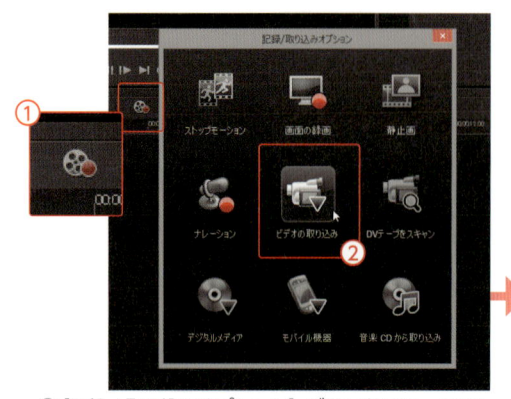

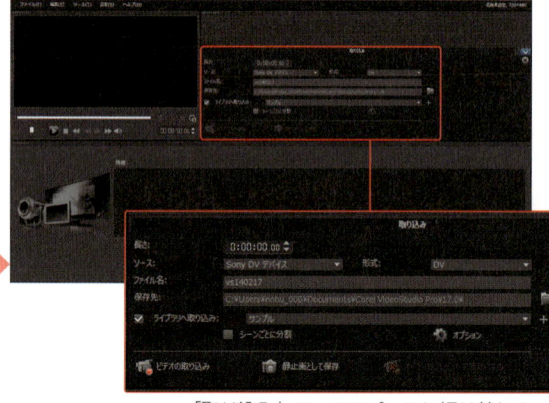

①[記録/取り込みオプション]ボタンをクリックする
②「ビデオの取り込み」を選択する

「取り込み」ワークスペースに切り替わる

Tips　「取り込み」ワークスペースに切り替えてから「ビデオの取り込み」を選択しても同じです（「取り込み」ワークスペースへの切り替え方法は→P.25）。

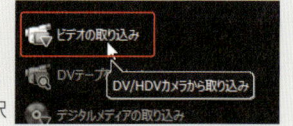

「ビデオの取り込み」を選択

2 読み込みの形式を選択する

「取り込み」というオプションパネルが表示されるので、必要な項目を確認/設定します。必要な設定は、「形式」の選択です。ここでは、映像データを、AVI形式かMPEG形式のどちらで取り込むかを選択します。

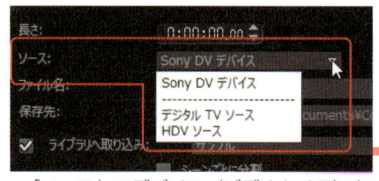

「ソース」でデバイス（ビデオカメラ）を確認できる

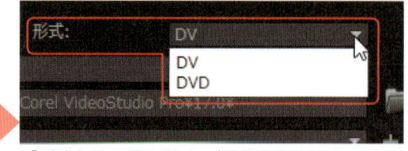

「形式」では取り込んだ映像を保存するときのファイル形式が選択できる

Point　ファイル形式の選択

映像ファイル形式の選択では、よりよい画質で取り込みたい場合は、DV（AVI形式）がおすすめです。ファイルサイズが大きくなりますが、圧縮処理を行っていないので、DVD（MPEG形式）より高画質です。

DV	DVテープに記録されているファイル形式のこと。これを選択すると、一般的に「AVI形式」と呼ばれるファイル形式で取り込まれる。
DVD	DVDビデオで利用されている「MPEG-2形式」で取り込まれる。

3 「シーンごとに分割」を ON にする

　標準画質のビデオカメラや HDV カメラに SD モード（標準画質モード）の miniDV テープをセットした場合、「シーンごとに分割」オプションが有効になります。これを ON にすると、撮影時にビデオ撮影の ON/OFF した位置を自動認識し、シーンごとに分割されてサムネイルが登録されます。

　なお、HDV 形式の場合は、このオプションを利用できません。

「シーンごとに分割」を ON にする

4 取り込みの開始位置を頭出しする

　プレビューウィンドウのコントロールを利用し、取り込みたいシーンの先頭を見つけます。

　これを「頭出し」といいます。

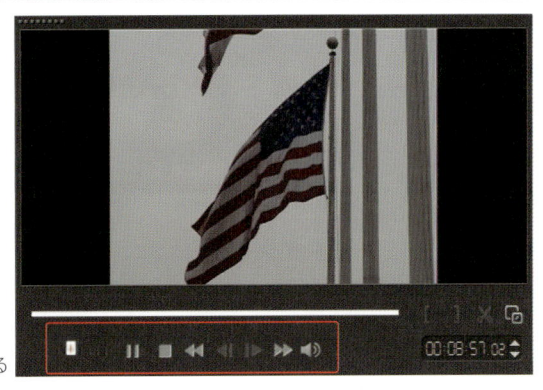

コントロールを利用して頭出しする

Point 頭出しに利用できるコントロールボタン

プレビューウィンドウのコントロールでは、頭出しに以下のようなボタンを利用できます。

❶ ［巻き戻し / 早送り］
❷ ［再生］
❸ ［停止］
❹ ［巻戻し］
❺ ［早送り］
❻ ［ボリューム］

利用できません

5 ビデオの取り込みを開始する

　頭出しができたら、「ビデオの取り込み」をクリックして、取り込みを開始します。

「ビデオの取り込み」をクリックして、取り込みを開始する

Tips 取り込み中、テープの再生音が気になる場合は、[オーディオプレビューを無効にする] ボタンをクリックすると、再生音をミュート（無し）にできます。

6 取り込みを停止する

必要な映像を取り込んだら、「取り込みを停止」をクリックします。

「取り込みを停止」をクリックする

7 編集ワークスペースに戻る

取り込みが終了したら、ワークスペースタブ（→P.17）の「編集」ワークスペースをクリックし、編集画面に戻ります。編集画面に戻ると、取り込んだ映像のサムネイルが登録されています。

取り込んだ映像のサムネイルが表示される

Point　DVテープをスキャンを利用する

「DVテープをスキャン」機能も、miniDVテープから映像を取り込むための機能です。基本的には「ビデオの取り込み」と同じですが、「DVテープをスキャン」では、最初にminiDVテープをスキャンしてサムネイルを作成し、ここから読み込みたいカットを選択することができます。インターフェイスがわかりやすいので、ソフトの操作に慣れていないユーザーにおすすめです。

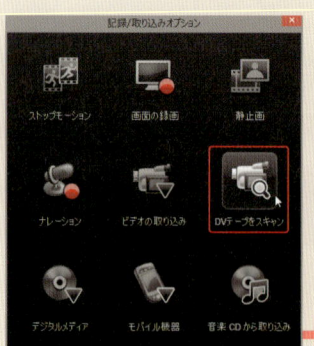

「DVテープをスキャン」をクリックする

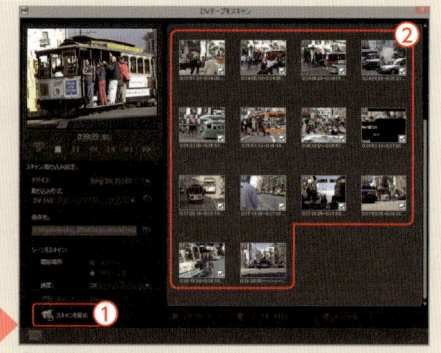

① [スキャンを開始] をクリックする
② miniDVテープがスキャンされ、サムネイルが表示される

Point　撮影日情報を取り込む

映像をキャプチャーする際に「タイムラインに挿入」を利用すると、撮影日情報を取得できます。なお、各種ビデオカメラでは、次のような方法で、撮影日情報を取得できます。

DV	ビデオの取り込み、DVテープスキャン
HDV	ビデオの取り込み
AVCHD	デジタルメディアの取り込み（インポート時）

Chapter 2 3-3 MPEG オプティマイザーを利用する

MPEG 形式でファイル出力する場合、「MPEG オプティマイザー」を利用すると効率的な出力ができるようになります。ここでは、MPEG オプティマイザーの利用方法について解説しましょう。

MPEG オプティマイザーについて

MPEG オプティマイザーは、効率よく MPEG 形式のファイルを出力するための機能です。MPEG 形式で出力する際に、エンコードが必要な部分、必要でない部分などを検出し、最適な出力設定のプロファイルが作成されます。また、希望するファイル形式に応じて、出力可能な範囲内でファイルサイズを指定できます。

この機能を利用すると、たとえばプロジェクトの再編集を行った場合、あとから編集した必要な箇所のみ圧縮され、その他の部分は、前回圧縮された部分を利用します。これによって画質劣化を防ぐことができ、同時に出力時間も短縮することができます。

❶ MPEG オプティマイザーおすすめの出力形式が表示される
❷ おすすめの出力を利用した場合、どれくらい出力時間を短縮できるかが表示される
❸ 緑色：エンコードせず、元データのまま出力する
❹ 赤色：エンコードを行う

MPEG オプティマイザーでおすすめ出力する

MPEG オプティマイザーを利用して、オプティマイザーが推奨する最適な MPEG 形式で出力してみましょう。

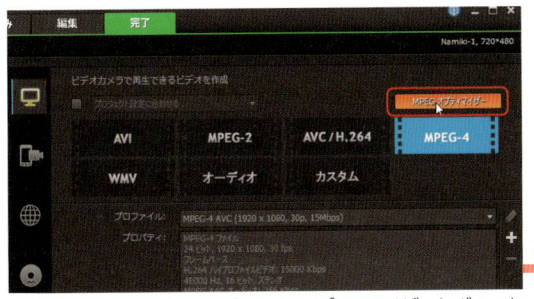

「完了」ワークスペースで「MPEG オプティマイザー」ボタンをクリックする

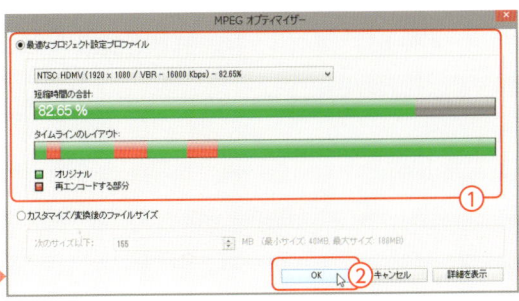

① 最適な出力設定が自動選択されている
② [OK] ボタンをクリックする

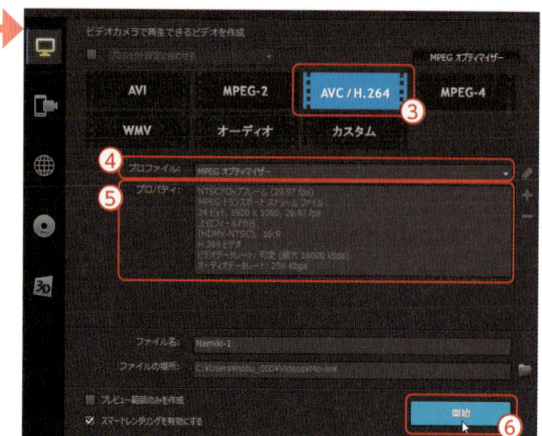

③ 推奨に対応した「AVC/H.264」が選択される
④「プロファイル」は「MPEG オプティマイザー」に設定されている
⑤「プロパティ」には、推奨される形式の詳細内容が表示される
⑥ [開始] ボタンでファイル出力される

ファイルサイズを指定する

「カスタマイズ / 変換後のファイルサイズ」を選択すると、出力したいファイルサイズを指定して最適な出力ファイル形式（MPEG-2）を選択してくれます。

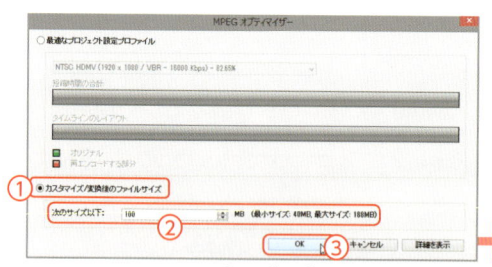

① ラジオボタンをオンにする
② ファイルサイズを指定する
③ [OK] ボタンをクリックする

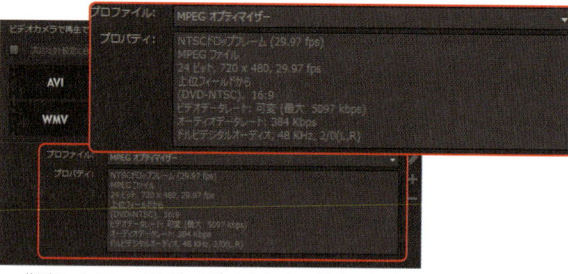

指定したファイルサイズで出力する場合の最適ファイル形式（MPEG-2）が設定される

Tips 設定ウィンドウの右下にある [詳細を表示] ボタンをクリックすると、設定内容の詳細な情報を確認できます。

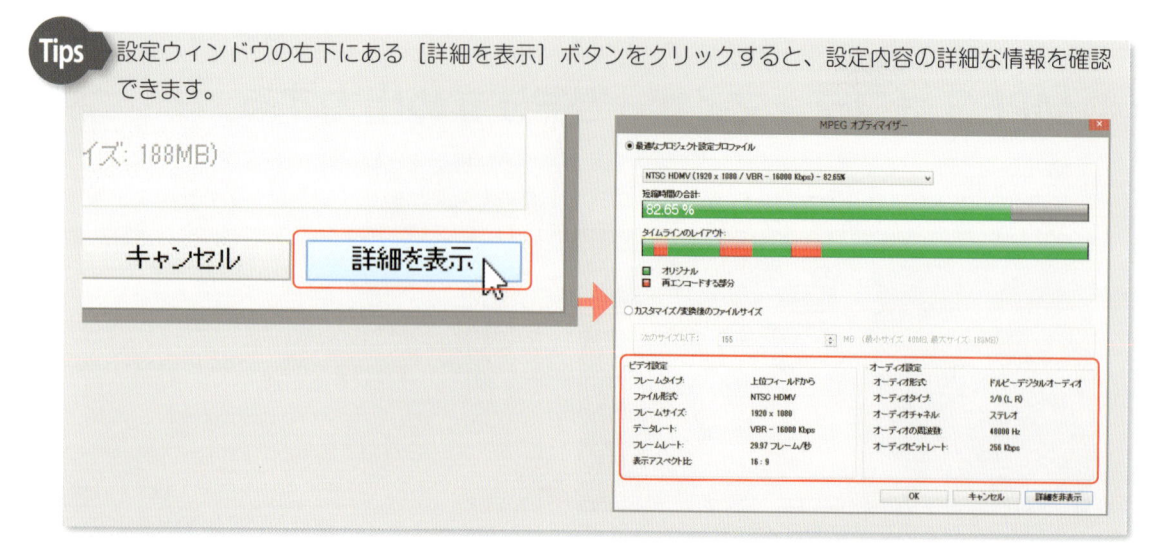

Chapter 2
3-4 スマートパッケージでプロジェクトをバックアップする

現在編集中のプロジェクトをバックアップしたり、別のパソコンで編集したい場合、「スマートパッケージ」を利用すると、編集中のプロジェクト素材をすべてパッケージにまとめて出力し、別の環境、別のパソコンで編集ができるようになります。

スマートパッケージでできること

「スマートパッケージ」は、現在編集中のプロジェクトに関連する動画、静止画像、オーディオデータなど、編集で利用しているすべてを1つのファイルにまとめてくれる機能です。通常、編集中のプロジェクトは「プロジェクトファイル」という形で保存します。このままでは他のパソコンで編集する場合、データファイルの保存先などの情報も復元しなければならず、外付けハードディスクなどを併用していると、とても手間がかかります。

しかし、スマートパッケージを利用すれば、編集で利用しているクリップなどをすべてまとめて1つのファイルにパッケージしてくれます。そして、このパッケージファイルを他のパソコン※に移動すれば、そこでもすぐに編集が開始できます。また、パッケージファイルをバックアップとしても利用できます。

※ VideoStudio X7 がインストールされているパソコン

スマートパッケージを出力 → 出力したスマートパッケージ → スマートパッケージを利用してプロジェクトを再編集

スマートパッケージの出力

スマートパッケージの出力方法には、フォルダーとして出力する方法と、圧縮して出力する方法の2種類があります。

フォルダーとして出力する

フォルダーとして出力するには、次のように操作します。

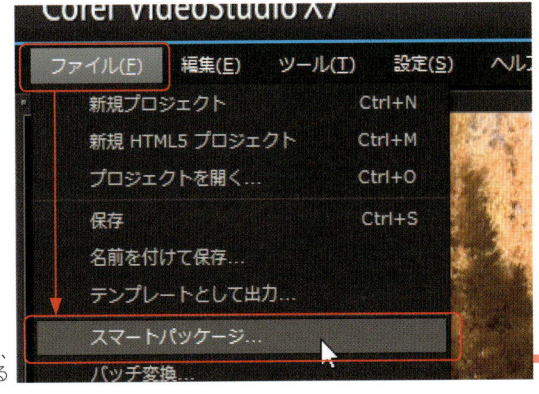

編集を終了したら、「ファイル」→「スマートパッケージ...」を選択する

[はい] ボタンをクリックしてプロジェクトを一度保存する

出力が実行される

[OK] ボタンを
クリックする

プロジェクト全体が
フォルダーとして出力されている

プロジェクトファイル、利用しているクリップなどが
パッケージされている

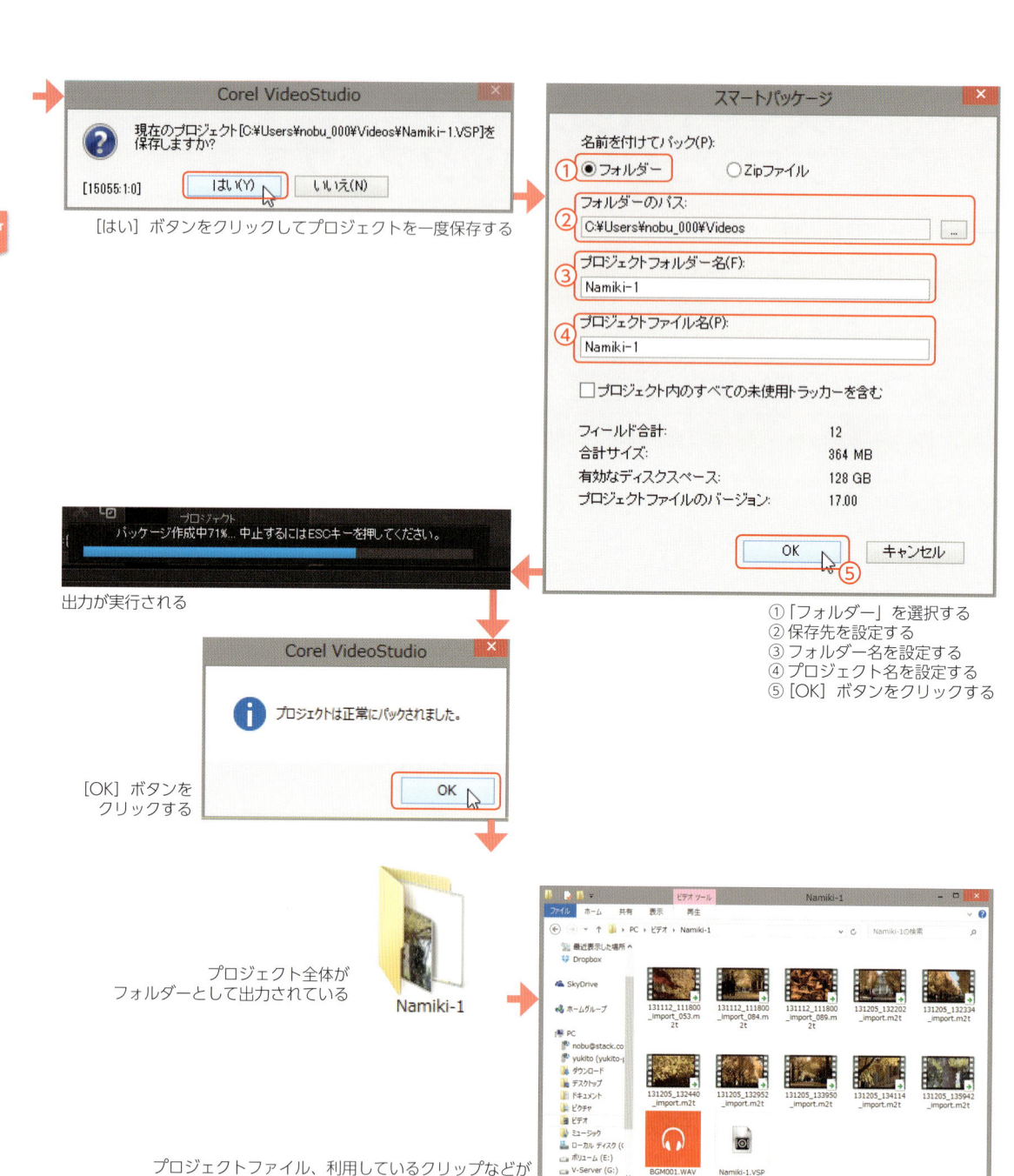

① 「フォルダー」 を選択する
② 保存先を設定する
③ フォルダー名を設定する
④ プロジェクト名を設定する
⑤ [OK] ボタンをクリックする

Tips オプションに「プロジェクト内のすべての未使用トラッカーを含む」というのがあります。この場合の「トラッカー」というのは、モーショントラッキング（→ P.163）のトラッカーを指します。そしてそのトラッカーが実際には使われていない状態（具体的には「オブジェクトの追加」のチェックがオフで、かつモザイクの設定もオフのとき）でも、そのトラッカーの情報を保存するかどうかをここで選択します。

圧縮して出力する

圧縮した形式でスマートパッケージを出力すると、出力されたファイルをネットで送ったりできるので、大変使い勝手がよくなります。

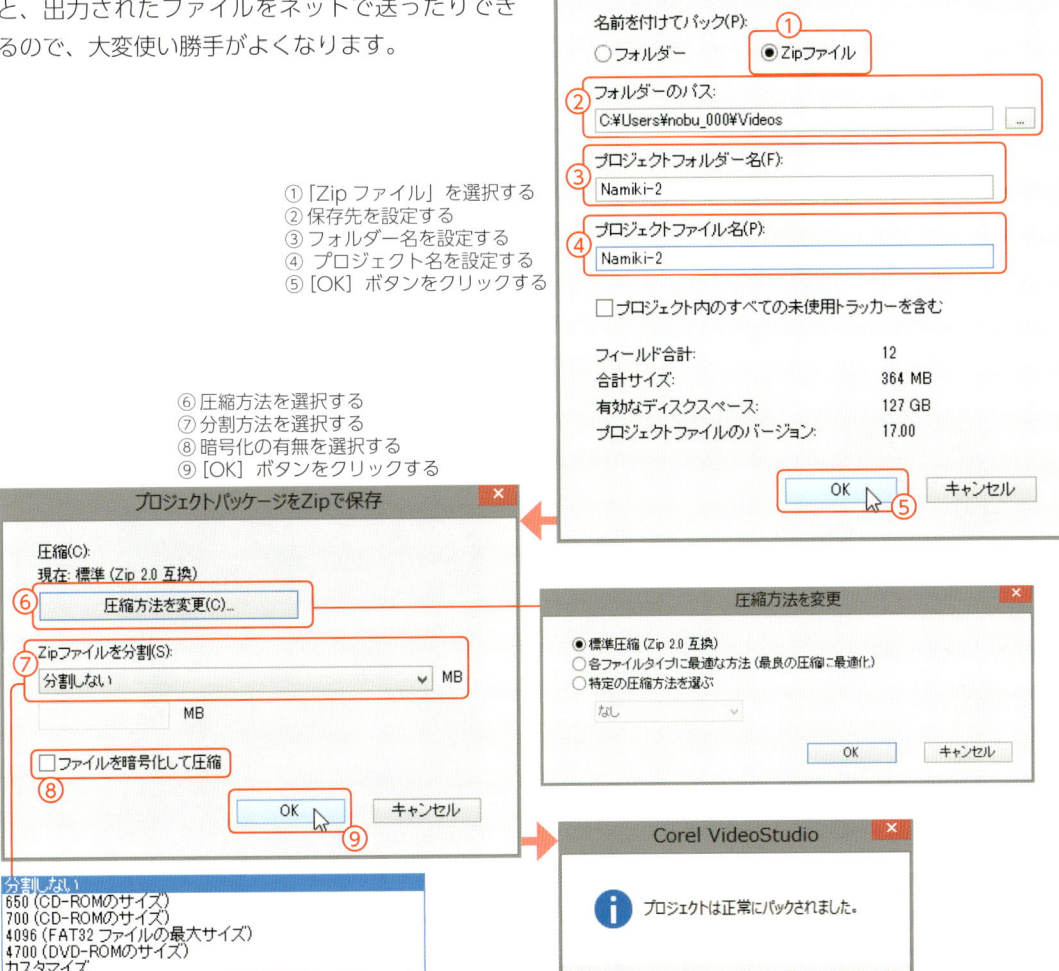

① 「Zip ファイル」を選択する
② 保存先を設定する
③ フォルダー名を設定する
④ プロジェクト名を設定する
⑤ [OK] ボタンをクリックする

⑥ 圧縮方法を選択する
⑦ 分割方法を選択する
⑧ 暗号化の有無を選択する
⑨ [OK] ボタンをクリックする

[OK] ボタンをクリックする

Namiki-2.zip　圧縮出力されたスマートパッケージ

スマートパッケージを利用

スマートパッケージには、VideoStudio X7 のプロジェクトファイルと、そのプロジェクトで利用している全てのクリップが保存されています。他のパソコンでプロジェクトを再編集する場合は、このプロジェクトファイルを読み込みます。圧縮して出力したスマートパッケージは、圧縮を解凍してから読み込んでください。

スマートパッケージ内のプロジェクトファイル

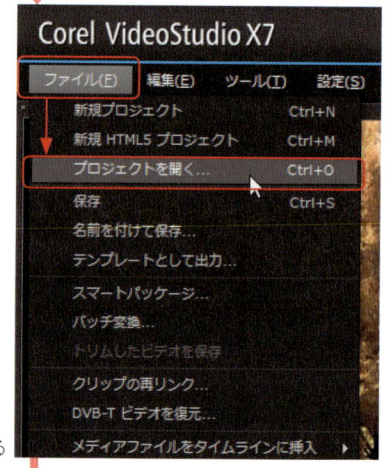

「ファイル」→「プロジェクトを開く」を選択する

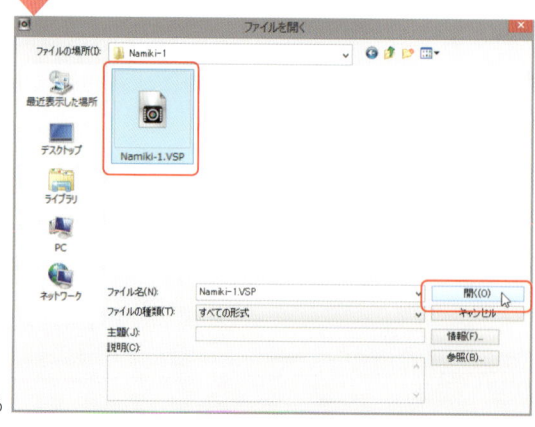

プロジェクトファイルを選択する

Chapter 2 3-5 インスタントプロジェクトとしてエクスポート

「インスタントプロジェクト」は、現在編集中のプロジェクトをテンプレートとして出力し、他のプロジェクトでも同じ設定を利用できるという機能です。プロジェクト内で設定したさまざまな項目を、すぐに利用できるので便利です。

テンプレートとして出力

「テンプレート」というのは、いわゆる「雛形」です。さまざまな設定をしたプロジェクトをテンプレートとして保存しておき、その設定内容だけを他のプロジェクトで利用する機能です。これによって、面倒な設定を繰り返さなくても、簡単に再利用できるようになります。

1 テンプレートとして保存する

インスタントプロジェクトについては190ページでも解説していますが、ここでは、現在編集中のプロジェクトを、インスタントプロジェクトのテンプレートとして出力してみましょう。

編集中のプロジェクト

「ファイル」→「テンプレートとして出力...」を選択する

[はい] ボタンをクリックして現在のプロジェクトを保存する
※ 初めてプロジェクトを保存する場合は、ファイル名などを設定して保存します（→P.54）。

① スライダーをドラッグして
　サムネイルとして利用するフレームを選択する
② パス（保存先）を設定する
③ テンプレート名を設定する
④ カテゴリーを選択する
⑤ [OK] ボタンをクリックする

[OK] ボタンをクリックする

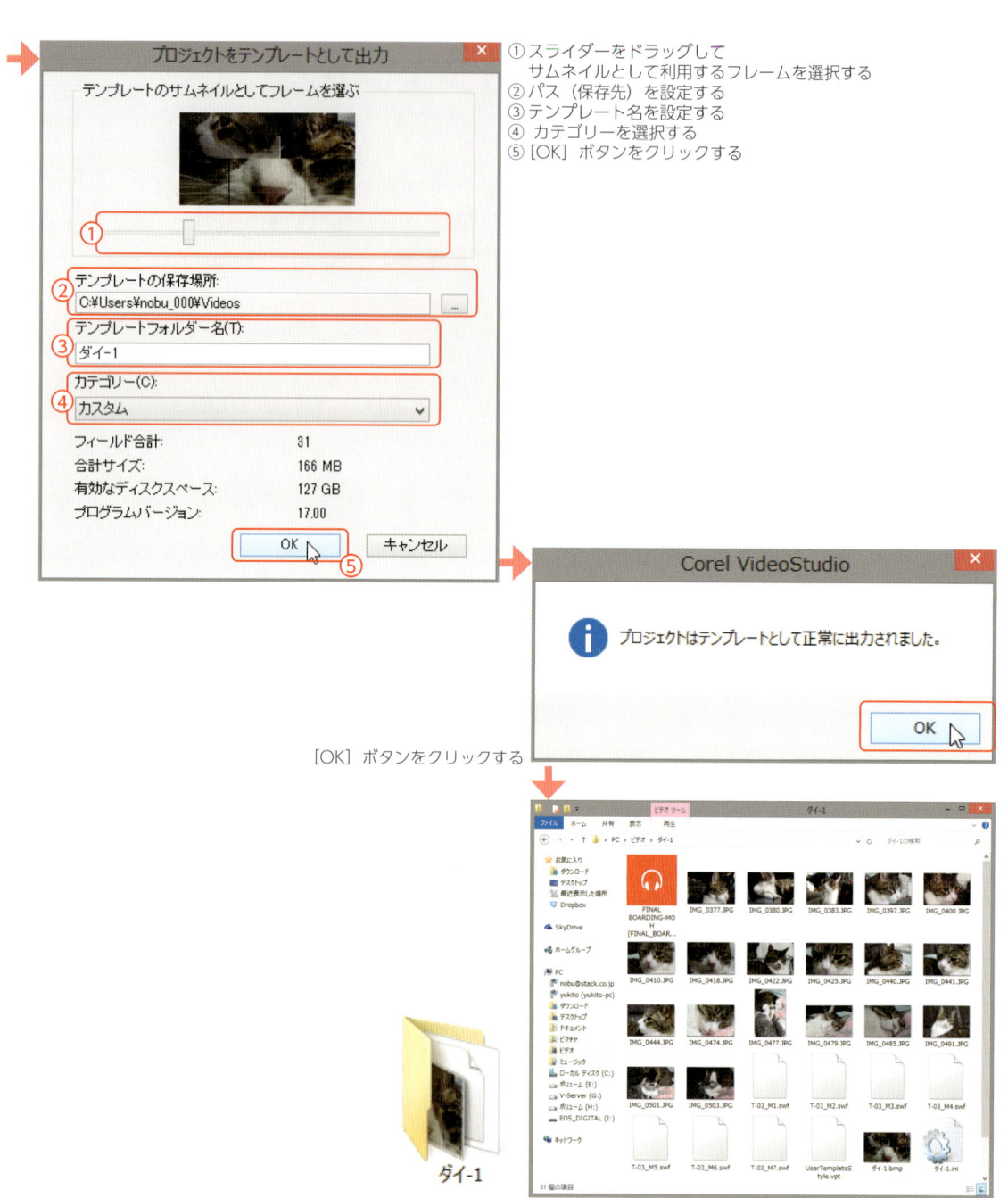

フォルダーが作成され、データが保存されている

2 テンプレートとして自動登録される

出力したテンプレートは、VideoStudio X7 の「インスタントプロジェクト」のカテゴリーに自動的に登録されます。

① 「インスタントプロジェクト」をクリックする
② カテゴリーを選択する
③ 登録されたテンプレートをクリック

テンプレート内容を参照できる

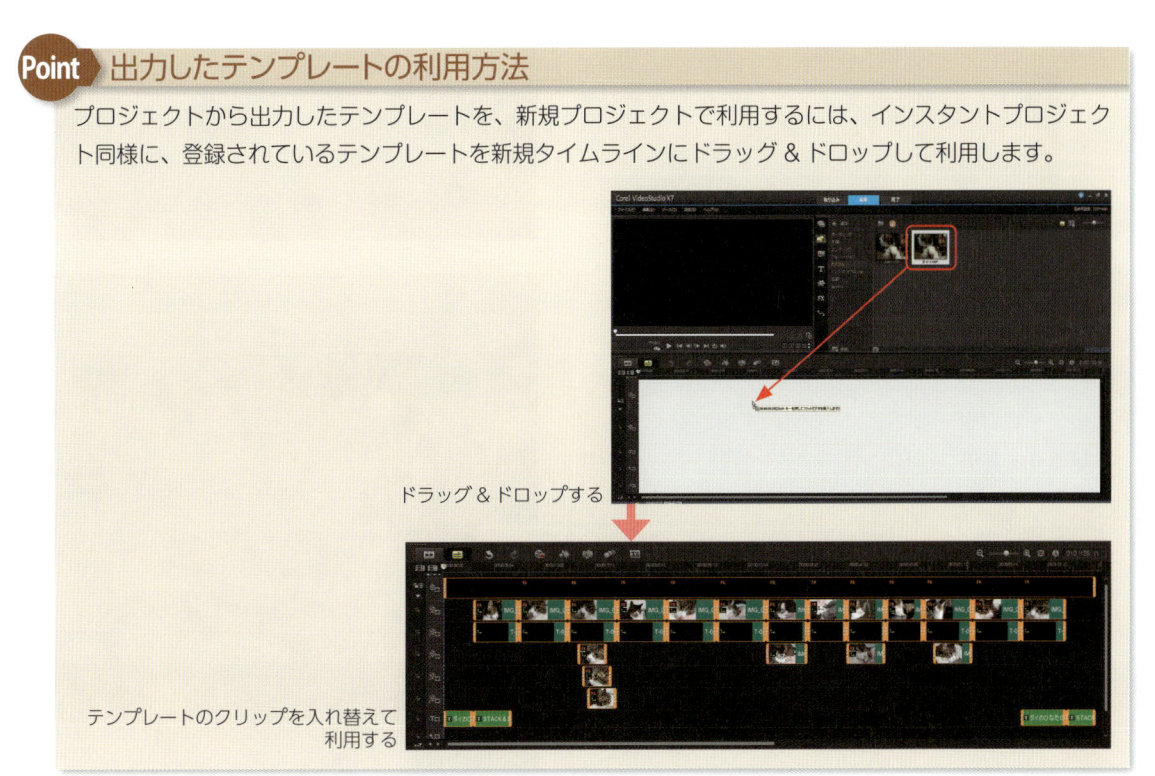

Point 出力したテンプレートの利用方法

プロジェクトから出力したテンプレートを、新規プロジェクトで利用するには、インスタントプロジェクト同様に、登録されているテンプレートを新規タイムラインにドラッグ＆ドロップして利用します。

ドラッグ＆ドロップする

テンプレートのクリップを入れ替えて利用する

Chapter 2 3-6 HTML5プロジェクトの出力

VideoStudio X7 では、プロジェクトを HTML5 対応で作成 / 出力できます。ただし、HTML5 形式でプロジェクトを設定した場合、通常の VideoStudio X7 プロジェクトと異なり、いくつかの制限があります。ここでは、HTML5 ファイルでの出力方法にも触れながら、HTML5 プロジェクトの出力について解説します。

HTML5 プロジェクトの設定と出力

Chapter-1 の 57 ページで解説したように、VideoStudio X7 では HTML5 対応のプロジェクトが作成できます。編集等に関しては通常のプロジェクトと変わりありませんが、HTML5 プロジェクトの「完了」ワークスペースは、通常のパネル構成と異なります。では、HTML5 ファイルを出力してみましょう。

1 「完了」ワークスペースでの選択

HTML5 プロジェクトで編集したムービーは、「完了」ワークスペースの「共有」タブメニューで、「HTML5 ファイル」を選択します。これを選択すると、出力したムービーを Web ブラウザで表示できる HTML 形式で出力できます。ただし、Web ブラウザが HTML5 に対応している必要があります。

① 「完了」タブをクリックする
② 「HTML5 ファイル」を選択する

2 オプションの設定

「HTML5 ファイルを作成」オプションの設定パネルが表示されるので、データの保存先やフォルダー名なども設定し、[開始] ボタンをクリックします。なお、「プロジェクトサイズ」は、SD (標準)、HD (ハイビジョン) と画質の選択も兼ねています。

① チェックボックスをオンにする (WebM)
② フレームサイズを選択する
③ 出力したデータのフォルダー名を指定する
④ [開始] ボタンをクリックする

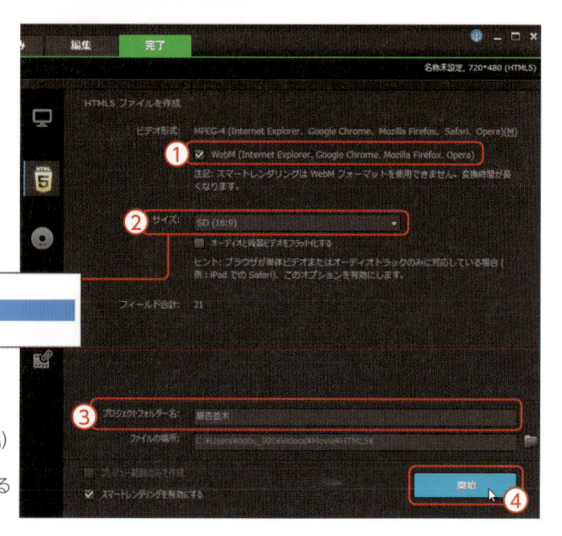

> **Tips**　「サイズ」エリアの下にあるチェックボックスは、ブラウザが複数のビデオやオーディオトラックにどうか不明な場合にオンにします。そうすればブラウザが単体トラックに対応していない場合でも、ムービーが再生できるようになります。

Point　WebM について

WebM 形式を使用する場合は、[WebM 形式] チェックボックスを選択します（推奨）。WebM（ウェブエム）は米 Google が開発しているオープンでロイヤリティフリーな動画コンテナフォーマットです。簡単に言えば、Web サイトなどで動画を見るためのシステムです。WebM で動画ファイルを作成しておけば、動画再生用のプレイヤーがなくても、Web ブラウザで再生できるようになります。また、自分の Web サイトなどでも、簡単に動画を公開できます。

> **Tips**　「スマートレンダリング」というのは、同じファイル形式で出力する際、編集 / 変更のあった部分だけを圧縮し、映像画質の劣化を防ぐ VideoStudio X7 の機能です。

3　出力された HTML5 ファイル

指定したフォルダーには、HTML5 に対応したファイルが出力されます。

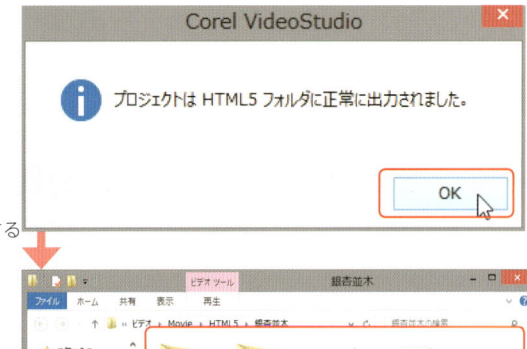

［OK］ボタンをクリックする

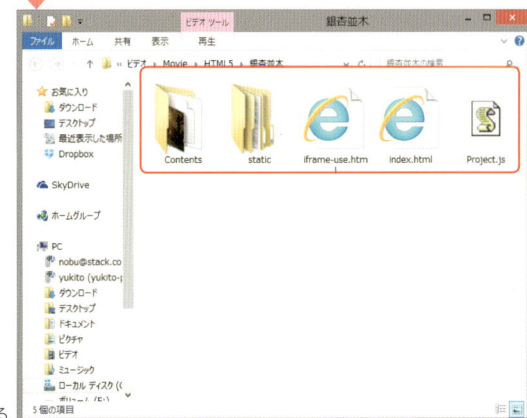

フォルダー内のデータが表示される

> **Tips**　映像データは「Contents」フォルダーに保存されています。

HTML5 データを Web ブラウザで表示

HTML5 ファイルとして出力したデータは、Web ブラウザーで閲覧できます。ただし、利用する Web ブラウザーが HTML5 に対応している必要があります。こうして出力したデータは、Web サイトやブログサイト等で公開することで、ユーザーにムービーを見てもらうことができるようになります。

index（index.html）ファイルをダブルクリックする

◉ Internet Explorer 11 の場合

これをクリックする

Web ブラウザで動画が再生できる

Chapter 3
オリジナル映像を活用する

Chapter-3 で役立つビデオ編集用語

■ AVCHD ディスク
AVCHD ディスクは編集した結果を、AVCHD 形式で出力し、記録するタイプです。したがって、映像はハイビジョン形式で書き込まれます。ただし、出力した AVCHD ディスクは、AVCHD ディスクの再生に対応したプレイヤーでないと再生ができません。この点に注意しましょう。

■ DVD ビデオ
DVD メディアに映像と音声、字幕などを記録するためのフォーマットのひとつです。映像の圧縮には MPEG-2 を利用し、最大で 133 分の映像と音声を記録することができます。また、2 層式の DVD メディアを利用すれば、さらに長時間の映像を記録できます。
なお、音声には、非圧縮のリニア PCM や、5.1ch に対応したドルビーデジタル（AC-3）が利用されています。

■ DVD-VR
DVD-RW や DVD-RAM など書き換え可能なディスクメディアに映像と音声を記録するフォーマットのひとつです。VR は「VideoRecording」の略で、「VR 方式」とも呼ばれています。DVD-VR の特徴は、あとから編集や追加録画が可能なことで、その点が DVD ビデオと異なります。
なお、DVD ビデオとは互換性がないので、DVD-VR に対応した DVD プレイヤーでないと再生できません。ただし、現在の DVD プレイヤーはほとんどが VR 方式に対応しています。
また、CPRM 対応ディスクを使うことで地上デジタル放送や BS デジタル放送など、コピーワンスな番組の録画にも対応しています。

■ DVD+VR
DVD+R や DVD+RW で利用可能な、映像と音声の記録方式のひとつです。DVD-VR 同様にあとから編集や追加録画が可能です。しかも、DVD ビデオとの互換性もあり、一般的な DVD プレイヤーでも再生できます。

■ オーサリング
「オーサリング」とは、静止画像や動画、テキスト、オーディオデータなどの素材を組み合わせ、1 つのアプリケーションソフト（コンテンツ）を作ることをいいます。DVD ビデオも、一種のプログラムです。一般的には「コンテンツ」とも呼ばれていますが、マルチメディアな素材を組み合わせて作られたコンテンツを作ることも、オーサリングといいます。そして、コンテンツを作るためのソフトウェアを「オーサリングツール」と呼んでいます。

■ Blu-ray ディスク
Blu-ray ディスクは、「Blu-ray Disc Association」によって策定された、青紫色半導体レーザーを使用した光ディスクです。光ディスクとしては、CD、DVD に次いで、第 3 世代光ディスクに属しています。

■ マスターディスク
制作した DVD ビデオや Blu-ray ディスクから、100 枚、200 枚とコピーを業者に依頼して作成する場合、コピー元となるディスクを「マスターディスク」といいます。VideoStudio X7 のオーサリング機能で作成した 1 枚のディスクは、そのままマスターディスクとして利用できます。

Chapter 3-1

編集した映像を共有するために

Chapter 3-1-1	iPhone/Androidで撮影した映像を編集する
Chapter 3-1-2	iPhoneやiPadで持ち歩く
Chapter 3-1-3	iPhoneの縦映像を縦で出力する
Chapter 3-1-4	YouTubeなどネットで公開する

Chapter 3 1-1 iPhone／Androidで撮影した映像を編集する

iPhoneやAndroidで撮影したムービーも、簡単にVideoStudio X7で編集できます。なお、パソコンに映像を取り込むときには、やや注意が必要です。

iPhoneやAndroidの映像をパソコンに取り込む

iPhoneの場合

　iPhoneで撮影した動画映像は、iTunesとリンクしたパソコンであれば、「DCIM」というフォルダーアイコンを開き、中にあるファイル保存用のフォルダーを開いて取り込むことができます。

　フォルダーの中にiPhoneで撮影した写真データ（JPEG形式）と一緒に、拡張子が「.MOV」というQuickTime形式のムービーが保存されています。これをパソコンにドラッグ＆ドロップでコピーします。

iPhoneのアイコン

※このフォルダー名はiPhoneごとに異なります。

写真データと一緒に保存されている

Point　iTunesとリンクしていないパソコンの場合

iPhoneをパソコンに接続してフォルダーを開いても、データが見られない場合があります。これは、iPhoneをコントロールするデバイスプログラムがインストールされていないためです。このような場合は、パソコン側、iPhone側にファイル転送用のアプリを入れ、それを利用するという方法もあります。

たとえば、筆者が利用しているのは「PhotoSync」（有料）というアプリで、iPhone内の写真やビデオデータをパソコンや他のiPhone、iPadに転送したり、逆にパソコンから取り込んだりできます。

パソコンやiPhoneのほか、Dropboxなどにも転送可能

Android の場合

　Android系のスマートフォンの場合、USBケーブルでパソコンと接続すれば、所定のフォルダーに動画ファイルが保存されています。たとえば、今回利用したAndroid系端末では、「DCIM」フォルダーの中にある「Photo」→「Camera」フォルダーに保存されていました。なお、Androidでは、拡張子が「.mp4」という、MPEG-4形式で保存されています。ただし、機種によっては保存場所が異なりますので、各Android端末のマニュアルで確認してください。

Androidのアイコン

Androidで撮影した動画データ

VideoStudio X7 で編集する

通常に編集可能

　スマートフォンで撮影した動画データは、ビデオカメラで撮影したデータと同様に、そのままVideoStudio X7に取り込んで編集ができます。

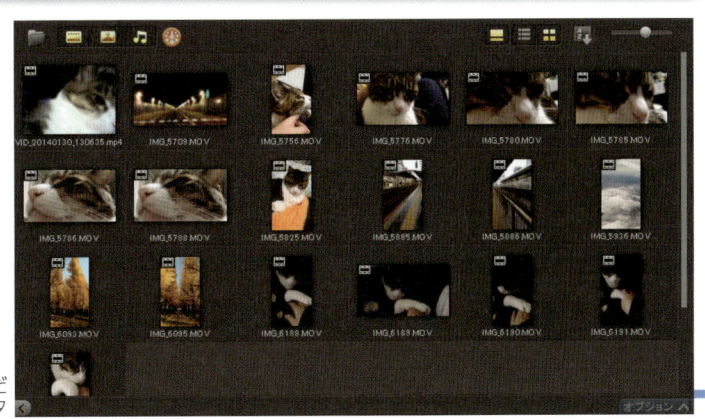

VideoStudio X7に取り込んだスマートフォンの動画データ

● iPhone で撮影した映像データ　　● Android で撮影した映像データ

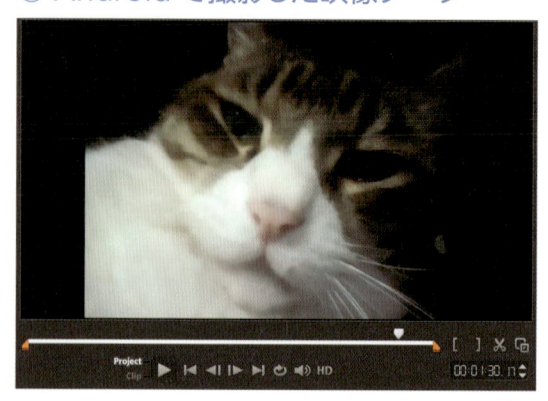

縦位置での撮影に注意

　スマートフォンでの映像撮影では、注意が一つあります。それは、縦位置での撮影です。動画の場合、基本は横位置と設定されています。したがって、フレームも横位置しかありません。そのため縦位置で撮影した映像を取り込むと、左右に黒い領域が表示されてしまいます。

　スマートフォンでの動画撮影は、なるべく横位置で撮ることをおすすめします。

　なお、縦位置で撮影した映像を縦位置のまま編集し、縦位置のまま出力したい場合には、237 ページの解説を参考にしてください。

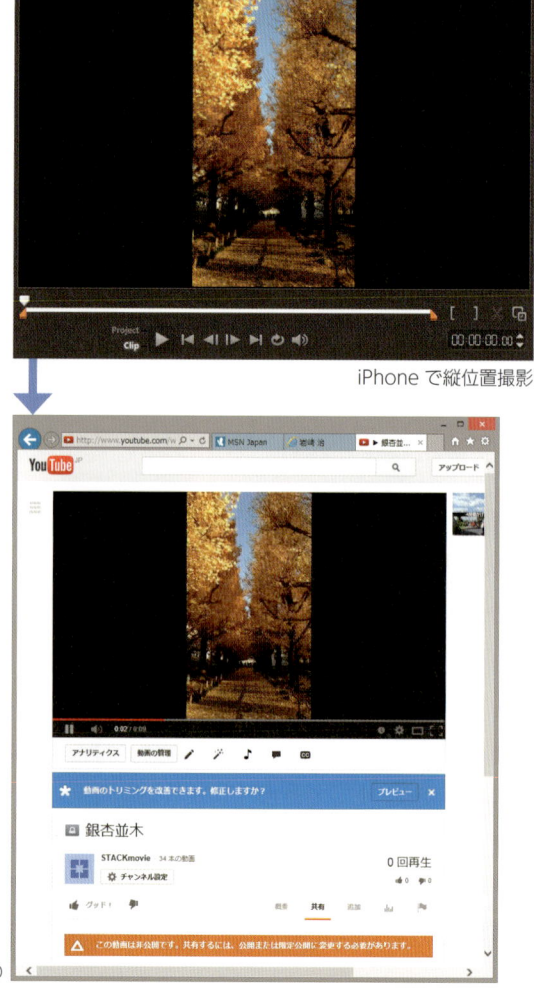

iPhone で縦位置撮影

iPhone の映像を YouTube で公開してみたもの

Chapter 3 1-2 iPhoneや iPadで持ち歩く

3-1

VideoStudio X7 からの出力では、さまざまなモバイルデバイスに対応した形式での出力が可能です。iPhone や iPad、Android 系のスマートフォンなどで再生できるファイル形式も簡単に出力できます。

iPhone で再生

パソコンに出力する

ここでは、iPhone、iPad、iPod Touch などにムービーを出力する方法について解説しましょう。例として、iPhone での再生用に出力してみます。

VideoStudio X7 で編集/出力したムービーを iPhone や iPad で再生するには、ムービーを一度パソコンに出力します。出力したムービーを iTunes に取り込み、iPhone と同期することで、ムービーを見ることができるようになります。

なお、Android の場合は、所定のフォルダーにドラッグ＆ドロップするだけで再生できます。

① 「完了」ワークスペースを選択する
② 「デバイス」を選択する
③ 「モバイル機器」を選択する

プロファイルを選択する

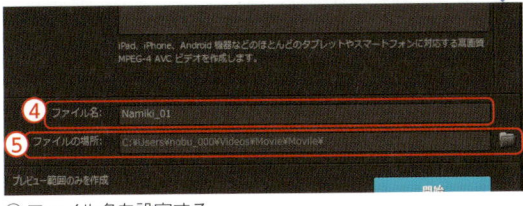

④ ファイル名を設定する
⑤ 保存先フォルダーを選択する

[開始] ボタンをクリックする

ファイル出力が開始される

［OK］ボタンをクリックする

出力された動画ファイル

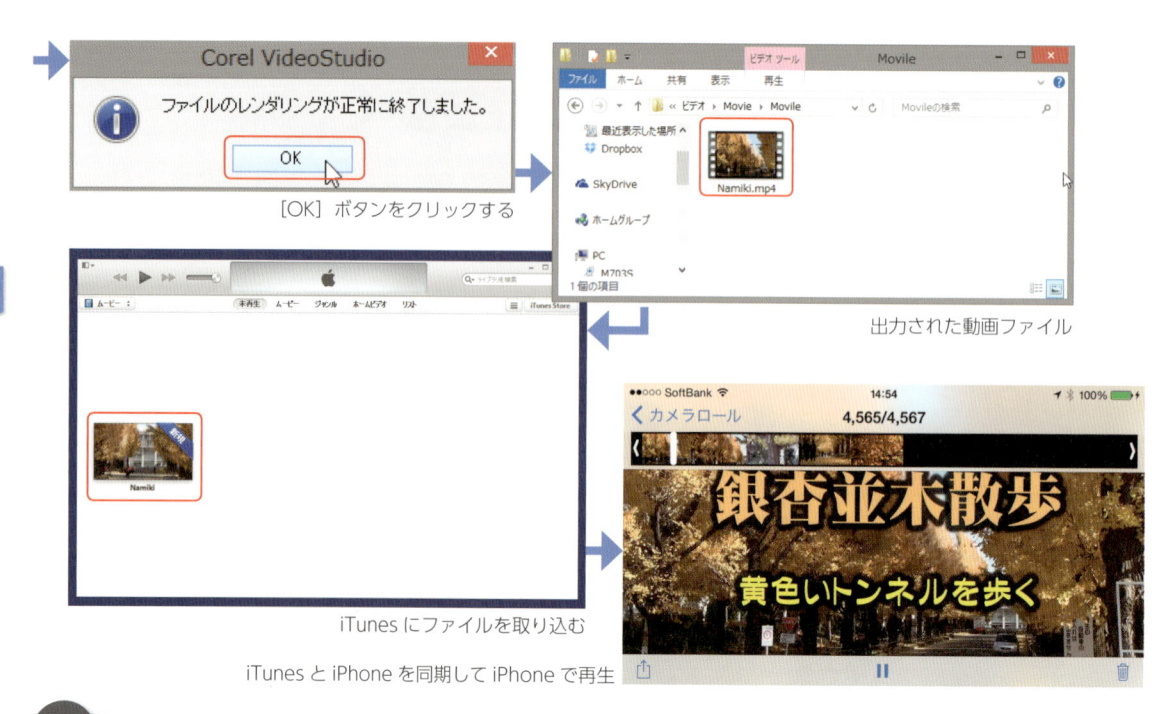

iTunes にファイルを取り込む

iTunes と iPhone を同期して iPhone で再生

> **Tips** 「プロファイル」では、利用したいファイルタイプを選択します。再生するデバイスで利用できる形式を選択してください。

Android の場合

Android で再生する場合は、基本操作は iPhone と同じです。出力形式には MPEG-4 AVC を選択します。なお、出力したファイルは、利用する Android の機種に合わせて、該当するフォルダーに保存してください。

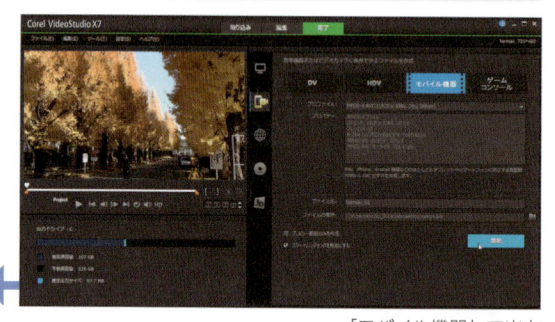

「モバイル機器」で出力

ビデオが保存されているフォルダーに保存

Android で再生

236

Chapter 3 1-3 iPhoneの縦映像を縦で出力する

3-1

iPhoneなどスマートフォンで動画を撮影すると、縦位置で撮影する事がよくあります。これをVideoStudio X7で編集して通常にファイル出力すると、横位置フレームの中に小さな縦位置フレームが表示された状態になってしまいます。これを、縦位置フレームのまま出力してみましょう。

リサンプリングを変更する

iPhoneなどスマートフォンで撮影した縦位置映像のデータを、VideoStudio X7で編集後、縦位置のままで出力するには、通常どおりの編集を行います。編集が終了したら、「ビデオ」タブで「リサンプリングオプション」を「プロジェクトサイズに合わせる」を選択します。なお、タイトル文字等は、リサンプリングが有効にならないので、作成しないようにします。

編集中のクリップを選択する

① 「ビデオ」タブを選択する
② 「プロジェクトサイズに合わせる」を選択する

サイズ調整される

Tips 「リサンプリングオプション」は、サイズ調整をするための機能です。プロジェクトサイズの左右に黒い空きができたり、写真などのイメージクリップを併用するときなどに利用します。

QuickTime のカスタマイズで出力する

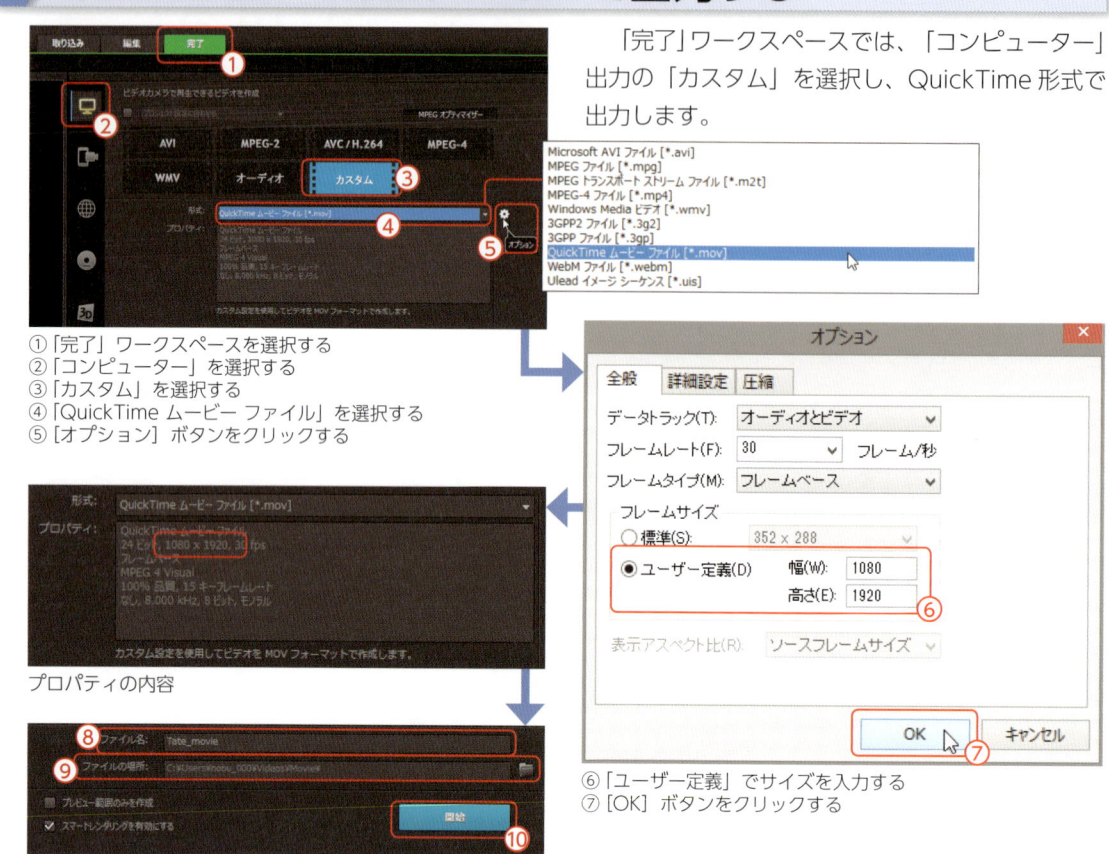

「完了」ワークスペースでは、「コンピューター」出力の「カスタム」を選択し、QuickTime 形式で出力します。

① 「完了」ワークスペースを選択する
② 「コンピューター」を選択する
③ 「カスタム」を選択する
④ 「QuickTime ムービー ファイル」を選択する
⑤ [オプション] ボタンをクリックする

プロパティの内容

⑥ 「ユーザー定義」でサイズを入力する
⑦ [OK] ボタンをクリックする

⑧ ファイル名を入力する
⑨ 出力先を設定する
⑩ [開始] ボタンをクリックする

　「ユーザー定義」でサイズを指定する場合、縦位置サイズで指定します。このとき、「16:9」というアスペクト比を考慮してサイズ指定してください。もちろん、利用目的に応じて、サイズは自由に設定できます。

　出力された動画ファイルは、たとえば Facebook などにアップすると、縦位置のまま表示されます。なお、Facebook へのアップロードは、VideoStudio X7 内からではなく、Web ブラウザで Facebook にアクセスしてアップロードしてください。

Facebook で公開

Chapter 3 1-4　YouTubeなどネットで公開する

自分で作成したムービーを多くの人に見てもらいたい。そうした希望を実現するのに最適なサービスが、YouTubeなどのソーシャルなサービスです。ここでは、YouTubeやVimeoなどの動画共有サイトへのアップロード方法について解説します。

YouTubeにアップロード

編集を終えたプロジェクトを、インターネット上の動画サイトにアップロードしてみましょう。なお、YouTubeに限らず、動画サイトを利用するにはそれぞれのサイトを利用するためのアカウント登録が必要になります。これらは事前に済ませておきます。

ここでは、AVCHD形式の映像を編集し、そのデータをYouTubeにアップロードする手順を解説します。

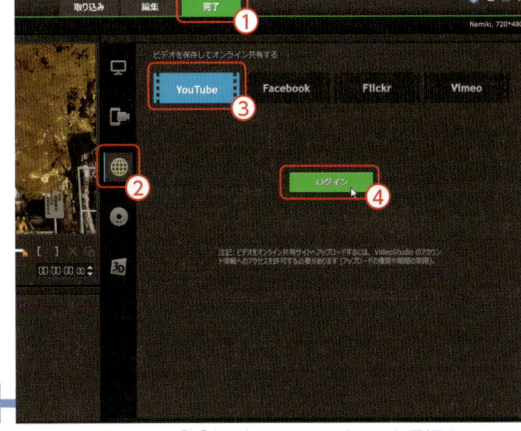

①「完了」ワークスペースを選択する
②「Web」を選択する
③ アップロード先「YouTube」を選択する
④ [ログイン] ボタンをクリックする

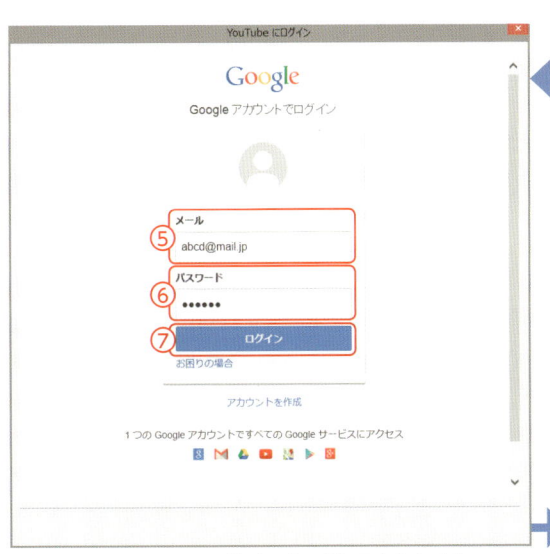

⑤ メールアドレスを入力する
⑥ パスワードを入力する
⑦ [ログイン] ボタンをクリックする

[承認する] ボタンをクリックする

⑧ タイトルを入力する
⑨ 必要があれば説明を入力する
⑩ 「タグ」を設定する
⑪ 「カテゴリー」を選択する
⑫ 「プライバシー」を選択する
⑬ フレームサイズを選択する
⑭ [開始] ボタンをクリックする

[OK] ボタンを
クリックする

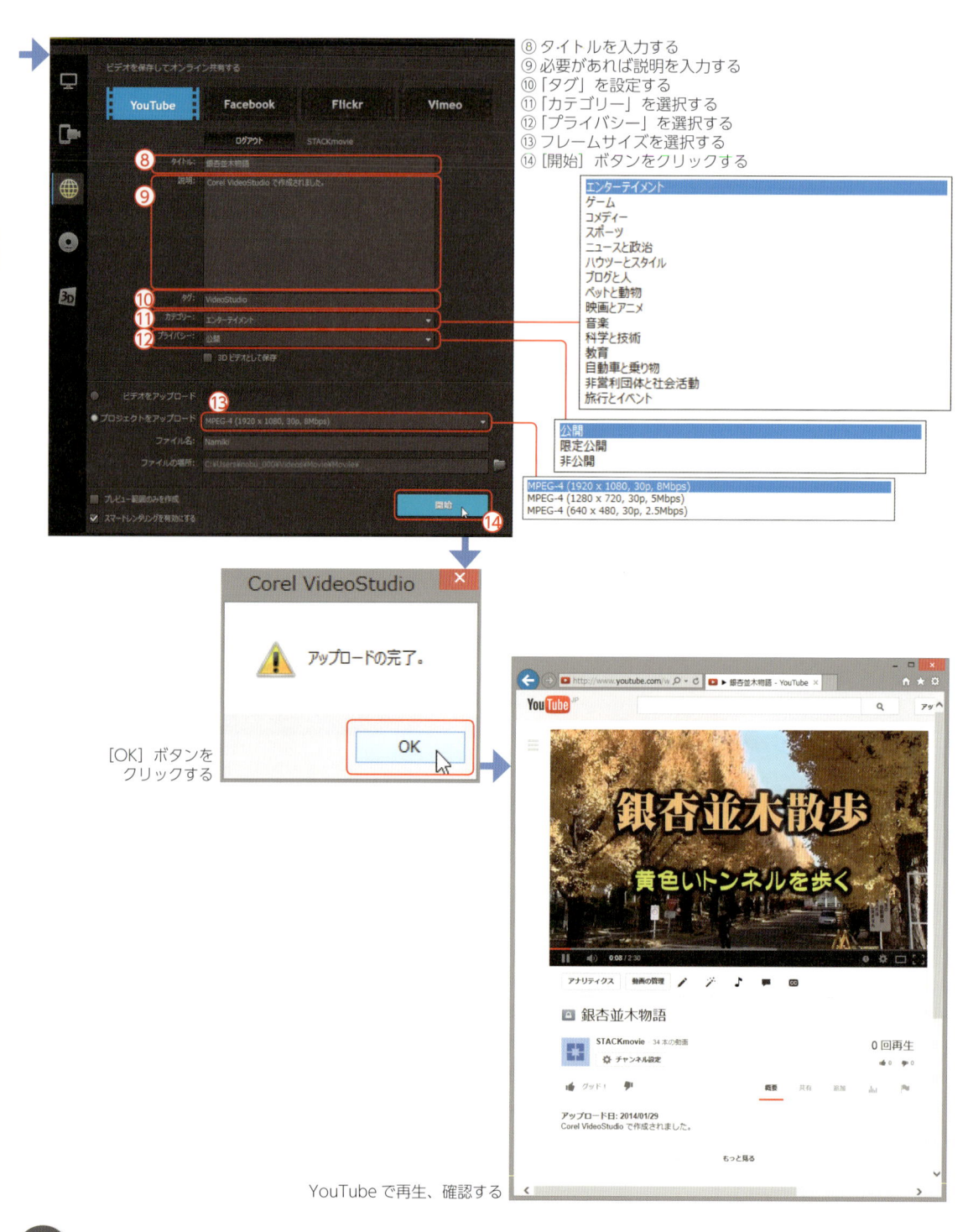

YouTube で再生、確認する

Tips オプションにある「タグ」というのは、いわゆる検索キーワードのことです。これを設定することで、YouTube 内での検索や Google などの検索機能を利用した際に、スピーディな検索が可能になります。

Point　アプリの承認について

初めてYouTubeにアップロードするとき、一度だけアプリの許可リクエストが表示されます。これを許可することによって、VideoStudio X7でYouTube関連のファイル管理ができるようになります。

Point　著作権に注意

ムービーをネットで公開する場合、たとえばテレビや映画の映像を利用していないかどうか、あるいはネット上から入手した映像を利用していないかどうかを確認しましょう。これらの映像が含まれていると、著作権法違反になります。

Vimeoにアップロード

Vimeoも、YouTube同様の動画公開サイトです。Vimeoを利用する場合も、YouTube同様にユーザー名とパスワードを登録しておく必要があります。なお、Vimeoには、一週間にアップロードできるファイルサイズが500MBまでという制限があります。

① 「完了」ワークスペースを選択する
② 「Web」を選択する
③ アップロード先「Vimemo」を選択する
④ [ログイン] ボタンをクリックする

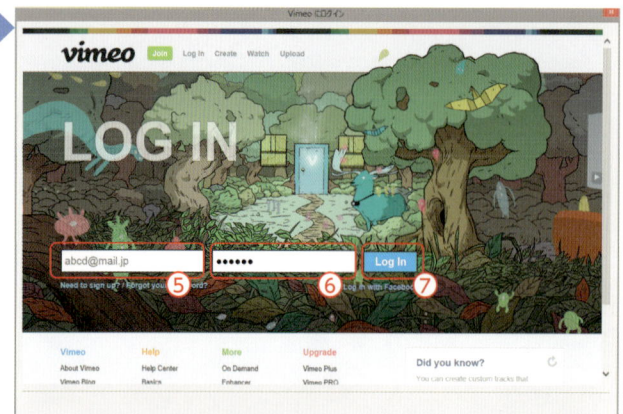

⑤ メールアドレスを入力する
⑥ パスワードを入力する
⑦ [Log In] ボタンをクリックする

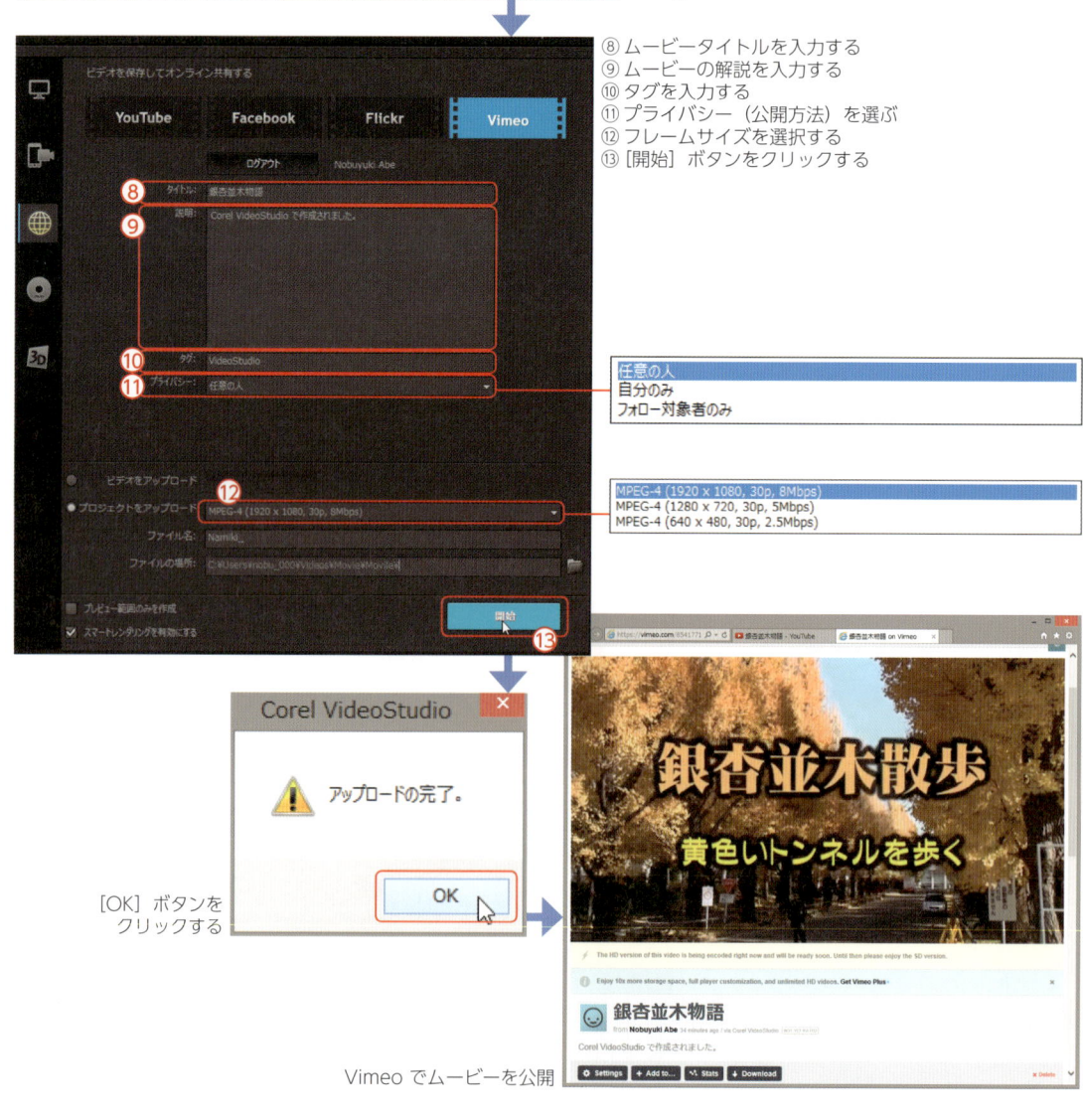

⑧ ムービータイトルを入力する
⑨ ムービーの解説を入力する
⑩ タグを入力する
⑪ プライバシー（公開方法）を選ぶ
⑫ フレームサイズを選択する
⑬ [開始] ボタンをクリックする

[OK] ボタンを
クリックする

Vimeo でムービーを公開

242

Chapter 3-2
オリジナルDVDビデオを作る

Chapter 3-2-1	DVDビデオ／Blu-rayディスク作りの基本
Chapter 3-2-2	チャプターポイントを設定する
Chapter 3-2-3	DVDビデオ/Blu-rayディスクのメニューを作る
Chapter 3-2-4	ディスクとして出力する

Chapter 3 2-1 DVDビデオ／Blu-rayディスク作りの基本

DVDビデオ/Blu-rayディスクを作成する場合、作業を開始する前に、これからどのようなDVDビデオ/Blu-rayディスクを作るのか、ある程度ザックリとしたイメージを作っておきましょう。たとえば、メニュー画面のイメージや、ビデオの再生ボタンはサムネイル表示にするか、文字だけで表示するかなどです。こうしたイメージを持ってから始めれば、スムーズに作業をすすめられます。

オーサリングの準備

ディスクの構成を考える

DVDビデオやBlu-rayディスクを作成する場合、メニューが必要かどうかを考えます。また、メニューが必要であれば、メインメニュー、チャプターメニューそれぞれ必要かどうかなども考えます。

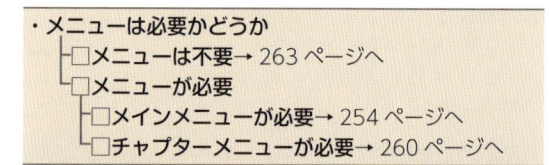

- メニューは必要かどうか
    - □ メニューは不要→263ページへ
    - □ メニューが必要
        - □ メインメニューが必要→254ページへ
        - □ チャプターメニューが必要→260ページへ

メインメニューの例

チャプターメニューの例

「ディスクを作成」でオーサリングを始める

オーサリングウィザードを起動する

VideoStudio X7でDVDビデオやBlu-rayディスクを作成するには、「オーサリングウィザード」という機能を利用します。これは、次のように起動します。

① 「完了」ワークスペースを選択する

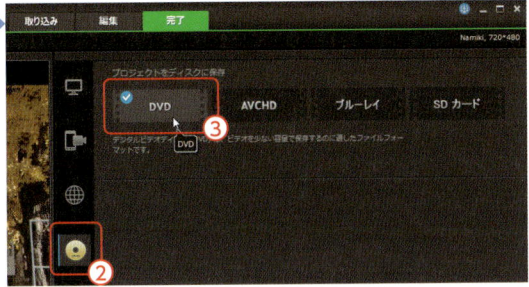

②「ディスク」を選択する
③作成するメディアを選択する

3-2

オーサリングウィザードが表示される

Point　SDカードについて

ディスクメディアに「SDカード」という項目があります。これは、DVDビデオのSDメモリー版とでもいえるもので、「SDビデオ」と呼ばれている企画のコンテンツです。
DVDビデオなどと同じように、メニュー付きでムービーを再生できます。ただし、SDビデオを再生するには、SDビデオ再生用のプレイヤーが必要になります。
カーナビなどに搭載されている機種もあるので、こうしたデバイスで再生してください。

プロジェクトを追加する

① ビデオファイルを追加する
② VideoStudio X7 のプロジェクトファイルを追加する
③ AVCHD、DVDなどからファイルを追加する
④ モバイルデバイスからビデオファイルを追加する

「VideoStudio プロジェクトを追加」を選択

　オーサリングウィザードが起動すると、現在編集中だったプロジェクトが読み込まれながら、「メディアリスト」という領域に登録されています。ここには、他のプロジェクトや、VideoStudio X7から出力したムービーファイルを登録できます。そして、登録したコンテンツは、メインメニューから選択して再生できるようになります。
　ここではさらに別のプロジェクトを追加しています。

① プロジェクトファイルを選択する
② [開く] ボタンをクリックする

245

プロジェクトが読み込まれる

Tips VideoStudio X7 から出力した動画ファイルを読み込む場合は、「ビデオファイルを追加」アイコンをクリックして読み込みます。

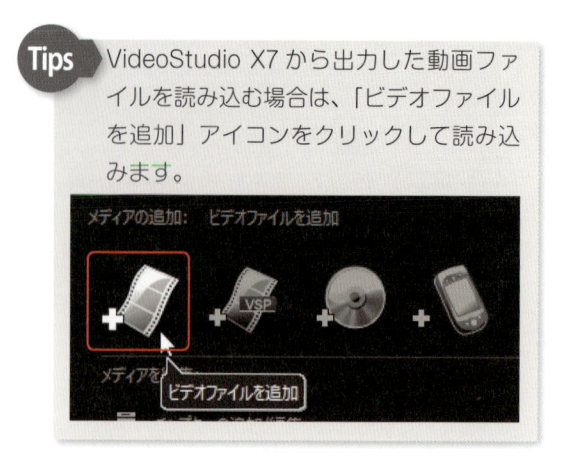

Point サムネイルを変更する

メディアリストに表示されているサムネイルの画像は、自由に変更できます。

① サムネイルを変更したいクリップを選択する
② ドラッグしてサムネイルにしたいフレームを見つける

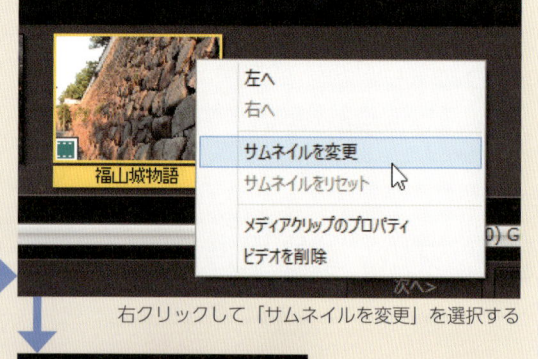

右クリックして「サムネイルを変更」を選択する

サムネイルが変更される

クリップを削除する

メディアリストからクリップを削除する場合は、削除したいクリップを選び、[×]（削除ボタン）をクリックします。

① クリップを選択する
② [×] ボタンをクリックする

イントロビデオの設定

「イントロビデオ」というのは、ディスクをプレイヤーにセットしたとき、メニューが表示される前に、最初に1回だけ再生されるビデオです。したがって、メニュー付きのディスクを作成したときに利用する機能です。

そして、イントロビデオが再生されてから、メインメニュー画面が表示されます。クリップをイントロビデオに設定すると、サムネイルの左上に［1］と表示されます。

イントロビデオ用のクリップを選択

イントロビデオにしたいクリップを左端にドラッグ＆ドロップで移動する

① 「イントロビデオを再生してからメニューを表示する」チェックボックスを ON にする
② [1] マークが表示される

クリップ名を変更

メディアリストに配置されているクリップには、名前が表示されています。この名前は、メニュー作成時にムービータイトルとして表示されます。ここで、メニュー用に名称を変更しておきます。

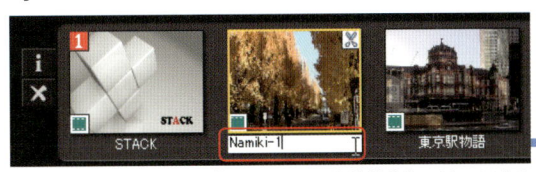

変更したいクリップを選択して、名前部分をクリックする

名称を変更する

Point　オーサリングを中断する

オーサリングの編集を中断する場合は、ウィンドウの右下にある［閉じる］ボタンを押してウィザードを終了します。このとき、編集内容は自動的にプロジェクトに保存されます。オーサリングを再開する場合は、プロジェクトを開いて「ディスク」を選択すると、オーサリングを中断したところから再開できます。
なお、プロジェクトファイル保存ダイアログボックスが表示されるので、ここでプロジェクトとして保存しておくこともできます。保存したプロジェクトを利用すれば、同じようにディスク作成を再開できます。

Chapter 3 2-2 チャプターポイントを設定する

ビデオムービーの任意の位置からビデオを再生したい場合、チャプターメニューを利用します。VideoStudio X7のオーサリング機能でもチャプターメニューが作成できますが、そのためには「チャプターポイント」の設定が必要になります。

チャプターについて

●チャプターメニューは、ディスクの目次

再生時間の長いクリップの場合、クリップのどこから再生すればよいのかを示してくれるのが「チャプター」です。いわばDVDビデオの「目次」です。その目次で構成したメニューが「チャプターメニュー」です。チャプター（Chapter）には本来「（書物などの）章」という意味がありますが、ムービーの特定の位置にマーキング（チャプターポイント）し、そこから再生が開始できるようにしたものがチャプターです。

次ページのメニューで表示

チャプターを設定する方法

チャプターメニューでは、チャプターとして利用したい位置に「チャプターポイント」と呼ばれるマークを設定します。こうしたチャプターの作成には、VideoStudio X7のオーサリングウィザードで設定する方法と、VideoStudio X7のタイムラインビューで設定する方法があります。

●オーサリングウィザードで設定する

●タイムラインビューで設定する

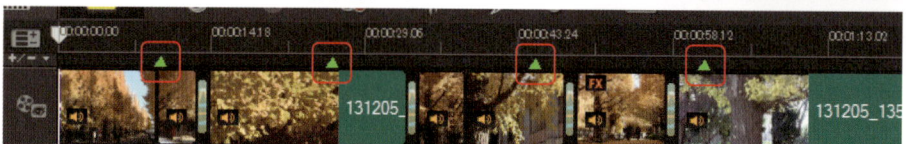

オーサリングウィザードでチャプターを設定

1 チャプターの編集ウィンドウを表示する

チャプターを設定したいクリップをメディアリストで選択し、「チャプターの追加 / 編集 ...」アイコンをクリックします。「チャプターの追加 / 編集」ウィンドウが表示されます。

① クリップを選択する
②「チャプターの追加 / 編集 ...」をクリックする

「チャプターの追加 / 編集」ウィンドウが表示される

2 チャプター位置を見つける

ウィンドウのコントローラーにあるジョグバーや [再生] ボタン、ジョグハンドルなどを利用して、チャプターを設定したい位置を見つけます。

チャプター位置を見つける
❶ ジョグバー
❷ ジョグハンドル

3 チャプターを設定する

オプションパネルにある「チャプターの追加」アイコンをクリックすると、ジョグバー位置にチャプターが設定され、赤いマーカーが表示されます。これを「チャプターポイント」といいます。また、メディアリストには、チャプター位置のサムネイルが登録されます。

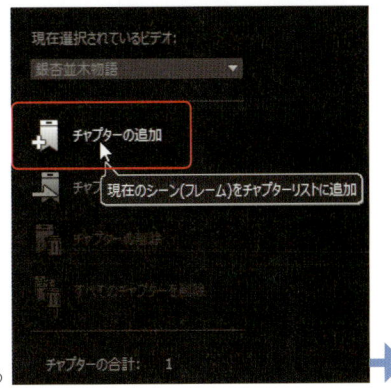

「チャプターの追加」をクリックする

① 赤いマーカーが表示される
② サムネイルが登録される
③「チャプターの合計」も増える

4 他の場所にもチャプターを設定する

同様に操作して、他の場所にもチャプターを設定します。

チャプターを設定する 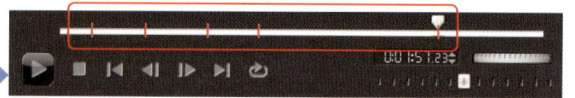　　　設定されたチャプターのマーカー

Point　チャプターを削除する

設定したチャプターを削除する場合の選択
・チャプターの削除→ジョグバー位置のチャプターが削除される
・すべてのチャプターを削除→すべてのチャプターが削除される

① チャプターを選択する
②「チャプターの削除」をクリックする

チャプターが削除される

5 [OK] ボタンをクリックする

チャプターを設定したら [OK] ボタンをクリックし、ウィザード画面に戻ります。

[OK] ボタンをクリックする  → ウィザード画面に戻る

チャプターを自動的に設定する

「チャプターの追加 / 編集」ウィンドウのオプションパネルにある「チャプターの自動追加...」をクリックすると、撮影日時の変わり目やシーンの変わり目、指定した一定時間ごとに、自動的にチャプターを設定することができます。

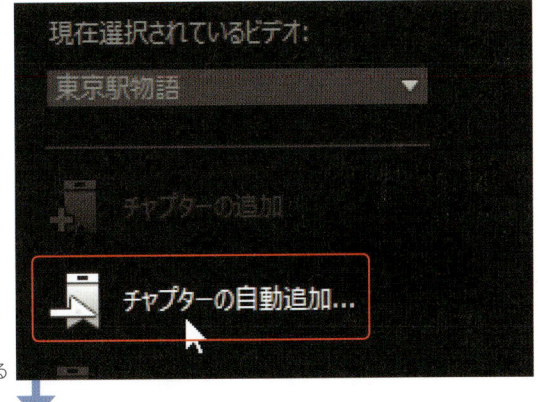

「チャプターの自動追加...」をクリックする

① シーンをチャプターとして挿入(I)
② 一定間隔でチャプターを追加(A): 1 分
③ シーンを自動検出してチャプターを追加(U)

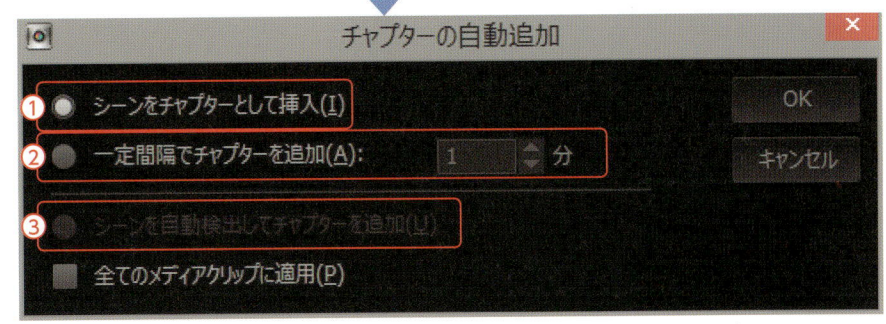

①撮影日時からシーンを検出してチャプターを設定する
②指定した時間ごとにチャプターを設定する
③シーンの変わり目を自動検出してチャプターを設定する

タイムラインでチャプター設定

タイムラインに反映される

VideoStudio X7でプロジェクトを編集中でも、タイムラインビューでチャプター設定ができます。なお、先に解説したオーサリング画面でチャプターを設定すると、タイムラインにもチャプターのポイントが反映されます。

緑色の▲マークが
「チャプターポイント」

チャプターの設定

タイムラインビューでチャプターを設定する場合は、ジョグ スライダーや再生ヘッドを操作してチャプターポイントを見つけ、設定します。

① [▼] をクリックする
②「チャプターポイント」を選択する

③ 再生ヘッドをドラッグする
④ チャプター位置を見つける

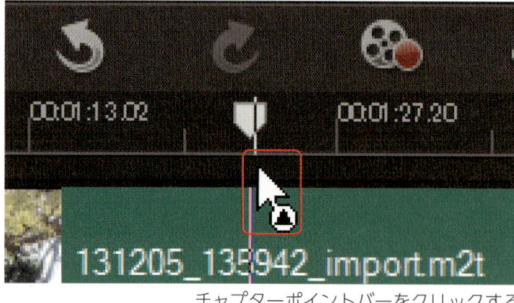

チャプターポイントバーをクリックする

[▲] のチャプターポイントが設定される

チャプターの移動と削除

設定したチャプターは、ドラッグして位置を移動したり、チャプターポイントバー以外の場所にドラッグすれば削除できます。

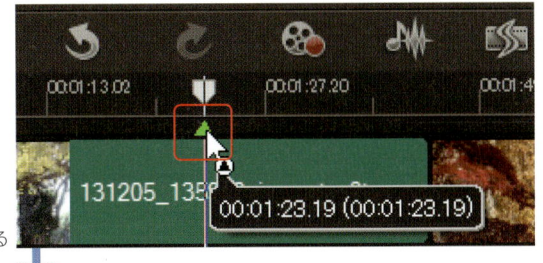

チャプターポイントにマウスを合わせる

ドラッグして位置を移動する

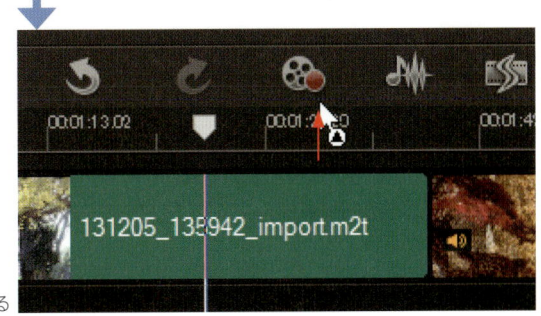

チャプターポイントをバーの外にドラッグすると削除される

Point [追加] ボタンで設定する

タイムラインビューの左端にある [＋／－] の [追加／削除] ボタンをクリックしても、再生ヘッドのある位置にチャプターポイントを追加／削除できます。

Chapter 3 2-3 DVDビデオ／Blu-rayディスクのメニューを作る

オリジナルなDVDビデオ/Blu-rayディスクにメニューを作ってみましょう。メニューには、メインメニューとチャプターメニューの2タイプがありますので、それぞれの作成ポイントについて解説します。

メインメニューとチャプターメニュー

　VideoStudio X7では、市販のDVDビデオ/Blu-rayディスクのように、メニューのあるディスクが作成できます。作成可能なメニューは、メインメニューと、そのサブメニューのチャプターメニューの2種類です。

メインメニュー　　　　　　　　　　　　チャプターメニュー

メニューデザインを選ぶ

　メニュー作成では、メニューデザインを選択し、そのデザインに合わせてアレンジします。メニューデザインは、ムービーの内容に合ったものを選びましょう。

1 メニュー作成を有効にする

　メニュー画面を作成する場合は、「詳細な編集」オプションを開き、ここで「メニューを作成」をオンにします。

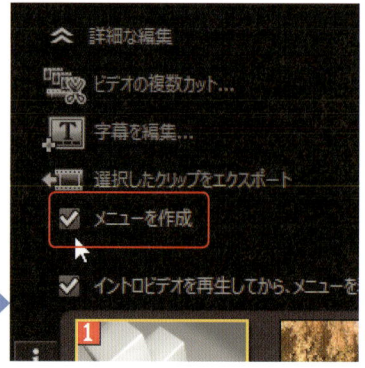

「詳細な編集」をクリックする　　　　　　　　　　　　　　　　　　　　　チェックマークをオンにする

254

Point　メニューは不要

メインメニューなどは不要という場合は、メニューの作成機能をオフにします。

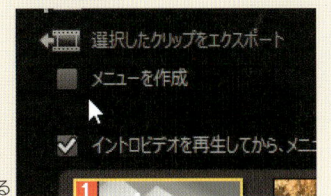

チェックマークはオフにする

2　デザインを選択する

クリップの準備ができたら、[次へ]ボタンをクリックします。「2 メニュー作成」画面に切り替わります。メニューのデザインは、オプションパネルの「テンプレート」から選びます。ここでカテゴリーを選び、お好みのデザインを選びます。

[次へ]ボタンをクリックする

メニュー作成画面が表示される

カテゴリーを選ぶ

① デザインを選ぶ
② 選択したデザインが適用される

Tips

スマートシーンメニュー	スマートプロジェクトを利用したメニュー
サムネイルメニュー	ビデオ再生用ボタンとしてサムネイルを利用できるメニュー
テキストメニュー	ビデオ再生ボタンに文字を利用するメニュー

③ デザインを交換する

カテゴリーを選び直し、サムネイルをクリックすると、選択したデザインに切り替えられます。

① カテゴリーを変更
② デザインを選ぶ
③ 選択したデザインが適用される

④ チャプターメニューのデザインを選択する

チャプターメニューを作りたい場合は、同じように、チャプターメニューのデザインを選択します。デフォルト（初期設定）では編集対象がメインメニューなので、これをチャプターメニューに変更します。

① [▼] をクリックする
② チャプターを設定してあるプロジェクト名を選択する

デザインを選択する

Tips クリップにチャプターが設定されていないと、「メインメニュー」と「チャプターメニュー」の切り替えは表示されません。

メニューレイアウトをカスタマイズ

選択したメニューデザインは、カスタマイズしてアレンジできます。メインメニュー、チャプターメニュー、どちらもカスタマイズ可能です。

タイトル文字の変更

メインタイトルの文字を変更してみましょう。次のように操作します。

タイトル文字をダブルクリックする

文字を変更する

フォントの変更

タイトル文字を変更したら、フォントを変更してみましょう。

① 文字をクリックして選択状態にする
② 「編集」タブをクリックする
③ 「フォントの設定…」アイコンをクリックする

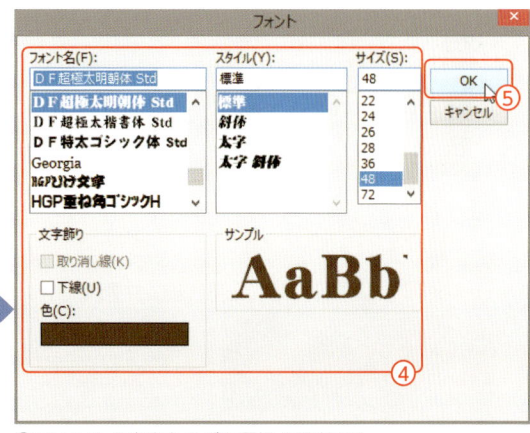

④ フォントや文字色などを選択/設定する
⑤ [OK] ボタンをクリックする

Point 「モーションメニュー」について

「モーションメニュー」は、メニュー画面に表示されたサムネイル内で、指定した時間だけ映像が再生される機能です。これをオフにすると、サムネイルでのムービー再生はされません。
また、オフにすると、サムネイルムービーの作成が省略されるので、全体の変換処理時間が短くなります。

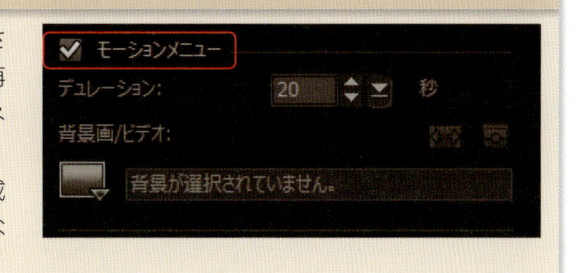

フォントが変更される

Tips ピンクの●をドラッグすると、文字の回転ができます。
緑色の●をドラッグすると、文字を変形できます。

Point ドラッグで文字サイズを変更

文字サイズは、フォントダイアログボックスでも変更できますが、黄色い■のハンドルを使っても変更できます。

黄色いハンドルをドラッグする

表示位置の変更

文字を選択してドラッグすると、表示位置を変更できます。

文字をドラッグして表示位置を変更

Point フォントについて

ここで利用しているフォントは、筆者が独自にインストールしたもので、製品には付属していません。必要なフォントは、ユーザー自身でインストールしてください。また日本語と英語以外のフォントはサポートしていません。

フレームの文字変更

247ページでの解説のように、クリップのファイル名を変更しなかった場合でも、このメニュー編集画面で、ムービータイトルの名称を変更できます。変更方法は、メインタイトルと同様にダブルクリックして文字を編集し、「編集」タブでフォントなどの設定を変更します。

変更前　　　　　　　　変更後

Tips 1つの文字に設定した内容を他の文字にも適用したい場合は、設定した文字を右クリックし、「形状属性をコピー」を選択します。そして、変更したい文字を右クリックして「形状属性の貼り付け」を実行すれば、簡単に設定内容をコピーできます。

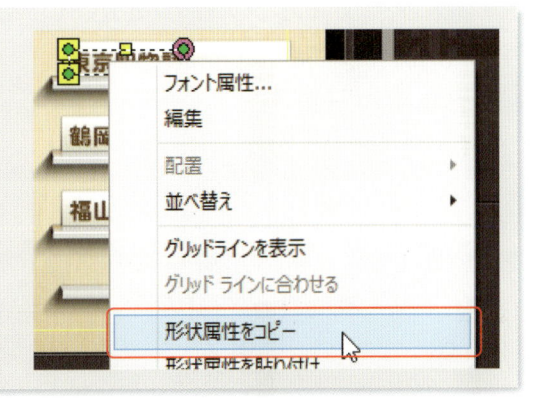

Point レイアウトのカスタマイズ

「編集」タブの「カスタマイズ...」を利用すると、テンプレートのレイアウトをカスタマイズできます。なお、変更できる内容は、メニューのカテゴリーによって異なります。

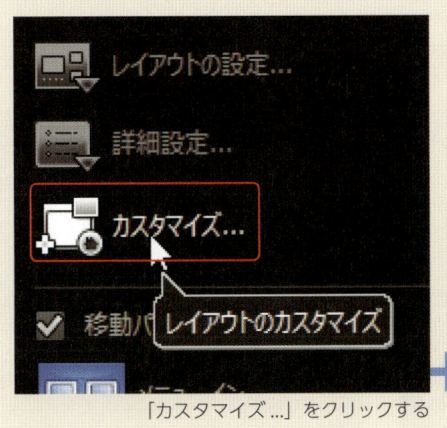

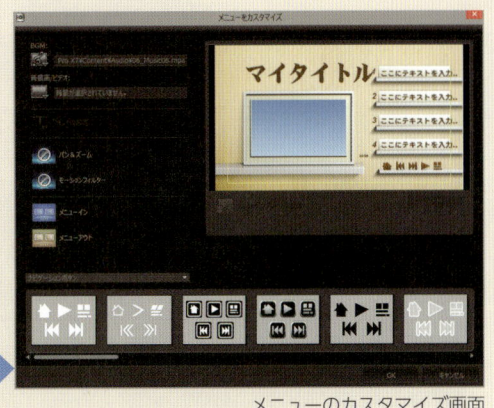

「カスタマイズ...」をクリックする　　　　　　メニューのカスタマイズ画面

メニュー BGM の設定 / 変更

メニューのテンプレートには、デフォルト（初期設定）で BGM が設定されています。この BGM を変更するには、次のように操作します。

1 メニューを選択する

「編集」タブから、「BGM の設定」のアイコンをクリックし、どのメニューに変更を加えるかを選択します。

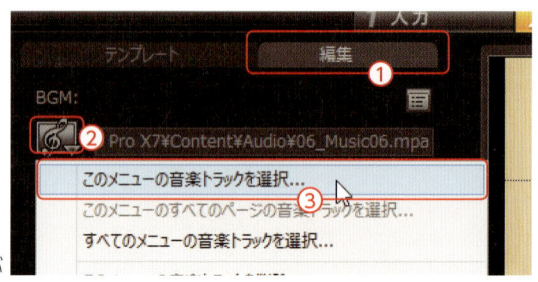

① 「編集」タブをクリックする
② 「BGM の設定」アイコンをクリックする
③ 「このメニューの音楽トラックを選択...」を選ぶ

2 オーディオファイルを選択する

ファイル選択ダイアログボックスが表示されるので、オーディオファイルを選択し、[開く] ボタンをクリックします。

① オーディオファイルの保存フォルダを開く
② オーディオファイルを選ぶ
③ [開く] ボタンをクリックする

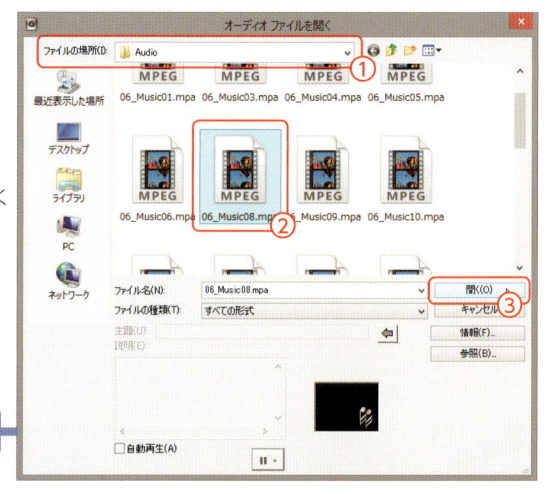

選択したオーディオファイルが登録される

チャプターメニューの作成

チャプターメニューも、メインメニュー同様にカスタマイズできます。カスタマイズ方法も、メインメニューと同じです。

チャプターメニューに切り替える 　　チャプターメニューをカスタマイズする

Point メニューの背景を写真に変更

メインメニュー、チャプターメニュー、ともにメニュー画面の背景にはオリジナルなムービーや写真を配置できます。204ページで解説した方法でムービーから写真を切り出し、それを利用することも可能です。

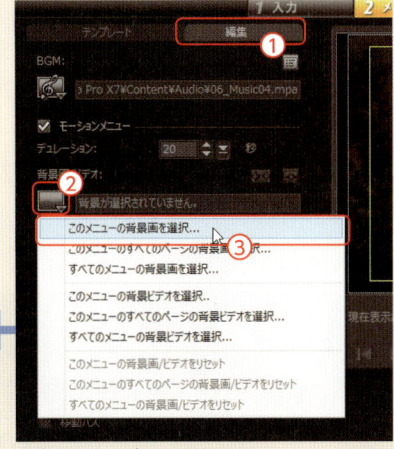

① [編集] タブをクリックする
② [背景の設定] アイコンをクリックする
③ 「このメニューの背景画を選択 ...」を選ぶ

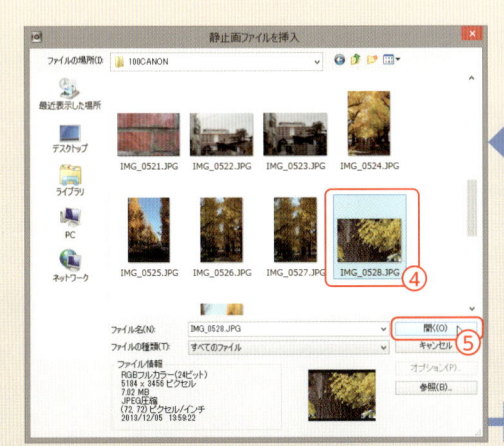

④ 画像を選択する
⑤ [開く] ボタンをクリックする

⑥ 背景画像が変更される
⑦ 背景画が重なっている
⑧ 既存の画像上で右クリックする
⑨ 「オブジェクトの透明度を設定」をクリックする

透明度を「99」に設定する
※オブジェクトが複数ある場合は、不要なものはすべて透明度を変更します

背景写真を引き伸ばす

メニューの操作方法を設定する

デフォルト（初期設定）では、メニューで選択したムービーの再生を終えると、次のムービーを再生するように設定されています。これを、1つのムービーを再生したら、必ずメニュー画面に戻るように設定変更してみましょう。

1 「プロジェクト設定」ダイアログボックスを表示する

作成するDVDの特徴を設定する「プロジェクト設定」ダイアログボックスを表示します。

「プロジェクト設定」をクリックする

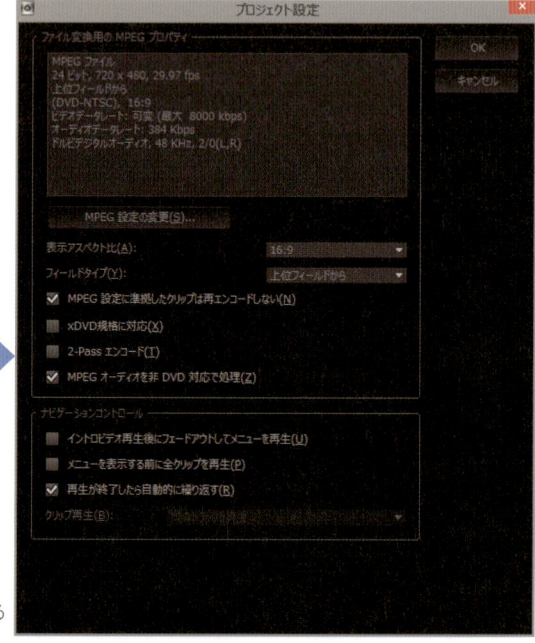

プロジェクト設定ダイアログボックスが表示される

2 ナビゲーションを設定する

「ナビゲーションコントロール」で、メニューの動作を設定変更し、「プロジェクト設定」ダイアログボックスの［OK］ボタンをクリックします。

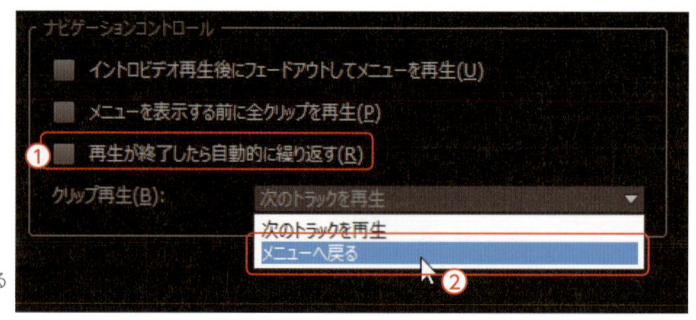

①チェックボックスをオフにする
②「メニューへ戻る」に設定する

Chapter 3 2-4 ディスクとして出力する

オーサリングが終了したら、メディアに記録します。ここでは DVD ビデオ作成のために、DVD メディアへの記録方法を解説します。Blu-ray メディアでも、記録方法は同じです。

DVD ビデオのプレビュー

DVD ビデオディスクのオーサリングが完了したら、プレビュー画面で動作チェックします。プレビューは、メニューの編集画面にある「プレビュー」アイコンをクリックして実行します。

「プレビュー」をクリックする

イントロビデオが再生される

メインメニューが表示される

チャプターメニューが表示される

リモコン画像を使用して動作を確認できる

[戻る] ボタンをクリックする

DVDメディアへの記録

いよいよDVDメディアへの記録です。DVDオーサリングウィザードの最後は、メディアへの書き込み画面が表示されます。DVDビデオを作成する場合なら、「レコーディング形式」が「DVDビデオ」と表示されています。各オプションを確認して、「書き込み」アイコンをクリックします。

[次へ>] ボタンをクリックする

出力オプション表示のボタンをクリックする

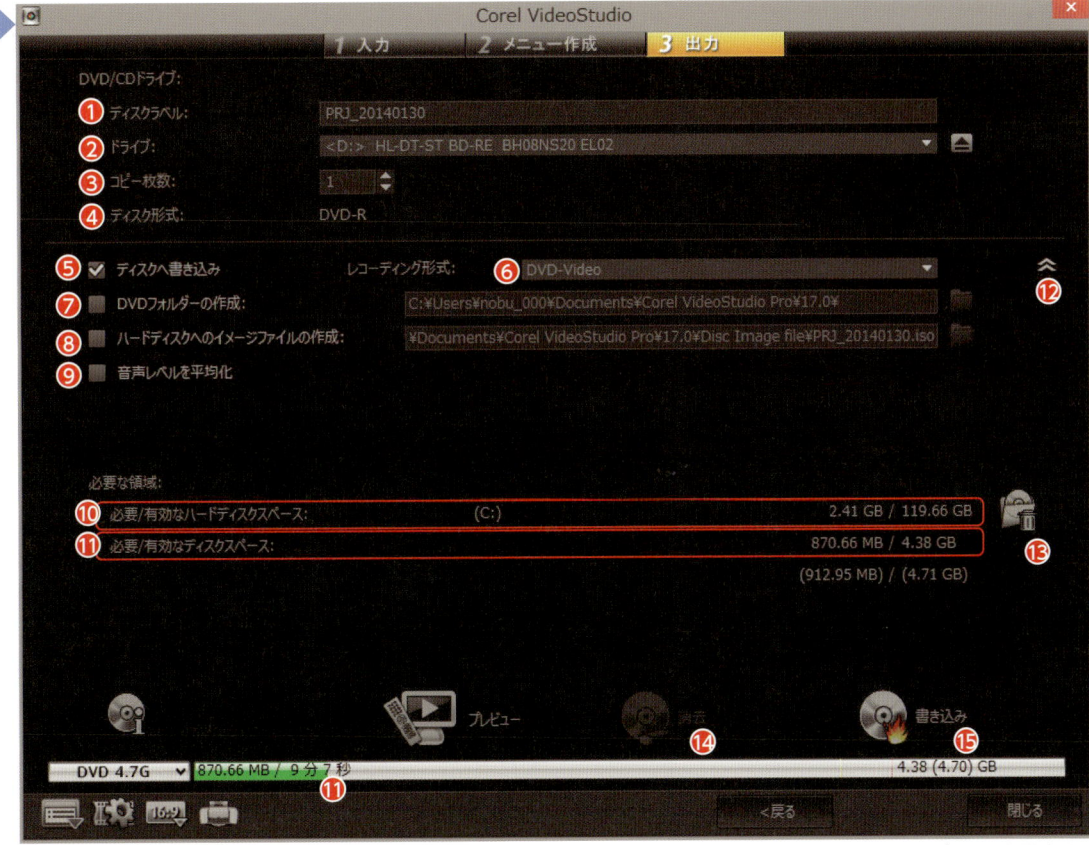

オプションを設定する

❶	ディスク名を入力する。
❷	書き込み用のドライブを選択／指定する。
❸	作成するディスク枚数を指定する。
❹	書き込みを行うメディアのタイプ。
❺	ディスクメディアへ書き込みを行う場合はオンにする。
❻	レコーディング形式を選択する。「DVD ビデオ」「DVD+VR」「DVD-VR（メニューなし）」から選択できる。
❼	ディスクメディアに記録するデータと同じものを、ハードディスク上に DVD フォルダーとして出力する。
❽	ディスクメディアへ記録するデータを、イメージファイルとしてハードディスク上に出力する。
❾	クリップによってばらつきのある音量レベルを、均一にする。
❿	ディスク作成に必要なハードディスクのスペースと、使用可能なハードディスクの空き容量を表示。
⓫	メディアディスクに書き込まれるデータのサイズと、使用可能なメディアの空き容量。
⓬	書き込み用のオプションダイアログボックスの表示／非表示を切り替える。
⓭	作業用のフォルダから、テンポラリファイル（作業ファイル）を削除する。
⓮	記録済みの RW ディスクを初期化する。
⓯	書き込みを実行する。

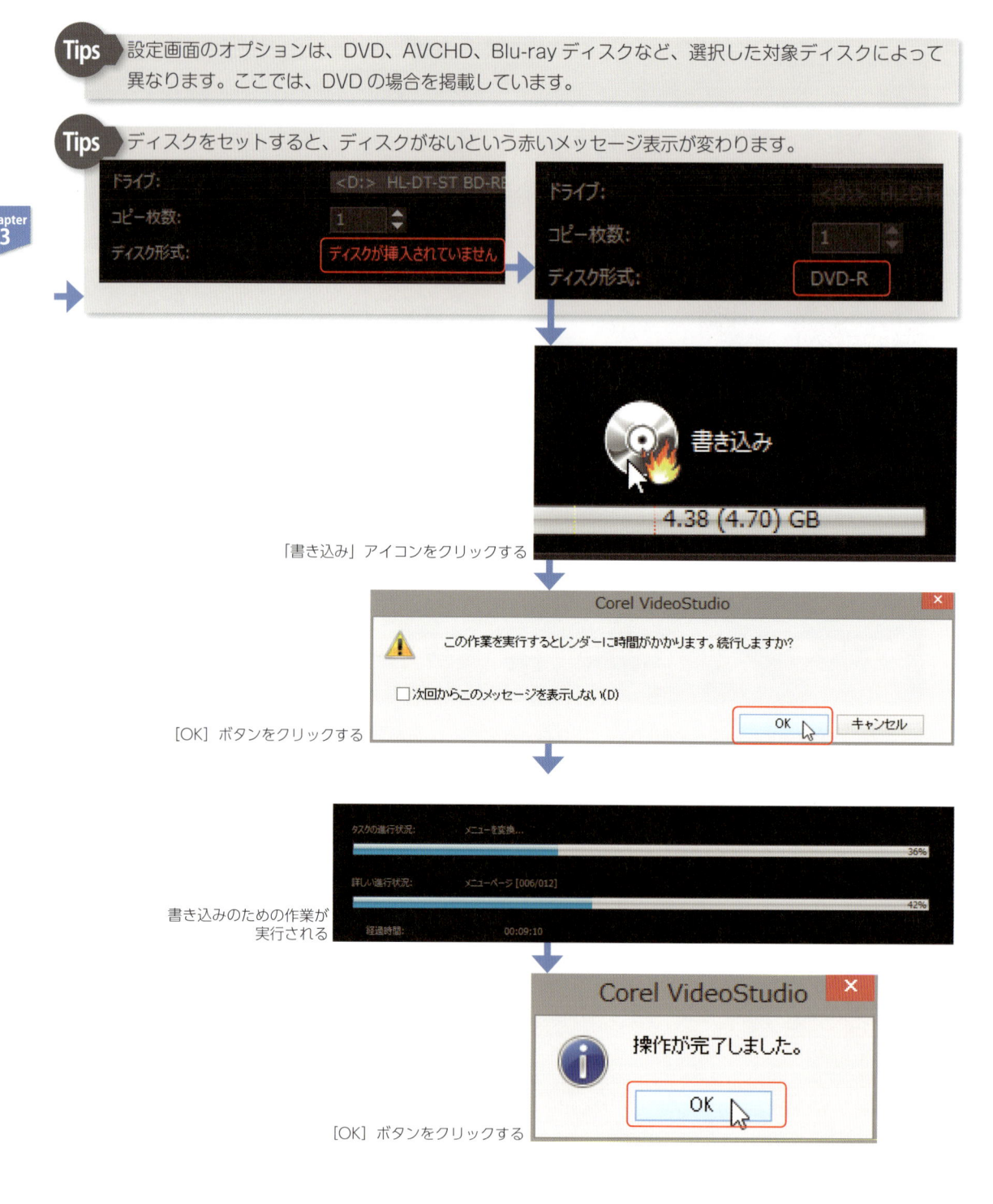

Tips 設定画面のオプションは、DVD、AVCHD、Blu-ray ディスクなど、選択した対象ディスクによって異なります。ここでは、DVD の場合を掲載しています。

Tips ディスクをセットすると、ディスクがないという赤いメッセージ表示が変わります。

「書き込み」アイコンをクリックする

[OK] ボタンをクリックする

書き込みのための作業が実行される

[OK] ボタンをクリックする

ISO イメージの作成

「ISO イメージ」というのは、DVD メディアに記録するデータを、ファイルの形式で出力したものです。たとえば、ネットで DVD ビデオを送りたいという場合、DVD ビデオを ISO イメージとして出力すれば、このファイルのみをネットで送ればよいのです。

受け取った側は、ISO イメージを使用して DVD ビデオを作成できます。ただし、作成するには、ISO イメージをディスクに記録するためのアプリケーションが必要になります。

① チェックボックスをオフにする
② チェックボックスをオンにする
③ ファイルの保存先フォルダーを変更したい場合は、ここをクリックする

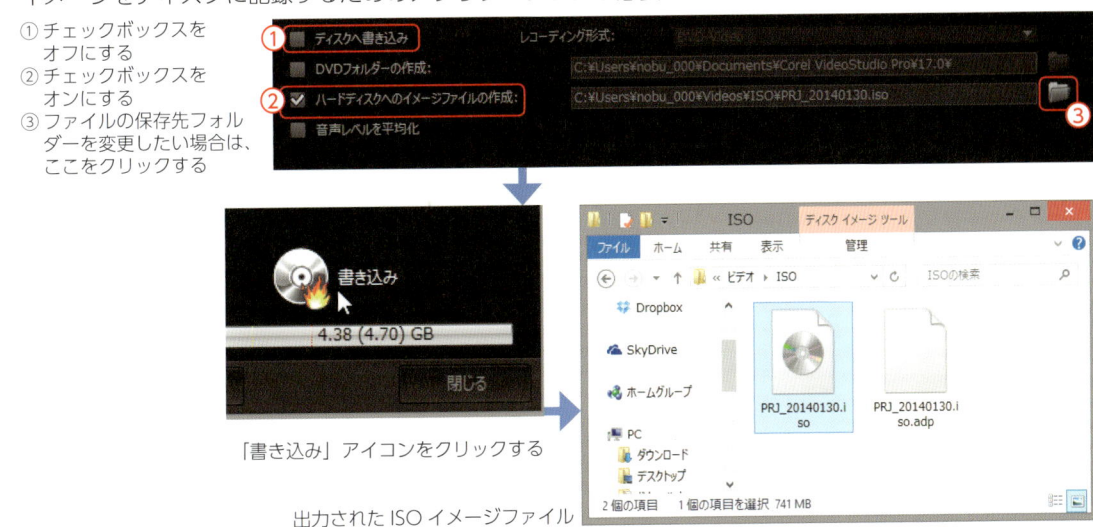

「書き込み」アイコンをクリックする

出力された ISO イメージファイル

Point　ISO イメージ出力できるタイプ

ISO イメージを出力できるのは DVD 形式のみです。AVCHD や Blue-ray では出力できません。

Tips

「DVD フォルダーの作成」は、DVD ビデオでメディアに記録されているデータと同じ状態のデータを、ハードディスク上に作成することができる機能です。このデータは、DVD プレイヤーソフトを利用して再生できます。

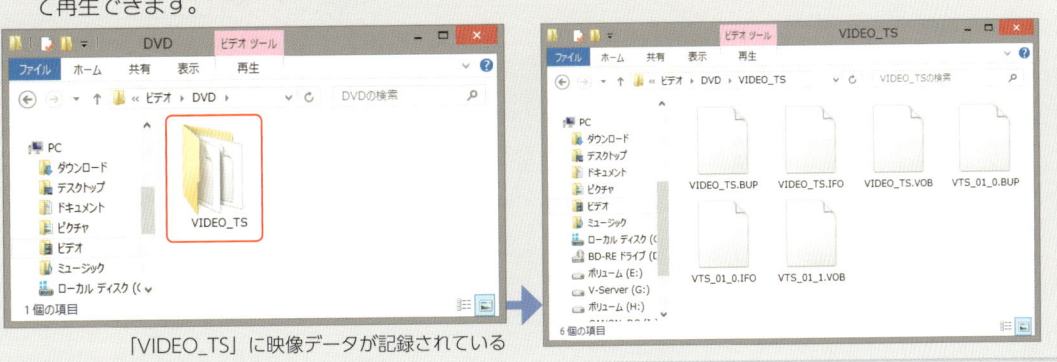

「VIDEO_TS」に映像データが記録されている

数字

- 4：3 134
- 16：9 134
- 30fps 8
- 32 ビット版 14
- 64 ビット版 14

アルファベット

- Android 232
- AVC/H.264 218
- AVCHD 8, 22
- AVCHD ディスク 230
- 「AVCHD」フォルダー 26
- AVI 形式 214
- BDMV 26
- BGM 124
- Blu-ray ディスク 230, 244
- CANON100 197
- Corel ScreeCap X7 144
- DCIM 232
- [Delete] キー 65
- DSLR 設定 182
- DV 214
- DVD 214
- DVD+VR 230
- DVD-VR 230
- DVD ビデオ 230, 244
- DVD フォルダーの作成 267
- DV 端子 134, 213
- 「DV テープをスキャン」 216
- FireWire 134
- H.264 8
- HD プレビュー 64
- HTML 58
- HTML5 ...... 57, 226
- IEEE1394 ...... 134, 213
- I.LINK 134
- iPhone 232
- iPhone で再生 235
- ISO イメージ 267
- miniDV テープ 213
- .MOV 232
- MOV 形式 197
- .mp4 233
- MPEG オプティマイザー 217
- MPEG-2 形式 214
- MPEG-4 130
- MPEG-4 形式 233
- .MTS 35
- PaintShop Pro X6 208
- PhotoSync 232
- PRO 15
- proDAD 186
- project 64
- QuickTime ムービーファイル 238
- SD ビデオ 245
- STREAM 26
- .uisx 185
- ULTIMATE 15
- UVC 180
- VideoStudio X7 のインストール 14
- VideoStudio X7 の起動 16
- VideoStudio X7 の終了 16
- [VideoStudio で編集] ボタン 141
- Vimeo 241
- VR 方式 230
- .VSP 148
- WebM 形式 227
- WMV 形式 8
- YouTube 239
- Zip ファイル 221

あ

- 「アウト」 115
- アカウント登録 239
- アスペクト比 134
- 頭出し 215
- 圧縮 221
- アニメーション効果 106
- アニメーションの登録 154
- アニメーションモード 150
- アプリの承認 241
- 移動方向を設定 115
- イメージクリップ 30
- 入れ子 148
- 色かぶり 206
- 色補正 206
- 「色を選択」 207
- 「イン」 115
- インスタントプロジェクト 190, 225
- 「インスタントプロジェクト」ライブラリ 191
- インターバル 182
- イントロビデオ 247
- 「インポート設定」 29
- ウィンドウのサイズ 20
- エアブラシ 151
- 映像ファイル形式 214
- エンコード 134
- オーサリング 230
- オーサリングウィザード 244
- オーサリングを中断 247
- オーディオクリップ 30
- オーディオクリップだけを表示 40

オーディオクリップのトリミング 128
オーディオクリップライブラリ.... 124
オーディオデータ 37, 124
オーディオファイル..................... 124
［オーディオプレビューを
無効にする］ボタン 216
「オーディオを分割 ...」................ 128
「オートスケッチ」...................... 117
オーバーレイ 168
オーバーレイトラック................... 66
「お気に入り」.............................. 89
「お気に入りに追加」..................... 89
オニオンスキン 183
「オブジェクトの透明度」............ 261
オプションパネル 96
おまかせモード 136
音量調整................................... 127

か

開始位置..................................... 72
回転.. 199
拡張子.. 35
影を設定................................... 103
画質補正................................... 206
「カスタム」カテゴリー 195
カメラドライバー 180
「完了」ワークスペース............... 130
キーフレーム............................. 171
キーフレームの移動.................... 173
キーフレームを削除 173
［キーフレームを除去］ボタン .. 173
キーフレームを追加する............ 172
「ギャラリー」ドロップダウン
メニュー 83
境界線／シャドウ／透明度......... 104

［記録／取り込みオプション］ 214
［記録停止］ボタン 154
クリップの入れ替え...................... 65
クリップの再生............................ 63
「クリップの再リンク」.................. 47
クリップの削除............................ 65
クリップの長さ............................ 73
［クリップのプレビュー］................ 28
クリップを移動............................ 44
クリップを置き換える 192
クリップをコピー......................... 43
クリップを削除............................ 45
クリップをプレビュー................... 61
クレイアニメ 180
「形状属性の貼り付け」............... 259
継続時間.................................... 74
コントロールボタン 215

さ

「最後に使用したフィルターを
置き換える」.............................. 121
「サイズ」エリア......................... 227
再生速度変更............................. 171
「再生速度変更／タイムラプス ...」
.... 178
再リンク.................................... 47
サウンドミキサー 157
撮影日情報................................ 216
サムネイルのサイズ..................... 42
サムネイル表示........................... 41
サムネイルメニュー................... 255
サムネイルを変更 246
「シーンごとに分割」................... 215
システムの種類 14
自動取り込み 182
字幕エディター 174

写真クリップ............................... 30
写真クリップだけを表示................ 40
写真データ.................................. 36
「写真の表示時間を変更」............ 198
写真を回転................................ 199
「シャドウ」タブ 104
終了位置..................................... 72
［詳細を表示］ボタン 218
ジョグ スライダー 72
新規 HTML5 プロジェクト............. 57
「新規字幕を追加 ...」................. 175
［新規フォルダーを追加］............. 24
新規プロジェクト......................... 57
ズーム 200
ズーム操作.................................. 76
スチルモード............................. 150
ストーリーボードビュー 60
ストップモーションアニメーション
.... 180
［ストップモーション］ボタン 181
［すべての可視トラックを表示］.....68
［すべてのクリップを選択］............ 27
［すべての選択を解除］................. 27
「すべての属性を貼り付け」........ 205
スマートシーンメニュー 255
スマートパッケージ................... 219
スマートパッケージの出力......... 219
スマートパン&ズーム 134, 197
「スマートパン&ズーム」を
カスタマイズ............................. 200
スマートプロキシ........................ 64
「スマートプロキシ ファイルの
作成 ...」................................... 211
スマートプロキシ機能................ 210
スマートプロキシマネージャー 64
スマートプロキシを有効にする.....64

スローモーション 171
静止画像 36
静止画像を切り出す 204
選択範囲 73
「属性」パネル 122
「属性をコピー」............................ 205
「属性を選択して貼り付け ...」.. 205
外付けハードディスク 31
［その他のコンテンツ］ボタン... 196

た

タイトル 90
タイトル作成モード 98
タイトル修正モード 139
タイトルセーフエリア 95
「タイトル設定」タブ 106
タイトルトラック 66
タイトルの表示時間 96, 110
タイトル文字の変更 257
タイトル文字を変更........................ 93
タイムコード 8
タイムラインに挿入 29
タイムラインビュー 60
タイムラインルーラー 91
タイムラプス 177
「タイムラプス写真の挿入 ...」... 179
タグ 240
「単一のタイトル」........................ 112
チャプター 248
チャプターの移動 253
「チャプターの自動追加 ...」....... 251
「チャプターの追加」................... 249
「チャプターの追加／編集 ...」... 249
チャプターポイント 248
チャプターメニュー 248, 260
チャプターを削除 250

［追加］ボタン 24
［次のフレームへ］.......................... 72
［テキストオプション］ボタン..... 176
テキストメニュー 255
「デジタルメディアから取り込み」
 26
「デジタルメディアの取り込み」..... 25
手ぶれ補正 186
デュレーション 8, 74
テロップ 111
テロップの速度 116
テンプレート 223
「テンプレートとして出力 ...」...... 195
トラッカー 164, 220
［トラッカーをエリアとして選択］
 164
トラッキングエリア 167
トラック 66
トラックマネージャー 66
トラックを削除 68
トラックを追加 67
トランジション 82
「トランジション効果を
自動的に追加」................................ 87
トランジションの継続時間............. 88
トランジションをカスタマイズ...... 88
トランジションを削除..................... 86
トランジションを設定..................... 82
トランジションを変更..................... 85
［取りこみ開始］.............................. 28
「取りこみ先フォルダー」............. 31
「取り込み」タブ 204
［取り込み停止］............................ 216
取り込み頻度 182
トリミング 69
トリムウィンドウ............................ 75

トリムマーカー 72

な

ナビゲーションコントロール 262
ナビゲーションパネル 71
「名前をつけて保存」...................... 55
名前を変更 49
ねんどアニメ 180

は

背景写真を引き伸ばす 261
ハイビジョン画質 8
パス 160
「パス」パネル 161
パスを削除 162
早送り 171
パン 200
ハンドル 102
ピクチャー・イン・ピクチャー 160
ビデオクリップ 30
ビデオクリップだけを表示............ 40
ビデオトラック 66
「ビデオトラックに
現在の効果を適用」............... 86, 198
「ビデオの取り込み」............. 25, 215
ビデオファイルを出力 130
ビデオファイルを追加 246
「ビネット」................................... 118
表示時間を一度に変更 198
ファイル情報 27
ファイルの保存場所 131
ファイル名...................................... 131
フィルター 107, 117
フィルター置き換え 121
フィルターのカスタマイズ.......... 123

フィルターの削除 120	プロジェクトファイル 54	メニューを作成 254
フィルターの順番 122	プロジェクトを再生 63	モーショントラッキング 163, 167
フィルター表示 39	「プロジェクトを タイムラインにあわせる」 125	［モーショントラッキング］ボタン 165
フィルターを削除 109	プロジェクトを追加 245	「モーションの削除」 162
フィルターを設定 119	「プロジェクトを開く ...」 56	「モーションの生成 ...」 162
フェードアウト 128, 158	ペインティング クリエーター 150	「モーションの調整 ...」 169
フェードイン 128, 158	ペインティング クリエーター ファイル 155	モーションメニュー 257
フォトムービー 197	ペイントブラシ 151	モザイク 163
フォルダーを移動 50	変換後のファイルサイズ 218	文字サイズを変更 102, 258
フォルダーを削除 50	「編集」タブ 101	文字色を変更 102
フォルダーを追加 49	変速コントロール 171	文字のサイズを変更 94
フォントサイズ 94	「変速コントロール」パネル 171	文字の表示位置 103
フォントの変更 257	ボイストラック 66	文字を確定 100
フォントを変更 101	保存先フォルダー 55	
複数のフィルターを設定 121	「保存して共有する」 140	**ら**
「フライ」 115	［ボリューム］ボタン 127	ライブラリ 24
「ブラシ高さ」 151	「ボリュームをリセット」 158	ライブラリに登録 110
「ブラシ幅」 151	ホワイトバランス調整 206	［ライブラリのクリップを並び替え］ 42
ブラシを選択 151	**ま**	「ライブラリの出力 ...」 51
プリセット 90	マークアウト 72	「ライブラリの初期化 ...」 52
「古いフィルム」 121	マークイン 72	「ライブラリの取り込み ...」 52
「フルバージョン」 192	［前のフレームへ］ 72	ライブラリマネージャー 51
フレーム 8	マスターディスク 230	リサンプリングオプション 237
フレームレート 8	マルチトラックオーディオ タイムライン 157	リスト表示 41
「プレビュー」 263	ミュージックオプション 139	リップル編集 79
プレビューウィンドウ 70	ミュージックトラック 66, 126	リムーバブルディスク 23
プロキシファイルの保存先 212	メインタイトル 90, 98	リンク切れ 46
プロジェクト 54	「メディアファイルを挿入 ...」 34	レイアウトのカスタマイズ 259
「プロジェクトサイズに合わせる」 237	「メディアファイルを タイムラインに挿入」 179	レイアウトの設定 19
プロジェクト設定 262	メディアへの書き込み 264	レイアウトをカスタマイズ 18
プロジェクトタイムライン 60	メニュー BGM 260	レコーディング形式 264
「プロジェクト内のすべての 未使用トラッカーを含む」 220	メニューは不要 255	レンダリング 134
プロジェクトの長さ 74		録画を開始 146
プロジェクトの保存 54		録画の再開 147

■ 著者略歴 ■

阿部信行（あべ・のぶゆき）

1955 年、千葉県生まれ。日本大学文理学部独文学科卒業。
想い出を記録するための最善のツールが「映像」。セミナー、講演で映像編集テクニックや魅力を伝えるほか、ビデオ関連の著書多数。
株式会社スタック代表取締役
All About「動画撮影・動画編集」「デジタルビデオカメラ」ガイド
詳しくは　http://www.jagra.or.jp/school/video/

◎最近の著書

『できるポケット iPhone アプリ超事典 1000 ［2015 年版］』
　（共著：インプレスジャパン）
『サイバーリンク PowerDirector 13 実践講座』（玄光社）
『Movie Studio Platinum 13 らくらくムービー編集入門』
　（ラトルズ）
『Premiere Pro CC スーパーリファレンス
　for Windows & Macintosh』（ソーテック社）
『iMovie レッスンノート for Mac / iPad / iPhone』
　（ラトルズ）

装丁・本文デザイン：宮城　秀

グリーン・プレス　デジタルライブラリー 42
Corel
VideoStudio X7 PRO/ULTIMATE オフィシャルガイドブック

2014 年 3 月 14 日　初版第 1 刷発行
2014 年 11 月 14 日　初版第 2 刷発行

著　　者	阿部信行	
発 行 人	清水光昭	
発 行 所	グリーン・プレス	

〒156-0044
東京都世田谷区赤堤 4-36-19　UK ビル 2 階
TEL03-5678-7177/FAX 03-5678-7178
http://greenpress1.com

※上記の電話番号はソフトウェア製品に関するご質問等には対応しておりません。
　製品についてのご質問はソフトウェアの製造元・販売元のサポート等にお問い合わせ下さいますようお願い致します。

印刷・製本　シナノ印刷株式会社

2014 Green Press,Inc. Printed in Japan
ISBN978-4-907804-30-5　©2014 Nobuyuki Abe

※定価はカバーに明記してあります。落丁・乱丁本はお取り替えいたします。
　本書の一部あるいは全部を、著作権者の承諾を得ずに無断で複写、複製することは禁じられています。